普通高等教育"十一五"国家级规划教材

21世纪高等院校电气信息类系列教材

单片机原理及应用

第 2 版

陈桂友　主编

吴　皓　副主编

柴　锦　王　平　丁　然　蒋阅峰　黑振全　参编

机械工业出版社

本书从微型计算机的基本构成和基本概念入手，介绍单片机的构成、各个模块的工作过程、接口原理、应用电路设计、汇编语言和 C 语言设计，选择了目前实际工程中常用的新技术、新器件，力图达到学以致用的根本目的。

全书共 12 章，每章均配有习题，所举例程均经调试通过，很多程序来自科研和实际应用系统。为了便于学习，还开发设计了与教材配套的综合教学实验平台，该平台提供了 20 余种实验供学生选用学习，也为善于思考、乐于动手实践的学生提供了自学实验手段。

本书深入浅出，层次分明，实例丰富，通俗易懂，突出实用，可操作性强，特别适合作为普通高校计算机类、电子类、自动化类及机械专业的教材，还可作为高职高专以及培训班的教材。同时，也可作为单片机应用领域的工程技术人员的参考书。

图书在版编目（CIP）数据

单片机原理及应用/陈桂友主编 . —2 版 . —北京：机械工业出版社，2021.2（2022.9 重印）

21 世纪高等院校电气信息类系列教材

ISBN 978-7-111-67137-4

Ⅰ . ①单… Ⅱ . ①陈… Ⅲ . ①单片微型计算机-高等学校-教材 Ⅳ . ①TP368.1

中国版本图书馆 CIP 数据核字（2020）第 260238 号

机械工业出版社（北京市百万庄大街 22 号 邮政编码 100037）
策划编辑：李馨馨 责任编辑：李馨馨 白文亭
责任校对：张艳霞 责任印制：张 博

北京雁林吉兆印刷有限公司印刷

2022 年 9 月第 2 版·第 3 次印刷
184mm×260mm·18 印张·445 千字
标准书号：ISBN 978-7-111-67137-4
定价：69.00 元

电话服务 网络服务

客服电话：010-88361066 机 工 官 网：www.cmpbook.com
010-88379833 机 工 官 博：weibo.com/cmp1952
010-68326294 金 书 网：www.golden-book.com
封底无防伪标均为盗版 机工教育服务网：www.cmpedu.com

前　言

本版教材以价格便宜、开发环境容易搭建的 8051 内核单片机 STC8A8K64S4A12 为背景进行介绍。STC8A8K64S4A12 单片机是宏晶科技的典型单片机产品，采用了增强型 8051 内核，片内集成 64 KB FLASH 程序存储器、1 KB 数据 FLASH（EEPROM）、8 KB SRAM、5 个 16 位定时/计数器、多达 59 根 I/O 口线、4 个全双工异步串行口（UART）、1 个高速同步通信端口（SPI）、1 个 I²C 接口、15 通道 12 位 ADC、4 通道 PWM/可编程计数器阵列/捕获和比较单元（PWM/PCA/CCU）、8 通道 15 位增强型 PWM、MAX810 专用复位电路和硬件看门狗等资源。STC8A8K64S4A12 具有在系统可编程（ISP）功能和在系统调试（ISD）功能，可以省去价格较高的专门编程器和仿真器，开发环境的搭建非常容易。

STC8A8K64S4A12 指令系统完全兼容 8051 单片机，对于原来讲解 8051 单片机的师资力量，可以充分发挥以前讲解单片机原理及应用课程的经验；对于具有 8051 单片机知识的读者，不存在转型困难的问题。

本书介绍了单片机的硬件结构、汇编语言程序设计，并详细介绍应用于单片机的 C 语言程序设计，以功能强大的 Keil μVision 集成开发环境作为程序设计和调试环境介绍了程序的调试方法。以典型应用案例为背景，介绍单片机中各部分的硬件功能和应用设计，以及相关的汇编语言和 C 语言程序设计。介绍本书所有内容时，建议使用 90~120 学时。

在教材的每一章，都给出相应的习题，并以典型应用案例为教学实例，便于读者掌握和应用单片机技术。

本书深入浅出，层次分明，实例丰富，通俗易懂，突出实用，可操作性强，特别适合作为普通高校计算机类、电子类、自动化类及机械专业的教材，还可作为高职高专以及培训班的教材。同时，也可作为单片机应用领域的工程技术人员的参考书。

本书由陈桂友主编，吴皓副主编，参加本书编写和程序调试工作的同志还有柴锦、王平、丁然、蒋阅峰、黑振全。

由于时间仓促，并且作者水平有限，书中定有不妥或错误之处，敬请读者批评指正。作者的电子邮件地址：chenguiyou@sdu.edu.cn 或者 chenguiyou@126.com。

编　者

2020.6

目　　录

前言
第1章　单片机技术概述 ……………………………………………………………………… 1
　1.1　微型计算机的基本概念及分类 ……………………………………………………… 1
　　1.1.1　微型计算机的组成 ……………………………………………………………… 1
　　1.1.2　微型计算机的分类 ……………………………………………………………… 2
　1.2　单片机技术发展的特点 ……………………………………………………………… 4
　1.3　常见的单片机 ………………………………………………………………………… 5
　　1.3.1　8051内核的单片机 …………………………………………………………… 5
　　1.3.2　其他单片机 ……………………………………………………………………… 7
　1.4　单片机的应用 ………………………………………………………………………… 7
　　1.4.1　单片机的应用范围 ……………………………………………………………… 7
　　1.4.2　单片机应用系统的设计 ………………………………………………………… 8
　1.5　习题 …………………………………………………………………………………… 12
第2章　8051单片机及增强型8051内核 ………………………………………………… 13
　2.1　8051单片机的引脚及内部结构 …………………………………………………… 13
　　2.1.1　8051单片机的引脚 …………………………………………………………… 13
　　2.1.2　8051单片机的内部结构 ……………………………………………………… 15
　　2.1.3　CPU结构 ………………………………………………………………………… 16
　　2.1.4　存储器空间及存储器 …………………………………………………………… 17
　2.2　STC8A8K64S4A12的增强型8051内核 ………………………………………… 22
　　2.2.1　STC8A8K64S4A12单片机的引脚及功能 …………………………………… 22
　　2.2.2　STC8A8K64S4A12单片机的增强型8051内核 …………………………… 25
　2.3　习题 …………………………………………………………………………………… 34
第3章　数字输入/输出端口 ………………………………………………………………… 35
　3.1　单片机数字输入/输出端口的概述 ………………………………………………… 35
　　3.1.1　单片机数字输入/输出端口的作用 …………………………………………… 35
　　3.1.2　带有总线扩展的单片机系统典型构成 ……………………………………… 36
　3.2　STC8A8K64S4A12的数字输入/输出端口 ……………………………………… 37
　　3.2.1　STC8A8K64S4A12单片机的数字输入/输出口概述 ……………………… 37
　　3.2.2　STC8A8K64S4A12输入/输出口的工作模式 ……………………………… 42
　　3.2.3　STC8A8K64S4A12输入/输出口的结构 …………………………………… 44
　3.3　习题 …………………………………………………………………………………… 46
第4章　指令系统 …………………………………………………………………………… 47
　4.1　助记符语言 …………………………………………………………………………… 47

　　4.1.1 助记符语言概述 ································· 47

　　4.1.2 操作码 ····································· 48

　　4.1.3 操作数 ····································· 48

　4.2 指令格式及分类 ··································· 49

　　4.2.1 汇编语言的概念及格式 ····························· 49

　　4.2.2 指令代码的存储格式 ····························· 49

　　4.2.3 指令中的符号约定 ····························· 50

　4.3 寻址方式 ····································· 51

　4.4 数据传送类指令 ··································· 53

　　4.4.1 数据传送指令 ······························· 54

　　4.4.2 数据交换指令 ······························· 58

　　4.4.3 栈操作指令 ······························· 58

　4.5 逻辑操作类指令 ··································· 59

　　4.5.1 对累加器 A 进行的逻辑操作 ··························· 60

　　4.5.2 双操作数指令 ······························· 61

　4.6 算术运算类指令 ··································· 63

　　4.6.1 加减运算指令 ······························· 63

　　4.6.2 乘除运算指令 ······························· 65

　　4.6.3 增量、减量指令 ······························ 66

　　4.6.4 二-十进制调整指令 ···························· 68

　4.7 位操作指令 ···································· 69

　　4.7.1 位数据传送指令 ······························ 69

　　4.7.2 位状态控制指令 ······························ 70

　　4.7.3 位逻辑操作指令 ······························ 70

　　4.7.4 位条件转移指令 ······························ 71

　4.8 控制转移类指令 ··································· 73

　4.9 习题 ······································ 80

第5章　汇编语言程序设计及仿真调试 ························· 83

　5.1 汇编语言程序设计基础知识 ····························· 83

　　5.1.1 伪指令（Pseudo-Instruction） ························· 83

　　5.1.2 汇编语言程序设计的一般步骤和基本框架 ······················ 86

　5.2 汇编语言程序设计举例 ······························ 87

　5.3 利用 Keil μVision 集成开发环境调试程序 ····················· 95

　5.4 自行制作仿真器进行在线仿真调试 ························· 107

　5.5 将程序下载到单片机中进行验证 ·························· 108

　5.6 习题 ····································· 110

第6章　单片机的 C 语言程序设计 ························· 111

　6.1 单片机 C 语言程序中的常用运算 ························· 111

　6.2 C51 对 ANSI C 的扩展 ···························· 113

　　6.2.1　C51 扩展的关键字 ·· 113

　　6.2.2　C51 对函数的扩展 ·· 116

　6.3　STC8A8K64S4A12 单片机 C51 程序框架 ··· 117

　6.4　习题 ·· 121

第7章　中断 ·· 122

　7.1　中断的概念 ·· 122

　7.2　8051 单片机的中断系统及其管理 ··· 123

　　7.2.1　中断源及其优先级管理 ··· 123

　　7.2.2　单片机中断处理过程 ·· 126

　　7.2.3　中断请求的撤除 ·· 128

　　7.2.4　关于外部中断 ·· 128

　7.3　STC8A8K64S4A12 单片机的中断系统及其管理 ································· 129

　　7.3.1　中断源及中断系统构成 ··· 129

　　7.3.2　中断控制寄存器 ·· 132

　7.4　中断应用开发举例 ··· 141

　　7.4.1　中断使用过程中需要注意的问题 ·· 141

　　7.4.2　中断应用开发举例 ·· 143

　7.5　习题 ·· 146

第8章　定时/计数器 ·· 147

　8.1　STC8A8K64S4A12 单片机的定时/计数器 ··· 147

　　8.1.1　定时/计数器的结构及工作原理 ··· 147

　　8.1.2　定时/计数器的工作方式 ·· 149

　　8.1.3　定时/计数器的功能寄存器 ··· 150

　　8.1.4　定时/计数器量程的扩展 ·· 153

　　8.1.5　定时/计数器编程举例 ·· 154

　8.2　STC8A8K64S4A12 的可编程计数器阵列模块 ···································· 158

　　8.2.1　PCA 模块的结构 ·· 158

　　8.2.2　PCA 模块的特殊功能寄存器 ·· 160

　　8.2.3　PCA 模块的工作模式 ·· 162

　　8.2.4　PCA 模块的应用举例 ·· 167

　8.3　习题 ·· 173

第9章　串行通信 ·· 175

　9.1　通信的一般概念 ·· 175

　　9.1.1　并行通信与串行通信 ·· 175

　　9.1.2　串行通信的基本方式及数据传送方向 ······································ 176

　　9.1.3　通用的异步接收器/发送器 UART ·· 178

　9.2　STC8A8K64S4A12 单片机的串行接口 ··· 180

　　9.2.1　串行接口的工作方式 ·· 181

　　9.2.2　串行接口的寄存器 ·· 185

　　9.2.3　波特率设定 ……………………………………………………… 190
　　9.2.4　STC8A8K64S4A12 单片机串行接口应用举例 …………………… 192
　9.3　STC8A8K64S4A12 单片机的 SPI ……………………………………… 207
　　9.3.1　SPI 的结构 ……………………………………………………… 207
　　9.3.2　SPI 的数据通信 ………………………………………………… 208
　　9.3.3　SPI 的应用举例 ………………………………………………… 214
　9.4　习题 ………………………………………………………………… 222

第 10 章　模拟量模块 …………………………………………………… 223
　10.1　模拟量处理系统的一般结构 ……………………………………… 223
　10.2　STC8A8K64S4A12 片内集成 A/D 模块的结构及使用 …………… 224
　　10.2.1　A/D 转换器的结构及相关寄存器 …………………………… 224
　　10.2.2　A/D 转换器的应用 …………………………………………… 227
　10.3　D/A 转换器及其与单片机的接口应用 …………………………… 230
　　10.3.1　TLC5615 简介 ………………………………………………… 230
　　10.3.2　TLC5615 接口电路及应用编程 ……………………………… 233
　10.4　习题 ………………………………………………………………… 234

第 11 章　增强型 PWM 波形发生器 …………………………………… 235
　11.1　PWM 概述 ………………………………………………………… 235
　11.2　增强型 PWM 发生器的结构 ……………………………………… 235
　11.3　增强型 PWM 发生器相关寄存器 ………………………………… 236
　11.4　增强型 PWM 波形发生器的应用 ………………………………… 240
　11.5　习题 ………………………………………………………………… 243

第 12 章　单片机应用系统设计举例 …………………………………… 244
　12.1　系统要求 …………………………………………………………… 244
　12.2　需求分析 …………………………………………………………… 244
　12.3　系统硬件设计 ……………………………………………………… 245
　12.4　系统软件设计 ……………………………………………………… 248
　12.5　习题 ………………………………………………………………… 254

附录 ……………………………………………………………………… 255
　附录 A　STC8A8K64S4A12 单片机寄存器头文件 STC8. INC 内容 …… 255
　附录 B　STC8A8K64S4A12 单片机寄存器头文件 stc8. h 内容 ………… 267
　附录 C　逻辑符号对照表 ……………………………………………… 279

参考文献 ………………………………………………………………… 280

第1章 单片机技术概述

学习目标：

◇ 了解微型计算机的基本构成及分类、单片机技术的特点。
◇ 掌握单片机应用系统的设计方法和步骤。

学习重点与难点：

◇ 单片机应用系统的设计方法和步骤。

本章首先介绍微型计算机的基本概念、组成及分类，然后讲解单片机技术发展的特点并简单介绍了几种常见的单片机，最后介绍单片机应用系统的设计方法和步骤。

1.1 微型计算机的基本概念及分类

计算机是微电子学与计算数学相结合的产物。微电子学的基本元件及其集成电路构成了计算机的硬件基础；而计算数学的计算方法与数据结构则是计算机的软件基础。

世界上第一台计算机是 1946 年问世的。半个世纪以来，计算机获得了突飞猛进的发展。经历了由电子管、晶体管、集成电路以至超大规模集成电路的发展历程。最初的计算机是应数值计算的要求而诞生的，直到 20 世纪 70 年代，计算机在数值计算、逻辑运算与推理、信息处理以及实际控制方面表现出非凡能力后，在通信、测控、数据传输等领域，人们对计算机技术的应用给予了更多的期待。这些领域的应用与单纯的高速海量计算要求不同，主要表现在以下几个方面：

1）直接面向控制对象。
2）嵌入到具体的应用系统中，而不以计算机的面貌出现。
3）能在现场可靠地运行。
4）体积小，应用灵活。
5）突出控制功能，特别是对外部信息的捕捉以及丰富的输入/输出（I/O）功能等。

满足这些要求的计算机称为嵌入式计算机系统。相应地，通常把满足高速海量数值计算需要的计算机称为通用计算机系统。计算机技术的发展朝着满足高速运算的通用计算机系统和满足测控系统需要的嵌入式计算机系统两个方向发展。

1.1.1 微型计算机的组成

一个典型的微型计算机硬件部分包括：运算器、控制器、存储器和输入/输出接口 4 部分。如果把运算器与控制器集成在一个硅片上，则该芯片称为中央处理器（Central Processing Unit，CPU）。存储器包括程序存储器和数据存储器两类。输入/输出接口包括模拟量输入/输出和开关量输入/输出。软件部分包括系统软件（如操作系统）和应用软件

（如字处理软件）。典型微型计算机的组成如图 1-1 所示。

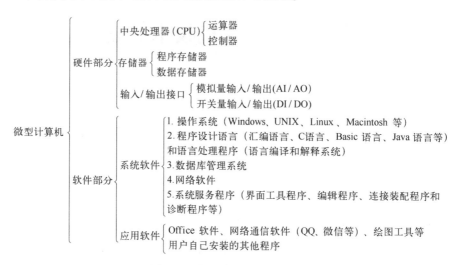

图 1-1　典型微型计算机的组成

1.1.2　微型计算机的分类

微型计算机种类繁多，型号各异，可以从不同角度对其进行分类。最常见的是按微处理器的字长和按微型机的构成形式进行分类。微处理器是微型计算机的核心部件，微处理器的性能（特别是字长）在很大程度上决定了微型机的性能。

1. 按微处理器（CPU）字长分类

按微处理器字长来分，微型计算机一般分为 4 位机、8 位机、16 位机、32 位机和 64 位机几种。

（1）4 位微型计算机

用 4 位字长的微处理器作 CPU，其数据总线宽度为 4 位，一个字节数据要分两次来传送或处理。4 位机的指令系统简单、运算功能单一，主要用于袖珍或台式计算器、家电、娱乐产品和简单的过程控制，是微型机的低级阶段。

（2）8 位微型计算机

用 8 位字长的微处理器作 CPU，其数据总线宽度为 8 位。8 位机中字长和字节是同一个概念。8 位微处理器推出时，微型机在硬件和软件技术方面都已比较成熟，所以 8 位机的指令系统比较完善，寻址能力强，外围配套电路齐全，因而 8 位机通用性强，广泛应用于事务管理、工业生产过程的自动检测和控制、通信、智能终端、教育以及家用电器控制等领域。

（3）16 位微型计算机

用高性能的 16 位微处理器作 CPU，数据总线宽度为 16 位。16 位微处理器不仅在集成度和处理速度、数据总线宽度、内部结构等方面与 8 位机有本质上不同，由它们构成的微型机在功能和性能上已基本达到了当时的中档小型机的水平，特别是以 Intel 8086 为 CPU 的 16 位微型机 IBM PC/XT 不仅是当时相当一段时间内的主流机型，而且其用户拥有量也是世界第一，以至在设计更高档次的微机时，都要保持对它的兼容。16 位机除原有的应用领域外，还在计算机网络中扮演了重要角色。

（4）32 位微型计算机

32 位微机使用 32 位的微处理器作 CPU。从应用角度看，字长 32 位是较理想的，它可满足绝大部分用途的需要，包括文字、图形、表格处理及精密科学计算等多方面的需要。典型产品有 Intel 80386、Intel 80486、MC68020、MC68030、Z-80000 等。特别是 1993 年 Intel 公司推出 Pentium 微处理器之后，使 32 位微处理器技术进入一个崭新阶段。不仅继承了其前辈的所有优点，而且在许多方面有新的突破，同时也满足了人们对图形图像、实时视频处理、语言识别、大流量客户机/服务器应用等应用领域日益迫切的需求。

（5）64 位微型计算机

64 位微机使用 64 位的微处理器作 CPU，这是目前的各个计算机领军公司争相开发的最新产品。

2. 按微型计算机的组装形式分类

微型计算机是由多个功能部件构成的一个完整的硬件系统，除核心部件微处理器之外，还配置有相应的存储部件、输入/输出接口等。按照微型机多个部件的组装形式分类，可分为多板微型计算机、单板机和单片机三类。

（1）多板微型计算机

多板微型计算机也称单机系统或系统机，把微处理器芯片、存储器芯片、各种 I/O 接口芯片和驱动电路、电源等装配在不同的印制电路板上，各印制电路板插在主机箱内标准总线插槽上，通过系统总线相互连接起来，就构成了一个多插件板的微型计算机。目前广泛使用的个人微型计算机（常称为 PC）就是用这种方式构成的。

（2）单板机

如果将 CPU 芯片、存储器芯片、I/O 接口芯片及简单的输入/输出设备（如键盘、数码显示器 LED）装配在同一块印制电路板上，这块印制电路板就是一台完整的微型计算机，称为单板微型计算机，简称单板机。单板机具有完全独立的操作功能，加上电源就可以独立工作。国内曾经最流行的单板机是 TP801（CPU 为 Zilog 公司生产的 Z-80），在教学及应用领域发挥过巨大作用。TP801 单板机的原理框图如图 1-2 所示。

由于单板机的输入/输出设备简单、存储容量有限，工作时只能用机器码（二进制）编程输入，故通常只能应用于一些简单控制系统和教学中。

目前，除了原来设计的系统中可能有 Z-80 的影子外，在实际系统中，不再使用 Z-80 作为 CPU，而使用集成度更高、功能更强的单片机进行系统设计。

（3）单片机

如果将构成微型计算机的各功能部件（CPU、RAM、ROM 及 I/O 接口电路等）集成在同一块大规模集成电路芯片上，一个芯片就是一台微型机，则该微型机就称为单片微型计算机，早期的英文名称是 Single-chip Microcomputer，简称单片机。后来将单片机称为微控制器（Microcontroller），这也是目前比较正规的名称。我国学者或技术人员一般使用"单片机"一词，所以本书后面还是统一使用"单片机"这个术语。

单片机的基本定义：在一块芯片上集成了中央处理单元（CPU）、存储器（RAM/ROM等）、定时/计数器以及多种输入/输出（I/O）接口的比较完整的数字处理系统。一个典型的单片机组成框图如图 1-3 所示。

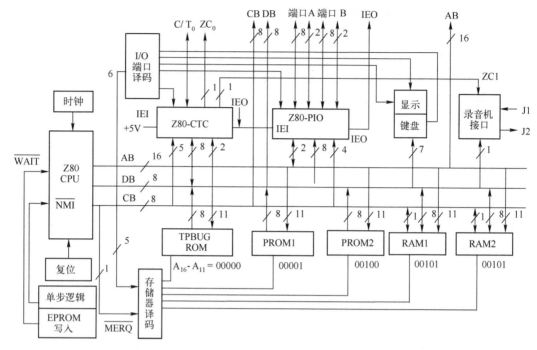

图1-2 TP801 单板机的原理框图

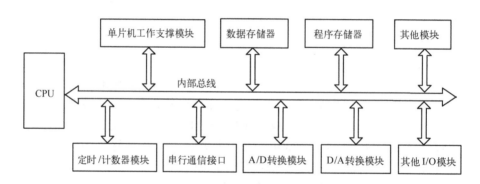

图1-3 一个典型的单片机组成框图

单片机具有集成度高、体积小、功耗低、可靠性高、使用灵活方便、控制功能强、编程保密化、价格低廉等特点。利用单片机可以较方便地构成控制系统。单片机在工业控制、智能仪器仪表、数据采集和处理、通信和分布式控制系统、家用电器等领域的应用日益广泛。

1.2 单片机技术发展的特点

单片机技术的发展已经逐步走向成熟。一方面，不断出现性能更高、功能更多的 16 位单片机和 32 位单片机；另一方面，在目前的实际应用中，还是以 8 位单片机居多，8 位单片机也在不断地采用新技术，以取得更高的性能价格比。单片机技术的发展特点有以下几个方面。

（1）集成度更高、功能更强

目前已经有许多单片机，不仅集成了构成微型计算机的中央处理单元（CPU）、存储

4

器、输入/输出接口、定时器等传统功能单元，而且还集成了 A/D 转换模块、D/A 转换模块和多种通信方式（如 UART、CAN、SPI、I^2C 等）。单片机技术朝着片上系统（System on Chip, SoC）的方向发展。

许多单片机都集成了在系统可编程（In System Programming, ISP）功能，用户可以对已经焊接到用户电路板上的单片机进行编程，不再需要专门的编程器。

另外，有些单片机集成了在系统调试（In System Debugging, ISD）功能（可能要占用单片机的 UART 口），用户可以省去价格较贵的仿真器，只要有计算机，结合相应的仿真软件就可以进行仿真调试。例如，宏晶科技公司的 STC8 系列单片机就具有在系统仿真调试功能。

以上特点，使得用户可以很方便地设计和调试测控系统。

（2）使用更加方便

许多单片机内部集成程序存储器（闪存 FLASH）和数据存储器（RAM），在实际应用中一般不再需要外部扩展程序存储器和数据存储器，从而不再需要外部扩展总线。构成系统的电路结构简单，体积减小，稳定性提高。

（3）低电压、低功耗

使用 CMOS 的低功耗电路，具有省电工作状态，如等待状态、休眠状态、关闭状态等。有些单片机的工作电压也较低，如有些单片机的工作电压为 3.3V，甚至为 1.8V。低电压、低功耗的单片机可以满足便携式或电池供电等仪器仪表应用的需求。

（4）价格更低

随着微电子技术的不断进步，许多公司陆续推出了价格更低的单片机。可以说，在相当一部分以单片机为核心的嵌入式产品中，单片机的硬件成本已经占很小的比例，更多的是系统设计、软件开发与维护成本。

1.3 常见的单片机

世界上一些著名的器件公司推出了不同的产品系列，下面介绍典型的单片机产品。

1.3.1 8051 内核的单片机

8051 内核的单片机应用比较广泛。常见的 8051 内核单片机有以下几种。

（1）Intel 公司的 8051 系列单片机

它构成了 8051 单片机的基本标准。许多参考书上将这种单片机称为 MCS-51 系列单片机。该系列有 8051、8052、8031、8032、8751 等多种产品。其中，8051、8052 带有片内 ROM，8751 带有片内 EPROM，8031、8032 无 ROM（使用时需要外部扩展程序存储器）。MCS-51 系列单片机的典型产品为 8051，它有 4KB×8ROM，128 字节 RAM，2 个 16 位定时/计数器，4 个 8 位 I/O 口，一个串行口。MCS-51 系列单片机的资源列表见表 1-1。

表 1-1 MCS-51 系列单片机的资源

型　　号	程序存储器	片内 RAM	定时/计数器	并行 I/O	串行口	中断源
8031 80C31	无（需要外部扩展）	128 字节	2×16 位	32	1	5

型　　号	程序存储器	片内 RAM	定时/计数器	并行 I/O	串行口	中断源
8051 80C51	4K 字节 ROM	128 字节	2×16 位	32	1	5
8052	8K 字节 ROM	256 字节	3×16 位	32	1	6
8751 87C51	4K 字节 EPROM	128 字节	2×16 位	32	1	5

（2）深圳宏晶科技有限公司的 STC 系列增强型 8051 内核单片机

STC8A8K64S4A12 单片机是宏晶科技推出的新一代增强型 8051 内核单片机，LQFP-64 封装的 STC8A8K64S4A12 单片机芯片内集成了以下资源：

- 超快速 8051 内核（单时钟/机器周期，1T），指令代码完全兼容传统 8051，但速度快 11~13 倍。具有高速、低功耗及超强抗干扰等特点，可用低频晶振，大幅降低 EMI。
- 64 KB Flash 程序存储器，擦写次数 10 万次以上，并具有很强的加密特性。支持用户配置成 EEPROM，大小可变，512 字节单页擦除，擦写次数可达 10 万次以上，支持 ISP/IAP，无须专用编程器和仿真器。
- 128 字节内部直接访问 RAM（DATA），128 字节内部间接访问 RAM（IDATA），8192 字节内部扩展 RAM（内部 XDATA），外部最大可扩展 64K 字节 RAM（外部 XDATA）。
- 宽工作电压范围 2.0~5.5 V。
- 22 个中断源，4 级中断优先级。
- 5 个 16 位定时/计数器（T0~T4）。
- 最多可达 59 根 I/O 口线。
- 4 个全双工异步串行口（UART）。
- 1 个高速同步通信端口（SPI）。
- 1 个 I^2C 接口。
- 15 通道高速 12 位 ADC（速度达 80 万次/s）。
- 4 通道 10 位 PWM/可编程计数器阵列/捕获/比较单元（Capture/Compare/PWM，CCP）。
- 8 通道 15 位增强型 PWM，可实现带死区的控制信号。
- MAX810 专用复位电路和硬件看门狗。
- 内部集成高精度 R/C 时钟，ISP 编程时 5~30 MHz 宽范围可设置，可彻底省掉外部晶振和外部复位电路。

STC8A8K64S4A12 单片机几乎包含了设计典型测控系统所必需的全部部件，可以称之为片上系统（System on-Chip，SoC）。另外，STC8A8K64S4A12 单片机具有在系统可编程/在应用可编程功能（In-System Programming/ In-Application Programming，ISP/IAP），通过串口直接下载或仿真用户程序，无须专用编程器和仿真器，使用灵活方便。

STC 单片机的更多选型，可以登录网站 http://www. stcmcu. com 进行查询选用。

此外，还有 NXP 公司的 8051 内核单片机（已停产）、Atmel 公司的 89 系列单片机（已停产，Atmel 也已被 Microchip 公司合并），以及 TI 公司的 MSC121X 系列。

1.3.2 其他单片机

除了 8051 内核单片机以外，比较有代表性的单片机有以下几种：

1）恩智浦公司的 MC68 系列单片机、MC9S08 系列单片机、MC9S12 系列单片机（16 位单片机）以及 32 位 ARM 单片机（http://www.nxp.com）。

2）Microchip 公司的 PIC 系列单片机（http://www.microchip.com）。

3）TI 公司的 MSP430 系列 16 位单片机（具有超低功耗的特点）。

还有其他的产品，在此不一一列举。

可以说，单片机技术的发展出现了百花齐放的大好局面，用户可以根据自己的实际需要进行选型。

几乎所有单片机的基本工作原理都一样，主要区别在于包含的资源不同，汇编语言的格式不同。当使用 C 语言进行编程时，编程语言的差别就很小。因此，只要学习了一种单片机的原理及应用，使用其他类型或厂家的单片机时，只需仔细阅读该单片机的手册就可以利用它进行项目或产品的开发。

1.4 单片机的应用

1.4.1 单片机的应用范围

20 世纪 80 年代以来，单片机的应用已经深入工业、交通、农业、国防、科研、教育以及日常生活用品（家电、玩具等）等各种领域。单片机的主要应用范围如下。

（1）工业方面

单片机在工业方面的应用包括电机控制、数控机床、物理量的检测与处理、工业机器人、过程控制、智能传感器等。

（2）农业方面

农业方面的应用包括植物生长过程要素的测量与控制、智能灌溉以及远程大棚控制等。

（3）仪器仪表方面

仪器仪表方面的应用包括智能仪器仪表、医疗器械、色谱仪、示波器、万用表等。

（4）通信方面

通信方面的应用包括调制解调器、网络终端、智能线路运行控制以及程控电话交换机等。

（5）日常生活用品方面

日常方面的应用包括移动电话、MP3 播放器、照相机、摄像机、录像机、电子玩具、电子字典、电子记事本、电子游戏机、电冰箱、洗衣机、加湿器、消毒柜、可视电话、空调机、电风扇、IC 卡设备、指纹识别仪等。

（6）导航控制与数据处理方面

导航控制与数据处理方面的应用包括鱼雷制导控制、智能武器装置、导弹控制、航天器导航系统、电子干扰系统、图形终端、复印机、硬盘驱动器、打印机等。

（7）汽车控制方面

汽车控制方面的应用包括门窗控制、音响控制、点火控制、变速控制、防滑刹车控制、排气控制、节能控制、保安控制、冷气控制、汽车报警控制以及测试设备等。

几乎可以说，只要有控制的地方就有单片机的存在。

1.4.2　单片机应用系统的设计

学习单片机系统设计，需要具备下面的专业基础知识，如果某些知识没有学到或者不够熟练，请自行参考相关教科书进行学习。

1）电工学、数字电子技术基础。

2）微型计算机原理（可选）。

3）C 语言及程序设计基础。

下面着重介绍单片机应用系统的开发流程与仿真调试方法。

1. 单片机应用系统的开发流程

学习单片机的根本目的是应用单片机进行有关系统或产品的设计。以单片机为核心的应用系统的开发流程如图 1-4 所示。

（1）可行性调研

可行性调研的目的是分析完成项目的可能性。进行这方面的工作时，可参考国内外有关资料，看是否有人进行过类似的工作。如果有，则可分析他人是如何进行这方面工作的，有什么优点和缺点，有什么是值得借鉴的；如果没有，则需做进一步的调研，重点应放在"能否实现"这个环节，首先从理论上进行分析，探讨实现的可能性，所要求的客观条件是否具备（如环境、测试手段、仪器设计、资金等），然后结合实际情况，再决定能否立项的问题。

（2）系统方案设计

在进行可行性调研后，如果可以立项，下一步工作就是系统方案的设计。工作重点应放在该项目的技术难度上，此时可参考这一方面更详细、更具体的资料，根据系统的各个部分和功能，参考国内外同类产品的性能，提出合理而可行的技术指标，编写出设计任务书，完成系统方案设计。

（3）设计方案细化，确定软硬件功能

系统方案确定后，下一步可以将该项目细化，即需明确哪些部分用硬件来完成，哪些部分用软件来完成。由于硬件结构与软件方案会相互影响，因此，从简化电路结构、降低成本、减少故障率、提高系统的灵活性与通用性方面考虑，提倡软件能实现的功能尽可能由软件来完成；但也应考虑以软件代硬件的实质是以降低系统实时性、增加软件处理难度为代价的，而且软件设计费用、研制周期也将增加，因此系统的软、硬件功能分配应根据系统的要求及实际情况合理安排，统一考虑。在确定软硬件功能的基础上，设计工作开始涉及一些具体的问题，如产品的体积及与具体技术指标相对应的硬件实现方案，软件的总体规划等。在确定人员分工、安排工作进度、规定接口参数后，可以考虑硬件和软件的具体设计问题。

（4）硬件原理图设计

进行应用系统的硬件设计时，首要的问题是确定硬件电路的总体方案，并进行详细的技术论证。所谓硬件电路的总体设计，就是为实现该项目全部基本功能所需要的硬件电气连线

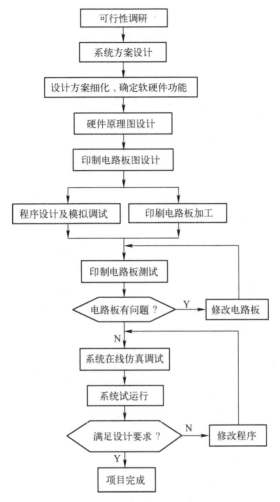

图 1-4　以单片机为核心的应用系统的开发流程

原理图。就硬件系统来讲，电路的各部分紧密相关、互相协调，任何一部分电路的考虑不充分，都会给其他部分带来难以预料的影响，轻则使系统整体结构受破坏，重则导致硬件总体返工。从时间上看，硬件设计的绝大部分工作量往往在最初方案的设计阶段，一个好的设计方案往往会有事半功倍的效果。一旦总体方案确定下来，下一步的工作就会顺利进行，即使需要做部分修改，也只是在此基础上进行一些完善工作，而不会造成整体返工。

　　在进行硬件的总体方案设计时，所涉及的具体电路可借鉴他人在这方面进行的工作经验。因为经过别人调试和考验过的电路往往具有一定的合理性（尽管这些电路常常与教科书或者手册上提供的电路可能不完全一致，但这正是经验所在）。在此基础上，结合自己的设计目的进行一些修改。这是一种简便、快捷的做法。当然，有些电路还需要自己设计，完全照搬是不太可能的。参考别人的电路时，需对其工作原理有较透彻的分析和理解，根据其工作机理了解其适用范围，从而确定其移植的可能性和需要修改的地方。对于有些关键性和尚不完全理解的电路，需要仔细分析，在设计之前先进行试验，以确定这部分电路的正确性，并在可靠性和精度等方面进行考验，尤其是模拟电路部分，更需进行这方面的工作。

为使硬件设计尽可能合理，根据经验，系统的电路设计应注意以下几个方面。

1）尽可能选择标准化、模块化的典型电路，提高设计的成功率和结构的灵活性。

2）在条件允许的情况下，尽可能选用功能强、集成度高的电路或芯片。因为采用这种器件可能代替某一部分电路，不仅元件数量、接插件和相互连线减少，使系统可靠性增加，而且成本往往比用多个元件实现的电路要低。

3）选择通用性强、市场货源充足的元器件，尤其在大批量生产的场合，更应注意这个问题。一旦某种元器件无法获得，也能用其他元器件直接替换或对电路稍作改动后用其他器件代替。

4）考虑硬件系统总体结构时，同样要注意通用性的问题。对于一个较复杂的系统，设计者往往希望将其模块化，即对中央控制单元、输入接口、输出接口、人机接口等分块进行设计，然后采用一定的连接方式将其组合成一个完整的系统。

5）在满足应用系统功能要求的基础上，系统的扩展及各功能模块的设计应适当留有余地，特别是某些具有特别功能的引脚尽量引出，以备将来修改、扩展之需。

6）设计时应尽可能地多做调研，采用最新的技术。因为电子技术发展迅速，器件更新换代很快，市场上不断推出性能更优、功能更强的芯片，只有时刻注意这方面的发展动态，采用新技术、新工艺，才能使产品具有最先进的性能，不落后于时代发展的潮流。

7）电路设计时，要充分考虑应用系统各部分的驱动能力。不同的电路有不同的驱动能力，对后级系统的输入阻抗要求也不一样。如果阻抗匹配不当，系统驱动能力不够，将导致系统工作不可靠甚至无法工作。值得注意的是，这种不可靠很难通过一般的测试手段来确定，而排除这种故障往往需要对系统做较大的调整。因此，在电路设计时，要注意增加系统的驱动能力或减少系统的功耗。

电路原理图设计可以使用专门的电路设计软件，如常见的 KiCAD、Altium Designer、OrCAD、PADS 等，特别是免费的电路设计软件 KiCAD，更是应该首先予以考虑。

(5）印制电路板图设计

设计完了硬件原理图，就可以进行印制电路板（PCB）图的设计了。在进行 PCB 设计时，应注意以下几个方面：

1）元器件布局要尽量合理。

2）模拟地与数字地尽量分开，以减少干扰。

3）地线加粗、覆铜。

4）根据工艺要求，设计机箱、面板、配线、接插件等，这也是一个初次进行系统设计人员容易疏忽但又十分重要的问题。设计时要充分考虑到安装、调试、维修的方便。

印制电路板图设计好后，应进行检查，核对是否与原理图相符，并且检查有无其他的电气问题。特别要检查印制电路板图上元器件的封装是否和实际元器件的封装尺寸相符，最可靠的方法是将印制电路板图进行打印，将打印出来的元器件封装与实际元器件封装进行比对，若有差异，则需要对印制电路板图进行修改。确认所设计的印制电路板没有错误后，将设计的 PCB 文件交给电路板制作厂家进行印制电路板的制作。

印制电路板的设计可以使用专门的印制电路板设计软件，如 Altium Designer 或 KiCAD。

（6）程序设计与模拟调试

印制电路板的制作需要一定的时间。在印制电路板制作期间，可以进行某些程序模块的编写和模拟调试。特别是可以对那些与硬件关系不大的程序模块进行模拟调试，如数据运算、逻辑关系测试等，这样可以加快项目的开发。目前，许多集成开发环境具有模拟调试功能，如著名的 Keil μVision 集成环境。

应用系统种类繁多，程序设计人员的编程风格也不尽相同，因此，应用程序因系统而异，因人而异。尽管如此，优秀的应用程序还是有其共同特点和规律的。设计人员在进行程序设计时应从以下几个方面加以考虑：

1）模块化、结构化的程序设计。根据系统功能要求，将软件分成若干个相对独立的模块，实现各功能程序的模块化、子程序化。根据模块之间的联系和时间上的关系，设计出合理的软件总体结构，使其清晰、简捷、流程合理。这样，既便于调试，又便于移植、修改。

2）建立正确的数学模型。根据功能要求，描述出各个输入和输出变量之间的数学关系，它是关系到系统性能好坏的重要因素。

3）为提高软件设计的总体效率，以简明、直观的方法对任务进行描述，在编写应用软件之前，一般应绘制出程序流程图。这不仅是程序设计的一个重要组成部分，而且是决定成败的关键部分。从某种意义上讲，设计正确恰当的程序流程图，可以缩短源程序编辑调试时间。

4）合理分配系统资源，包括 ROM、RAM、定时/计数器、中断源等。其中，片内 RAM 的分配是关键，当资源规划好后，应列出一张资源详细分配表，以方便编程查阅。使用 C 语言编程时，应注意变量的命名规范。

5）注意在程序的相关位置写上功能注释，提高程序的可读性。

6）加强软件抗干扰设计，这是提高计算机应用系统可靠性的有力措施。

通过编辑软件编辑出的源程序，必须用编译程序汇编后生成目标代码。如果源程序有语法错误则返回编辑过程，修改源文件后再继续编译，直到无语法错误为止。这之后就可以利用目标码进行程序调试或者模拟调试了，在运行中，如果发现设计上的错误，则需要重新修改源程序并编译调试，如此反复直到成功。

（7）印制电路板的测试

印制电路制作完成后，需要对其进行必要的测试，如检查是否存在短路等。若无问题，则可进行元器件的焊接。元器件的焊接按照元器件的高度从低到高的顺序进行。焊接完毕，应在不接电源的情况下，再进行必要的检查（如检查是否存在因焊接引起的短路问题）。若没有问题，则可以上电进行仿真调试了。

（8）系统在线仿真调试

将焊接好的印制电路板连接到仿真环境中，进行程序的仿真调试工作。这个阶段的工作可以按照功能要求，分模块进行，将各个模块逐一进行仿真调试。各个模块都调试成功后，将各个模块组合到一起进行系统的整体仿真调试。直到所有的功能都能够正常工作为止。

（9）系统试运行

系统所有的功能模块都设计完毕并进行了仿真调试后，可以将程序写入单片机中，进行系统试运行。若试运行中出现问题，则对出现的现象进行分析，然后修改程序，并转到（8），直到系统试运行不出现问题为止。系统试运行成功后，可以进行项目的验收。

2. 仿真调试

传统的单片机应用系统开发过程需要专门的仿真器进行仿真，其仿真模式如图 1-5 所示。

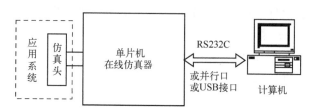

图 1-5　传统的单片机应用系统开发仿真模式

其中，仿真头的位置就是应用系统中放入单片机的位置。在进行仿真调试时，最好将应用系统中的看门狗电路拔出，或者禁用单片机内部的看门狗电路。否则，当单步调试时，单片机经常被复位。

随着技术的进步，许多单片机生产厂家都推出了具有在系统调试（In System Debugging，ISD）功能的单片机，可以通过 JTAG 接口或者单片机中的一个串行口进行仿真（如宏晶科技的 STC8 系列单片机）。这样，可以省去价格较贵的专用仿真器。ISD 技术已经成为目前单片机应用的一个发展趋势，如图 1-6 所示。

图 1-6　在系统仿真调试模式

在系统仿真调试模式中，直接将单片机加入到应用系统。单片机的几个仿真调试引脚通过电平转换或时序控制电路与计算机的 RS232C 串行口或者 USB 接口相连。在计算机中安装相应的调试环境，通过调试环境对应用系统进行仿真调试。这种仿真调试模式的最大优点是能够真正仿真单片机的工作状态，并且，应用系统仿真调试完成后可以直接投入使用，省去重新制作电路板的费用。

本书以 STC8A8K64S4A12 单片机为背景机型进行介绍。用户可以不必购买昂贵的仿真器，就可以进行单片机应用系统的开发设计，开发环境的搭建非常容易，便于学习和使用。

1.5　习题

1. 什么是单片机？它与一般微型计算机在结构上有什么区别？
2. 简述一般单片机的结构及各个部分的功能。
3. 简述单片机技术的特点及应用。
4. 简述单片机应用系统设计的方法和过程。
5. 设计印制电路板时，应注意哪些事项？

第2章 8051单片机及增强型8051内核

学习目标：

◇ 掌握8051单片机的基本构成及STC8A8K64S4A12单片机的增强型8051内核。

学习重点与难点：

◇ 单片机基本构成、STC8A8K64S4A12单片机的结构、增强型8051内核及其特点。

STC8A8K64S4A12单片机采用增强型8051内核。本章首先介绍8051单片机的基本构成及内部结构（内核），然后介绍STC8A8K64S4A12单片机的组成及增强型8051内核。

2.1 8051单片机的引脚及内部结构

2.1.1 8051单片机的引脚

8051有DIP（40pin）和PLCC（44pin）两种封装形式。DIP封装格式的8051单片机的引脚图和逻辑符号图如图2-1所示。

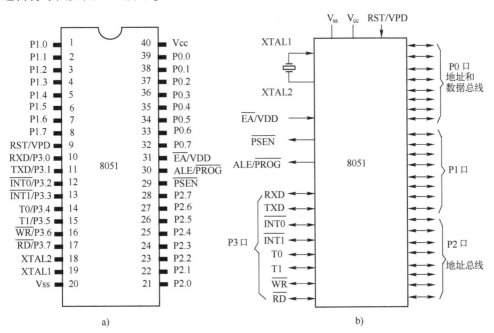

图2-1 8051单片机的引脚图和逻辑符号图

a) 8051单片机的引脚图　b) 8051单片机的逻辑符号图

在实际应用中，设计单片机应用系统的原理图时，一般应使用逻辑符号图，以便进行电路分析，而设计应用系统的印制电路板图时，必须使用单片机的引脚图。

各个引脚描述如下。

1. 电源引脚

1）V_{cc}：一般接电源的+5 V。

2）V_{ss}：接电源地。目前，大多数 CMOS 集成电路用 GND 表示，在后续的介绍中，统一使用 GND 代替 V_{ss}。

2. 外接晶体引脚

XTAL1 和 XTAL2 分别是芯片内部一个反相放大器的输入端和输出端。通常用于连接晶体振荡器。常见的连接方法如图 2-2 所示。其中，晶体振荡器 M 的频率可以在 4 ～ 35 MHz 之间选择，典型值是 11.0592 MHz。电容 C_1、C_2 对时钟频率有微调作用，可在 5 ～ 100 pF 之间选择，典型值是 47 pF。

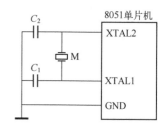

图 2-2　常见的晶体振荡器连接方法

3. 控制和复位引脚

1）ALE：当访问外部存储器时，ALE（允许地址锁存）的输出用于锁存地址的低位字节。即使不访问外部存储器，ALE 端仍以不变的频率周期性地出现正脉冲信号，此频率为振荡频率的 1/6。它可用作对外输出的时钟，或用于定时。利用示波器测量此引脚有无脉冲输出可以判断单片机是否正常工作。ALE 端可以驱动（吸收或输出电流）8 个 TTL 门电路。

2）$\overline{PSEN}$：此引脚的输出是外部程序存储器的读选通信号。在从外部程序存储器取指令（或常数）期间，每个机器周期两次 $\overline{PSEN}$ 有效。$\overline{PSEN}$ 同样可以驱动 8 个 TTL 门电路。

3）$\overline{EA}$：当 EA 保持高电平时，首先访问内部存储器，在程序计数器 PC 值超过片内的程序存储器容量（8051 单片机为 4 KB，8052 单片机为 8 KB）时，将自动转向执行外部程序存储器中的程序。当 EA 保持低电平时，只访问外部程序存储器，而不管是否有内部程序存储器。

4）RST：当振荡器运行时，在此引脚上出现两个机器周期的高电平将使单片机复位。如果需要单片机接上电源就可以复位并进入正常工作状态，则需要使用上电复位电路。典型的上电复位电路如图 2-3a 所示。

由于电磁干扰的存在或者程序设计的问题，一般计算机系统都可能出现因程序跑飞而"死机"的现象，导致系统无法正常工作。在个人计算机中，一般具有复位按钮。当计算机死机时，可以按一下复位按钮，重新启动计算机，或者重新给计算机上电。在自动控制系统中，要求系统非常可靠稳定地工作，一般不能通过手工方式复位。因此，需要在系统中使用看门狗定时器（Watch Dog Timer）电路。看门狗定时器电路的基本作用就是监视 CPU 的工作。正常工作时，单片机可以通过一个 I/O 引脚定时向看门狗电路脉冲输入端输入脉冲（定时时间不一定固定，只要不超出看门狗电路的溢出时间即可）。当系统出现死机时，单片机就会停止向看门狗电路脉冲输入端输入脉冲，超过一定时间后，看门狗电路就会发出复位信号，将系统复位，使系统恢复正常工作。典型的看门狗定时器电路与 8051 单片机的连接方法如图 2-3b 所示。其中，看门狗集成电路 MAX813L 的溢出时间为 1.6 s，也就是说，在用户程序中，只要在 1.6 s 内使用 T0（P3.4）引脚向 WDI 端输出脉冲，看门狗电路就不会输出 RESET 信号。

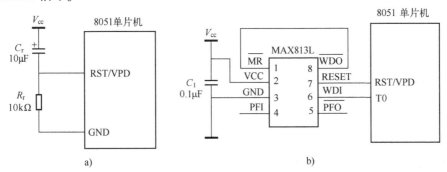

图 2-3　8051 单片机复位电路图

a）上电复位电路　b）使用看门狗定时器电路的典型电路

4. 输入/输出（I/O）引脚

1）P0 口：双向 8 位三态 I/O 口。

2）P1 口：8 位准双向 I/O 口。

3）P2 口：8 位准双向 I/O 口。

4）P3 口：8 位准双向 I/O 口。

2.1.2　8051 单片机的内部结构

8051 单片机的内部结构如图 2-4 所示。

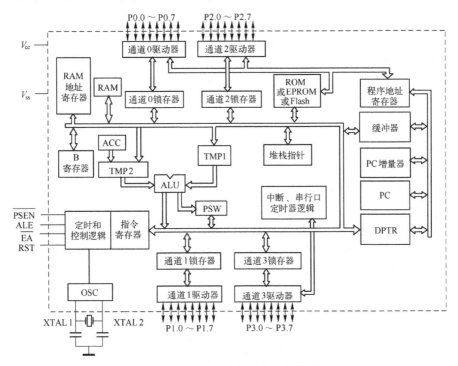

图 2-4　8051 单片机的内部结构图

8051 单片机中包含中央处理器、程序存储器（4KB ROM）、数据存储器（128B RAM）、2 个 16 位定时/计数器、4 个 8 位 I/O 口、1 个全双工串行通信接口和中断系统等，以及与 I/O 口复用的数据总线、地址总线和控制总线三大总线。

2.1.3 CPU 结构

单片机的中央处理器（CPU）由运算器和控制器组成。下面分别加以介绍。

1. 运算器

以 8 位算术/逻辑运算部件 ALU 为核心，加上通过内部总线而挂在其周围的暂存器 TMP1、TMP2、累加器 ACC、寄存器 B、程序状态标志寄存器 PSW 以及布尔处理机组成了整个运算器的逻辑电路。

算术逻辑单元 ALU 用来完成二进制数的四则运算和布尔代数的逻辑运算。累加器 ACC 又记作 A，是一个具有特殊用途的 8 位寄存器，在 CPU 中工作最频繁，专门用来存放操作数和运算结果。寄存器 B 是专门为乘法和除法设置的寄存器，也是一个 8 位寄存器，用来存放乘法和除法运算中的操作数及运算结果，对于其他指令，它只作暂存器用。程序状态字（PSW）又称为标志寄存器，也是一个 8 位寄存器，用来存放执行指令后的有关状态信息，供程序查询和判别之用。PSW 中有些位的状态是在指令执行过程中自动形成的，有些位可以由用户采用指令加以改变。PSW 的各位定义如下所示：

位号	b7	b6	b5	b4	b3	b2	b1	b0
符号	CY	AC	F0	RS1	RS0	OV	—	P

1）CY（PSW.7）：进位标志位。当执行加/减法指令时，如果操作结果的最高位 b7 出现进/借位，则 CY 置"1"，否则清"0"。执行乘除运算后，CY 清零。此外，CPU 在进行移位操作时也会影响这个标志位。

2）AC（PSW.6）：辅助进位标志位。当执行加/减法指令时，如果低 4 位数向高 4 位数产生进/借位，则 AC 置"1"，否则清"0"。

3）F0（PSW.5）：用户标志位。该位是由用户定义的一个状态标志。可以用软件来使它置"1"或清"0"，也可以由软件测试 F0 控制程序的流向。

4）RS1，RS0（PSW.4~PSW.3）：工作寄存器组选择控制位，其详细介绍见后面章节。

5）OV（PSW.2）：溢出标志位。指示运算过程中是否发生了溢出，在机器执行指令过程中自动形成。

6）—（PSW.1）：保留。该位在 8051 单片机中保留不用。

7）P（PSW.0）：奇偶标志位。如果累加器 ACC 中 1 的个数为偶数，则 P=0，否则 P=1。每个指令周期都由硬件来置"1"或清"0"。在具有奇偶校验的串行数据通信中，可以根据 P 设置奇偶校验位。

布尔处理机是单片机 CPU 中运算器的一个重要组成部分。它为用户提供了丰富的位操作功能，有相应的指令系统，硬件有自己的"累加器"（即进位位 C，也就是 CY）和自己的位寻址 RAM 和 I/O 空间，是一个独立的位处理机。大部分位操作均围绕着其累加器——进位位 C 完成。对任何直接寻址的位，布尔处理机可执行置位、取反、等于 1 转移、等于 0 转移、等于 1 转移并清"0"和位的读写操作。在任何可寻址的位（或该位内容取反）和进位标志 C 之间，可执行逻辑"与"、逻辑"或"操作，其结果送回到进位位 C。

2. 控制器

控制器是 CPU 的大脑中枢，包括定时控制逻辑、指令寄存器、译码器、地址指针 DPTR 及程序计数器 PC、堆栈指针 SP、RAM 地址寄存器、16 位地址缓冲器等。

程序计数器 PC 是一个 16 位的程序地址寄存器，专门用来存放下一条需要执行的指令的存储地址，能自动加 1。当 CPU 执行指令时，根据程序计数器 PC 中的地址从存储器中取出当前需要执行的指令码，并把它送给控制器分析执行，随后程序计数器中的地址自动加 1，以便为 CPU 取下一个需要执行的指令码做准备。当下一个指令码取出执行后，PC 又自动加 1。这样，程序计数器 PC 一次次加 1，指令就被一条条执行。

堆栈主要用于保存临时数据、局部变量、中断或子程序的返回地址。8051 单片机的堆栈设在内部 RAM 中，是一个按照"先进后出"规律存放数据的区域。堆栈指针 SP 是一个 8 位寄存器，能自动加 1 或减 1。当数据压入堆栈时，SP 自动加 1；数据从堆栈中弹出后，SP 自动减 1。复位后，寄存器默认值为 07H，堆栈区在 08H 开始的区域。通常将堆栈区域设置在内部 RAM 的 30H~FFH 之间。

2.1.4 存储器空间及存储器

8051 单片机存储器结构的主要特点是程序存储器和数据存储器的空间是分开的，有 4 个物理上相互独立的存储器空间：片内程序存储器、片外程序存储器、内部数据存储器和外部数据存储器，如图 2-5 所示。

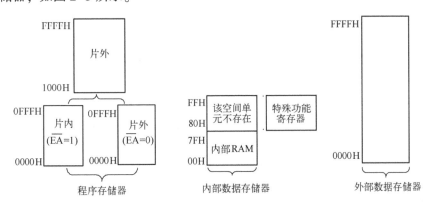

图 2-5　8051 单片机存储器配置示意图

从逻辑空间上看，实际上存在 3 个独立的空间。片内程序存储器和片外程序存储器在同一逻辑空间中，它们的地址在 0000H~FFFFH 是连续的。内部数据存储器和外部数据存储器各占一个逻辑空间，内部数据存储器为 00H~FFH，而外部数据存储器为 0000H~FFFFH。

1. 程序存储器

单片机能够自动执行某种任务，除了其强大的硬件外，还需要用于单片机运行的程序。设计人员编写的程序就存放在单片机的程序存储器中。

8051 单片机具有 64 KB 程序存储器空间的寻址能力。程序存储器用于存放用户程序、数据和表格等信息。对于片内无 ROM 的 8031 单片机，程序存储器必须外接，此时单片机的 $\overline{EA}$ 引脚必须接地，强制 CPU 从片外程序存储器读取程序。对于片内有 ROM 的 8051 单片机，$\overline{EA}$可接高电平，正常运行时，使 CPU 先从片内的程序存储器读取程序，当 PC 值超过片内 ROM 的容量时，才会自动转向片外的程序存储器读取程序；如果$\overline{EA}$接低电平，则忽略片内的程序存储器，直接从片外程序存储器执行程序。

8051 单片机片内有 4 KB 的程序存储器，其地址为 0000H ~ 0FFFH。单片机复位后，程序计数器的内容为 0000H，从 0000H 单元开始执行程序。在程序存储器中有些特殊的单元，在使用中应加以注意。

1）0000H 单元。系统复位后，PC 为 0000H。单片机从 0000H 单元开始执行程序，一般应在 0000H 开始的 3 个单元中存放一条无条件转移指令，让 CPU 去执行用户指定的程序。

2）0003H ~ 0023H，这些单元存放中断服务程序的入口地址（称为中断向量），定义如下。

① 0003H：外部中断 0 中断入口地址。

② 000BH：定时/计数器 0 中断入口地址。

③ 0013H：外部中断 1 中断入口地址。

④ 001BH：定时/计数器 1 中断入口地址。

⑤ 0023H：串行数据通信中断入口地址。

中断发生并得到响应后，自动转到相应的中断入口地址去执行程序。由于相邻中断入口地址之间只有 8 个地址单元，多数情况下存不下完整的中断服务程序，因此一般在中断响应的地址区存放一条无条件转移指令，指向真正存放中断服务程序的空间去执行。这样中断响应后，CPU 读到这条转移指令，便转向存放中断服务程序的地方去执行程序。

8051 单片机访问外部程序存储器时，至少需要提供两类信号，一类是地址信号，用来确定选中某一单元；一类是控制信号，控制外部程序存储器的数据输出。8051 单片机没有专门的地址总线和数据总线，使用 P2 口输出地址的高 8 位，用 P0 口分时输出地址的低 8 位和数据，并由 ALE 信号把低 8 位地址锁存在地址锁存器中。单片机提供的程序存储器允许输出信号$\overline{PSEN}$，往往与存储器芯片的数据允许输出端$\overline{OE}$相连。

读取程序存储器中保存的表格常数等内容时，使用 MOVC 指令。

2. 数据存储器

数据存储器也称为随机存取数据存储器。8051 单片机的数据存储器在物理上和逻辑上都分为两个地址空间：外部数据存储区和内部数据存储区。

（1）外部数据存储区

8051 单片机外部数据存储器最大可以扩展到 64KB，用于存放数据。实际使用时，应首先充分利用内部数据存储器空间，只有在实时数据采集和处理，或数据存储量较大的情况下，才扩充数据存储器。

访问外部数据存储器时，使用 16 位数据存储器地址指针 DPTR，同样使用 P2 口输出地址高 8 位，P0 口分时输出地址低 8 位和所读写的数据。用 ALE 作为地址锁存信号。进行外部存储器读写时，使用 MOVX 指令，单片机会产生相应的$\overline{RD}$信号和$\overline{WR}$信号（这两个信号有相应的$\overline{RD}$和$\overline{WR}$引脚，分别与外部数据存储器的$\overline{RD}$和$\overline{WR}$引脚相连），用来选通和读写外部数据存储器。

（2）内部数据存储区（又称为内部 RAM）

8051 单片机内部集成了 128 字节 RAM，可用于存放程序执行的中间结果和过程数据。

内部 RAM 的地址范围是 00H~FFH，共 256 个单元。这 256 字节的空间分为两部分，其中地址范围 00H~7FH 的空间为内部数据 RAM（称为基本 RAM 区），地址范围 80H~FFH 的内部 RAM 空间并不存在，该部分空间映射为特殊功能寄存器（SFR）区。基本 RAM 区又分为工作寄存器区、位寻址区、用户 RAM 和堆栈区。内部存储器地址空间分配如图 2-6 所示。

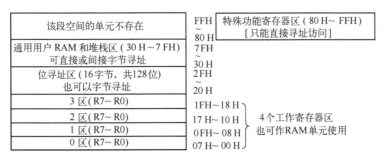

图 2-6　内部存储器地址空间分配

1）工作寄存器区。

00H~1FH 共 32 个单元用作工作寄存器，分为 4 组（每一组称为一个寄存器组），每一组包括 8 个 8 位的工作寄存器，分别是 R0~R7。通过使用工作寄存器，可以提高指令执行速度，也可以使用其中的 R0 或 R1 存放 8 位地址值，访问一个 256B 外部 RAM 块中的单元，此时，高 8 位地址事先由 P2 口的内容确定。另外，R0~R7 也可以用作计数器，在指令作用下加 1 或减 1。

PSW 寄存器中的 RS1 和 RS0 两位组合决定当前使用的工作寄存器组，见表 2-1。可以通过位操作指令直接修改 RS1 和 RS0 的内容，从而选择不同的工作寄存器组。

表 2-1　工作寄存器组选择

RS1（PSW.4）	RS0（PSW.3）	工作寄存器组	工作寄存器地址
0	0	0	R7~R0 对应的地址为 07H~00H
0	1	1	R7~R0 对应的地址为 0FH~08H
1	0	2	R7~R0 对应的地址为 17H~10H
1	1	3	R7~R0 对应的地址为 1FH~18H

2）位寻址区。

20H~2FH 之间的单元既可以像普通 RAM 单元一样按字节存取，也可以对单元中的任何一位单独存取（称为位寻址），共 128 位，所对应的位地址范围是 00H~7FH。特殊功能寄存器中，直接地址可被 8 整除的寄存器（除了 IP.7、IP.6 和 IE.6 以外）也可以进行位寻址。

为了更清楚地描述 8051 单片机中可以进行位寻址的空间，现将 RAM 中的位地址和特殊功能寄存器中的位地址分别在图 2-7 和图 2-8 中列出。

3）用户 RAM 和堆栈区。

内部 RAM 中的 30H~7FH 单元是用户 RAM 和堆栈区。

8051 单片机有一个 8 位的堆栈指针 SP，并且堆栈区只能设置在内部数据存储区。当有

字节地址　最高位 (b7)　　　　　　　　　　　　　　　最低位 (b0)

字节地址	b7							b0
7FH~30H	通用用户 RAM 和堆栈区							
2FH	7F	7E	7D	7C	7B	7A	79	78
2EH	77	76	75	74	73	72	71	70
2DH	6F	6E	6D	6C	6B	6A	69	68
2CH	67	66	65	64	63	62	61	60
2BH	5F	5E	5D	5C	5B	5A	59	58
2AH	57	56	55	54	53	52	51	50
29H	4F	4E	4D	4C	4B	4A	49	48
28H	47	46	45	44	43	42	41	40
27H	3F	3E	3D	3C	3B	3A	39	38
26H	37	36	35	34	33	32	31	30
25H	2F	2E	2D	2C	2B	2A	29	28
24H	27	26	25	24	23	22	21	20
23H	1F	1E	1D	1C	1B	1A	19	18
22H	17	16	15	14	13	12	11	10
21H	0F	0E	0D	0C	0B	0A	09	08
20H	07	06	05	04	03	02	01	00
1FH ~ 18H	工作寄存器组 3							
17H ~ 10H	工作寄存器组 2							
0FH ~ 08H	工作寄存器组 1							
07H ~ 00H	工作寄存器组 0							

（位地址）

图 2-7　RAM 中的位地址

字节地址	b7 ~ b0								寄存器名称
F0H	F7	F6	F5	F4	F3	F2	F1	F0	B
E0H	E7	E6	E5	E4	E3	E2	E1	E0	ACC
	CY	AC	F0	RS1	RS0	OV		P	
D0H	D7	D6	D5	D4	D3	D2	D1	D0	PSW
			PT2	PS	PT1	PX1	PT0	PX0	
B8H	-	-	BD	BC	BB	BA	B9	B8	IP
B0H	B7	B6	B5	B4	B3	B2	B1	B0	P3
	EA		ET2	ES	ET1	EX1	ET0	EX0	
A8H	AF	-	AD	AC	AB	AA	A9	A8	IE
A0H	A7	A6	A5	A4	A3	A2	A1	A0	P2
	SM0	SM1	SM2	REN	TB8	RB8	TI	RI	
98H	9F	9E	9D	9C	9B	9A	99	98	SCON
90H	97	96	95	94	93	92	91	90	P1
	TF1	TR1	TF0	TR0	IE1	IT1	IE0	IT0	
88H	8F	8E	8D	8C	8B	8A	89	88	TCON
80H	87	86	85	84	83	82	81	80	P0

图 2-8　特殊功能寄存器中的位地址

子程序调用和中断请求时，返回地址等信息保存在堆栈内。由于堆栈指针是 8 位的，所以原则上堆栈可由用户分配在片内 RAM 的任意区域，只要对堆栈指针 SP 赋予不同的初值就可以指定不同的堆栈区域。但在实际应用时，堆栈区的设置应和 RAM 的分配统一考虑。工作寄存器和位寻址区域分配好后，再指定堆栈区域。由于 8051 单片机复位以后，SP 为 07H，指向了工作寄存器组 0 中的 R7，因此用户初始化程序都应对 SP 设置初值，一般设在 30H 以后为宜。8051 单片机的堆栈是向上生成的（即朝着地址增加的方向生成）。

4）特殊功能寄存器（SFR）。

对于 8051 单片机，80H~FFH 为特殊功能寄存器（SFR）区，该段 RAM 空间的单元不存在，用户不能对这些单元进行读/写操作；对于 8052 单片机，80H~FFH 是 RAM 区（使用间接寻址访问），同时，特殊功能寄存器的地址与其相同（使用直接寻址访问 SFR 区）。8051 单片机中，除了程序计数器 PC 和 4 个工作寄存器组外，其余的寄存器都在 SFR 区中。特殊功能寄存器反映了 8051 单片机的状态，它们大体分为两类：一类与芯片的引脚有关。如 P0~P3，它们实际上是 4 个锁存器，每个锁存器附加上相应的一个输出驱动器和一个输入缓冲器就构成了一个并行口。另一类用于芯片内部功能的控制或者内部寄存器。如中断屏蔽及优先级控制、定时器、串行口的控制字，以及累加器 A、B、PSW、SP、DPTR 等。特殊功能寄存器及其复位值见表 2-2。

表 2-2　特殊功能寄存器及其复位值

地址	寄存器	说　　明	复 位 值
80H	P0	P0 口寄存器	0FFH
81H	SP	堆栈指针寄存器	07H
82H	DPL	数据指针 DPTR 低字节	00H
83H	DPH	数据指针 DPTR 高字节	00H
87H	PCON	电源控制寄存器	0XXX0000B
88H	TCON	定时/计数控制寄存器	00H
89H	TMOD	定时/计数模式控制寄存器	00H
8AH	TL0	定时/计数器 0 低字节	00H
8BH	TL1	定时/计数器 1 低字节	00H
8CH	TH0	定时/计数器 0 高字节	00H
8DH	TH1	定时/计数器 1 高字节	00H
90H	P1	P1 口寄存器	0FFH
98H	SCON	串行口控制寄存器	00H
99H	SBUF	串行口数据缓冲器	不定
A0H	P2	P2 口寄存器	0FFH
A8H	IE	中断允许寄存器	0XX00000B
B0H	P3	P3 口寄存器	0FFH
B8H	IP	中断优先级寄存器	XXX00000B
C8H	T2CON	定时/计数器 2 控制寄存器（仅 52 系列单片机具有）	00H
C9H	T2MOD	定时/计数器 2 模式控制寄存器（仅 52 系列单片机具有）	XXXXXX00B

地址	寄存器	说　明	复　位　值
CAH	RCAP2L	定时/计数器 2 捕捉寄存器低字节（仅 52 系列单片机具有）	00H
CBH	RCAP2H	定时/计数器 2 捕捉寄存器高字节（仅 52 系列单片机具有）	00H
CCH	TL2	定时/计数器 2 的低字节（仅 52 系列单片机具有）	00H
CDH	TH2	定时/计数器 2 的高字节（仅 52 系列单片机具有）	00H
D0H	PSW	程序状态字寄存器	00H
E0H	ACC	累加器	00H
F0H	B	B 寄存器	00H

2.2　STC8A8K64S4A12 的增强型 8051 内核

2.2.1　STC8A8K64S4A12 单片机的引脚及功能

STC8A8K64S4A12 单片机是宏晶科技推出的新一代单时钟/机器周期（1T）8051 单片机，一般不需要外部晶振和外部复位电路即可工作，具有高速、低功耗及超强抗干扰等特点，在相同的工作频率下，STC8 系列单片机比传统的 8051 快约 12 倍。STC8A8K64S4A12 单片机常见的封装形式有 LQFP-64 和 DIP-40。STC8A8K64S4A12 单片机的引脚图如图 2-9 所示。

与标准 8051 单片机有所不同或者改进的引脚描述如下。

1. 复位引脚

STC8A8K64S4A12 单片机内部集成 MAX810 专用复位电路，时钟频率在 12 MHz 以下时，复位脚可接 1 kΩ 电阻再接地，也可以使用普通 8051 的复位电路（参见图 2-3）。

2. 外接晶体引脚

STC8A8K64S4A12 单片机是 1 时钟周期/机器周期（简称 1T）的 8051 单片机，系统时钟兼容标准的 8051 单片机。系统时钟有 3 个时钟源可供选择：内部 24 MHz 高精度 IRC、内部 32 kHz 的低速 IRC、外部 4~33 MHz 晶振或外部时钟信号。用户可通过程序分别使能和关闭各个时钟源，内部提供时钟分频以达到降低功耗的目的。

利用 ISP 工具对 STC8A8K64S4A12 单片机下载用户程序时，可以在选项中设置选择使用外部晶体振荡器时钟或者使用内部 R/C 振荡器时钟。

3. 输入/输出（I/O）及复用功能引脚

STC8A8K64S4A12 单片机最多可以有 59 根 I/O 口线，这些 I/O 口线可设置成 4 种模式：准双向口/弱上拉（标准 8051 输出口模式）、推挽输出/强上拉、高阻输入（电流既不能流入也不能流出）、开漏输出。复位后，在用户程序的开始部分，应首先根据需要设置单片机 I/O 口线的工作模式。每根 I/O 口线驱动能力均可达到 20 mA，但整个芯片最大不得超过 90 mA。许多 I/O 口线具有复用功能，各个 I/O 口的详细介绍请参阅第 3 章内容。

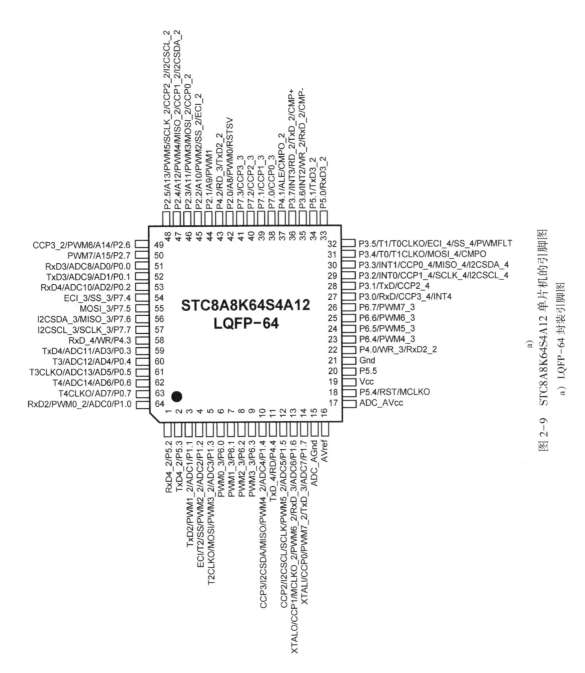

图 2-9　STC8A8K64S4A12 单片机的引脚图

a) LQFP-64 封装引脚图

23

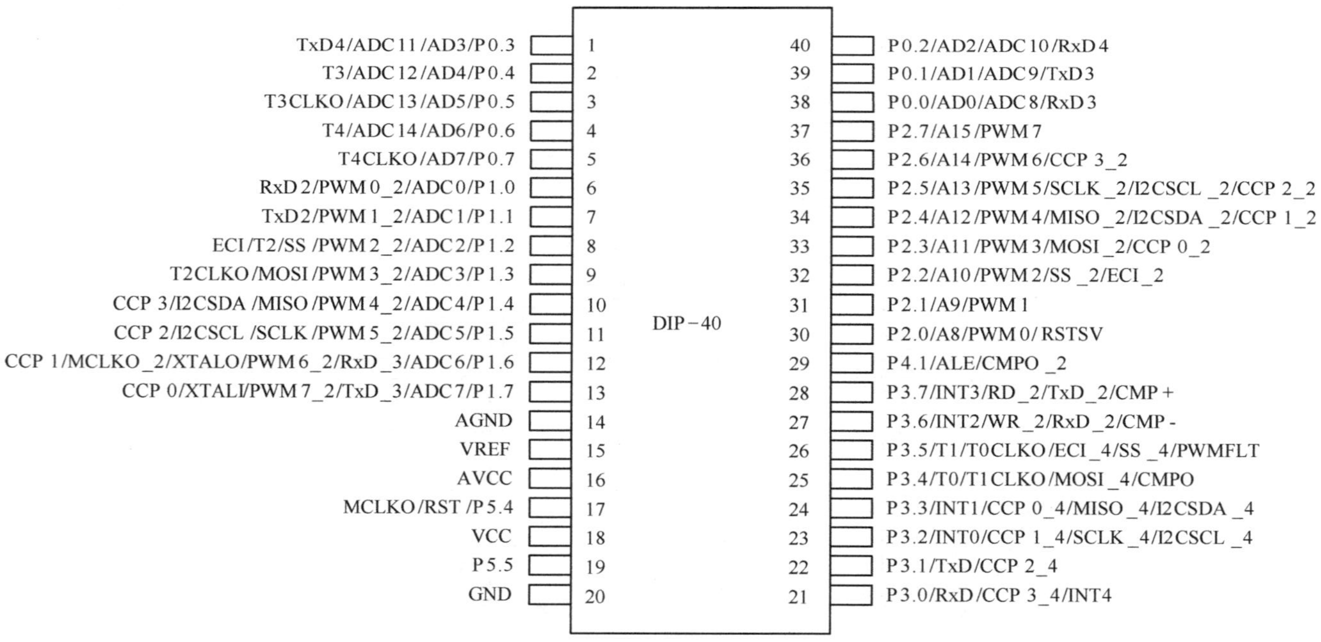

DIP-40 封装

左侧引脚（从上到下，引脚 1~20）：

1 — TxD4/ADC11/AD3/P0.3
2 — T3/ADC12/AD4/P0.4
3 — T3CLKO/ADC13/AD5/P0.5
4 — T4/ADC14/AD6/P0.6
5 — T4CLKO/AD7/P0.7
6 — RxD2/PWM0_2/ADC0/P1.0
7 — TxD2/PWM1_2/ADC2/P1.2
8 — ECI/T2/SS/PWM2_2/ADC2/P1.2
9 — T2CLKO/MOSI/PWM3_2/ADC3/P1.3
10 — CCP 3/I2CSDA/MISO/PWM 4_2/ADC4/P1.4
11 — CCP 2/I2CSCL /SCLK /PWM 5_2/ADC5/P1.5
12 — CCP 1/MCLKO_2/XTALO/PWM6_2/RxD_3/ADC6/P1.6
13 — CCP 0/XTALI/PWM7_2/TxD_3/ADC7/P1.7
14 — AGND
15 — VREF
16 — AVCC
17 — MCLKO/RST/P5.4
18 — VCC
19 — P5.5
20 — GND

右侧引脚（从上到下，引脚 40~21）：

40 — P0.2/AD2/ADC10/RxD 4
39 — P0.1/AD1/ADC9/TxD3
38 — P0.0/AD0/ADC8/RxD 3
37 — P2.7/A15/PWM7
36 — P2.6/A14/PWM6/CCP 3_2
35 — P2.5/A13/PWM 5/SCLK_2/I2CSCL_2/CCP 2_2
34 — P2.4/A12/PWM4/MISO_2/I2CSDA_2/CCP 1_2
33 — P2.3/A11/PWM3/MOSI_2/CCP 0_2
32 — P2.2/A10/PWM2/SS_2/ECI_2
31 — P2.1/A9/PWM1
30 — P2.0/A8/PWM0/ RSTSV
29 — P4.1/ALE/CMPO_2
28 — P3.7/INT3/RD_2/TxD_2/CMP+
27 — P3.6/INT2/WR_2/RxD_2/CMP-
26 — P3.5/T1/T0CLKO/ECI_4/SS_4/PWMFLT
25 — P3.4/T0/T1 CLKO/MOSI_4/CMPO
24 — P3.3/INT1/CCP 0_4/MISO_4/I2CSDA_4
23 — P3.2/INT0/CCP 1_4/SCLK_4/I2CSCL_4
22 — P3.1/TxD/CCP 2_4
21 — P3.0/RxD/CCP 3_4/INT4

b)

b) DIP-40 封装引脚图

图 2-9 STC8A8K64S4A12 单片机的引脚图（续）

24

2.2.2　STC8A8K64S4A12 单片机的增强型 8051 内核

标准 8051 的一个机器周期是 12 个时钟周期，STC8A8K64S4A12 单片机是 1 时钟周期/机器周期（简称 1T）的 8051 单片机，在同样的外部时钟频率下执行同样的代码，其指令执行速度要比标准 8051 单片机快约 12 倍。执行指令时序图如图 2-10 所示。标准 8051 单片机把 1 个振荡周期（也就是时钟周期）定义为 1 拍，1 个节拍用 1P 表示，1 拍是单片机执行指令可识别的最小时间单位。2 拍定义为一个状态周期，1 个状态周期用 1S 表示，分别称为 S1～S6。1 个状态周期的时间等于振荡周期的 2 倍。6 个状态周期定义为 1 个机器周期，机器周期是为单片机完成 1 条指令而划分的可数的时间单位，由 12 个振荡周期构成，分别为 S1P1、S1P2、…、S6P1 和 S6P2。完成 1 条指令的时间总是等于 1 个或几个机器周期。

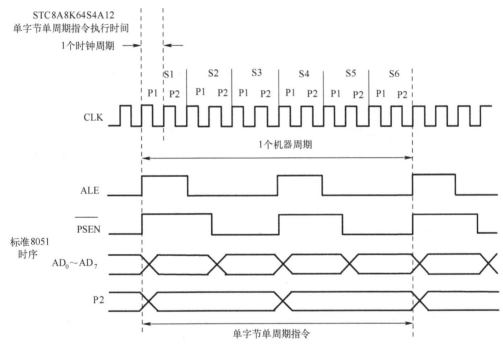

图 2-10　指令执行时序图

STC8A8K64S4A12 单片机的机器周期由 1 个时钟周期构成，也就是说，一个时钟周期就是一个机器周期，这样当用户在较低的外部时钟频率下运行时，与标准 8051 内核相比，不仅降低了系统噪声和电源功耗，而且提高了处理能力。

STC8A8K64S4A12 单片机的内部结构框图如图 2-11 所示。

除了执行指令速度提高以外，由图 2-11 可以看出，与标准 8051 单片机相比，STC8A8K64S4A12 单片机在标准 8051 单片机的基础上增加了如下资源。

1.　集成了程序 Flash 存储器

程序 Flash 存储器用于存放用户程序、数据和表格等信息。STC8A8K64S4A12 单片机集成了 64 KB 的程序 Flash 存储器，地址为 0000H～FFFFH，支持 ISP/IAP，并且支持用户配置成 EEPROM，大小可变，512 字节单页擦除，擦写次数可达 10 万次以上，提高了使用的灵

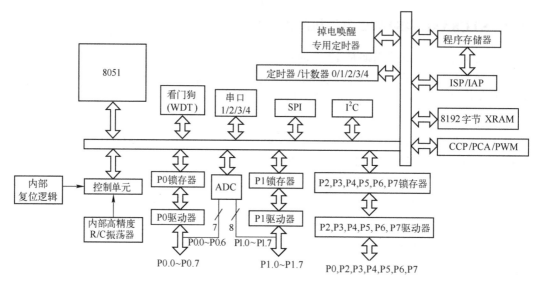

图 2-11　STC8A8K64S4A12 单片机的内部结构框图

活性和方便性。由于 STC8A8K64S4A12 单片机已经集成了 8051 单片机可以寻址的最大程序空间，因此，该单片机没有提供访问外部程序存储器的总线，不能访问外部程序存储器。64 KB 的程序空间对于一般的应用已经足够，不需要用户进行程序存储器扩展。STC8A8K64S4A12 单片机集成的中断资源较多，因此，从 0003H 开始的中断向量也比标准 8051 单片机多。

2. 数据存储器

数据存储器也称为随机存取数据存储器，可用于存放程序执行的中间结果和过程数据。STC8A8K64S4A12 单片机的数据存储器在物理和逻辑上都分为两个地址空间：内部 256 字节 RAM（这部分和 8052 单片机相同）和内部 8192 字节的扩展 RAM。

其中，内部 RAM 的高 128 字节的数据存储器与特殊功能寄存器（SFRs）地址重叠，实际使用时通过不同的寻址方式加以区分。

STC8A8K64S4A12 单片机集成的 8192 字节扩展 RAM 如图 2-12 所示。访问内部扩展 RAM 的方法和传统 8051 单片机访问外部扩展 RAM 的方法相同，但是不影响 P0 口（数据总线和低 8 位地址总线）、P2 口（高 8 位地址总线）以及 RD、WR 和 ALE 等端口上的信号。

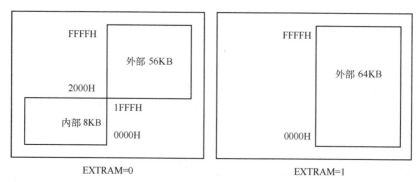

图 2-12　STC8A8K64S4A12 单片机集成的 8192 字节扩展 RAM

在汇编语言中，内部扩展 RAM 可以通过以下 MOVX 指令访问：

```
MOVX    A,@DPTR
MOVX    @DPTR,A
MOVX    A,@Ri
MOVX    @Ri,A
```

在 C 语言中，可使用 xdata/pdata 声明存储类型即可，如：

```
unsigned char xdata i;
unsigned int pdata j;
```

其中，pdata 即为 xdata 的低 256 字节，在 C 语言中定义变量为 pdata 类型后，编译器会自动将变量分配在 XDATA 的 0000H~00FFH 区域，并使用 MOVX @Ri,A 和 MOVX A@Ri 进行访问。xdata 关键字更加常用。

单片机内部扩展 RAM 是否可以访问，由辅助寄存器 AUXR 中的 EXTRAM 位控制。AUXR1 的各位定义如下：

地址	b7	b6	b5	b4	b3	b2	b1	b0	复位值
8EH	T0x12	T1x12	UART_M0x6	T2R	T2_C/T	T2x12	EXTRAM	S1ST2	01H

其中，EXTRAM 是扩展 RAM 访问控制位，EXTRAM = 0 时访问内部扩展 RAM，当访问地址超出内部扩展 RAM 的地址时，系统会自动切换到外部扩展 RAM。EXTRAM = 1 时访问外部扩展 RAM，内部扩展 RAM 被禁用。

STC8A8K64S4A12 单片机内部集成的 8192 字节扩展 RAM 对于一般应用都能满足要求，一般不再需要外部扩展 RAM，这大大简化了应用系统的设计。如果确实需要外部扩展 RAM，则可以使用总线进行扩展。STC8A8K64S4A12 封装引脚数为 40 及其以上的单片机具有扩展 64 KB 外部数据存储器的能力。访问外部数据存储器期间，WR/RD/ALE 信号要有效。STC8A8K64S4A12 新增了一个控制外部 64 KB 字节数据总线速度的特殊功能寄存器 BUS_SPEED。BUS_SPEED（总线速度控制寄存器）各位定义如下：

地址	b7	b6	b5	b4	b3	b2	b1	b0	复位值
A1H	RW_S[1:0]						SPEED[1:0]		00H

1) RW_S[1:0]：RD/WR 控制线选择位。为 00 时 P4.4 为 RD，P4.3 为 WR；为 01 时 P3.7 为 RD，P3.6 为 WR；为 10 时 P4.2 为 RD，P4.0 为 WR；为 11 时表示保留。

2) SPEED[1:0]：总线读写速度控制（读写数据时控制信号和数据信号的准备时间和保持时间）。00 表示 1 个时钟；01 表示 2 个时钟；10 表示 4 个时钟；11 表示 8 个时钟。

3) 增加了 I/O 口数量。STC8A8K64S4A12 单片机除了包含标准 8051 单片机的 P0~P3 口外，还扩展集成了 P4~P7 口。许多 I/O 口具有复用功能。

4) 增加了定时/计数器数量。STC8A8K64S4A12 单片机除了包含标准 8051 单片机的定时/计数器 T0 和 T1 外，还扩展集成了定时/计数器 T2、T3 和 T4。

5) 增加了异步串行通信接口数量。STC8A8K64S4A12 单片机除了包含标准 8051 单片机的异步串行接口（简称串口，在 STC8A8K64S4A12 单片机中称为串口 1）外，还扩展集成了串口 2、串口 3 和串口 4。

6）增加了 SPI 和 I²C 接口。

7）增加了可编程计数器阵列（PCA）模块。

8）增加了 A/D 转换器（ADC）模块。

除了上述模块以外，还增加了看门狗、内部复位逻辑、内部 RC 振荡器、掉电唤醒专用定时器等模块。

和标准 8051 单片机相比，STC8A8K64S4A12 单片机集成了更多的外设资源。因此，特殊功能寄存器也较多。STC8A8K64S4A12 单片机的特殊功能寄存器及其在单片机复位时的值（简称复位值）见表 2-3 和表 2-4，详细的使用方法在后面的章节中介绍。

表 2-3　STC8A8K64S4A12 单片机的特殊功能寄存器及其在单片机复位时的值

地址	寄存器	描　述	复位值
80H	P0	P0 端口	1111,1111
81H	SP	堆栈指针	0000,0111
82H	DPL	数据指针（低字节）	0000,0000
83H	DPH	数据指针（高字节）	0000,0000
84H	S4CON	串口 4 控制寄存器	0000,0000
85H	S4BUF	串口 4 数据寄存器	0000,0000
87H	PCON	电源控制寄存器	0011,0000
88H	TCON	定时器控制寄存器	0000,0000
89H	TMOD	定时器模式寄存器	0000,0000
8AH	TL0	定时器 0 低 8 位寄存器	0000,0000
8BH	TL1	定时器 1 低 8 位寄存器	0000,0000
8CH	TH0	定时器 0 高 8 位寄存器	0000,0000
8DH	TH1	定时器 1 高 8 位寄存器	0000,0000
8EH	AUXR	辅助寄存器 1	0000,0001
8FH	INTCLKO	中断与时钟输出控制寄存器	x000,x000
90H	P1	P1 端口	1111,1111
91H	P1M1	P1 口配置寄存器 1	0000,0000
92H	P1M0	P1 口配置寄存器 0	0000,0000
93H	P0M1	P0 口配置寄存器 1	0000,0000
94H	P0M0	P0 口配置寄存器 0	0000,0000
95H	P2M1	P2 口配置寄存器 1	0000,0000
96H	P2M0	P2 口配置寄存器 0	0000,0000
97H	AUXR2	辅助寄存器 2	xxxn,xxxx
98H	SCON	串口 1 控制寄存器	0000,0000
99H	SBUF	串口 1 数据寄存器	0000,0000

地址	寄存器	描 述	复位值
9AH	S2CON	串口 2 控制寄存器	0100,0000
9BH	S2BUF	串口 2 数据寄存器	0000,0000
A0H	P2	P2 端口	1111,1111
A1H	BUS_SPEED	总线速度控制寄存器	00xx,xx00
A2H	P_SW1	外设端口切换寄存器 1	nn00,000x
A8H	IE	中断允许寄存器	0000,0000
A9H	SADDR	串口 1 从机地址寄存器	0000,0000
AAH	WKTCL	掉电唤醒定时器低字节	1111,1111
ABH	WKTCH	掉电唤醒定时器高字节	0111,1111
ACH	S3CON	串口 3 控制寄存器	0000,0000
ADH	S3BUF	串口 3 数据寄存器	0000,0000
AEH	TA	DPTR 时序控制寄存器	0000,0000
AFH	IE2	中断允许寄存器 2	x000,0000
B0H	P3	P3 端口	1111,1111
B1H	P3M1	P3 口配置寄存器 1	n000,0000
B2H	P3M0	P3 口配置寄存器 0	n000,0000
B3H	P4M1	P4 口配置寄存器 1	0000,0000
B4H	P4M0	P4 口配置寄存器 0	0000,0000
B5H	IP2	中断优先级控制寄存器 2	x000,0000
B6H	IP2H	高中断优先级控制寄存器 2	x000,0000
B7H	IPH	高中断优先级控制寄存器	0000,0000
B8H	IP	中断优先级控制寄存器	0000,0000
B9H	SADEN	串口 1 从机地址屏蔽寄存器	0000,0000
BAH	P_SW2	外设端口切换寄存器 2	0x00,0000
BBH	VOCTRL	电压控制寄存器	0xxx,xx00
BCH	ADC_CONTR	ADC 控制寄存器	000x,0000
BDH	ADC_RES	ADC 转换结果高位寄存器	0000,0000
BEH	ADC_RESL	ADC 转换结果低位寄存器	0000,0000
C0H	P4	P4 端口	1111,1111
C1H	WDT_CONTR	看门狗控制寄存器	0x00,0000
C2H	IAP_DATA	IAP 数据寄存器	1111,1111
C3H	IAP_ADDRH	IAP 高地址寄存器	0000,0000
C4H	IAP_ADDRL	IAP 低地址寄存器	0000,0000
C5H	IAP_CMD	IAP 命令寄存器	xxxx,xx00
C6H	IAP_TRIG	IAP 触发寄存器	0000,0000
C7H	IAP_CONTR	IAP 控制寄存器	0000,x000

地址	寄存器	描　　述	复位值
C8H	P5	P5 端口	xx11,1111
C9H	P5M1	P5 口配置寄存器 1	xx11,1111
CAH	P5M0	P5 口配置寄存器 0	xx11,1111
C9H	P5M1	P5 口配置寄存器 1	0000,0000
CAH	P5M0	P5 口配置寄存器 0	0000,0000
CBH	P6M1	P6 口配置寄存器 1	0000,0000
CCH	P6M0	P6 口配置寄存器 0	0000,0000
CDH	SPSTAT	SPI 状态寄存器	00xx,xxxx
CEH	SPCTL	SPI 控制寄存器	0000,0100
CFH	SPDAT	SPI 数据寄存器	0000,0000
D0H	PSW	程序状态字寄存器	0000,00x0
D1H	T4T3M	定时器 4/3 控制寄存器	0000,0000
D2H	T4H	定时器 4 高字节	0000,0000
D3H	T4L	定时器 4 低字节	0000,0000
D4H	T3H	定时器 3 高字节	0000,0000
D5H	T3L	定时器 3 低字节	0000,0000
D6H	T2H	定时器 2 高字节	0000,0000
D7H	T2L	定时器 2 低字节	0000,0000
D8H	CCON	PCA 控制寄存器	00xx,0000
D9H	CMOD	PCA 模式寄存器	0xxx,0000
DAH	CCAPM0	PCA 模块 0 模式控制寄存器	x000,0000
DBH	CCAPM1	PCA 模块 1 模式控制寄存器	x000,0000
DCH	CCAPM2	PCA 模块 2 模式控制寄存器	x000,0000
DDH	CCAPM3	PCA 模块 3 模式控制寄存器	x000,0000
DEH	ADCCFG	ADC 配置寄存器	xx0x,0000
E0H	ACC	累加器	0000,0000
E1H	P7M1	P7 口配置寄存器 1	0000,0000
E2H	P7M0	P7 口配置寄存器 0	0000,0000
E3H	DPS	DPTR 指针选择器	0000,0xx0
E4H	DPL1	第二组数据指针（低字节）	0000,0000
E5H	DPH1	第二组数据指针（高字节）	0000,0000
E6H	CMPCR1	比较器控制寄存器 1	0000,0000
E7H	CMPCR2	比较器控制寄存器 2	0000,0000
E8H	P6	P6 端口	1111,1111
E9H	CL	PCA 计数器低字节	0000,0000
EAH	CCAP0L	PCA 模块 0 低字节	0000,0000

地址	寄存器	描　　述	复位值
EBH	CCAP1L	PCA 模块 1 低字节	0000,0000
ECH	CCAP2L	PCA 模块 2 低字节	0000,0000
EDH	CCAP3L	PCA 模块 3 低字节	0000,0000
EFH	AUXINTIF	扩展外部中断标志寄存器	x000,x000
F0H	B	B 寄存器	0000,0000
F1H	PWMCFG	增强型 PWM 配置寄存器	00xx,xxxx
F2H	PCA_PWM0	PCA0 的 PWM 模式寄存器	0000,0000
F3H	PCA_PWM1	PCA1 的 PWM 模式寄存器	0000,0000
F4H	PCA_PWM2	PCA2 的 PWM 模式寄存器	0000,0000
F5H	PCA_PWM3	PCA3 的 PWM 模式寄存器	0000,0000
F6H	PWMIF	增强型 PWM 中断标志寄存器	0000,0000
F7H	PWMFDCR	PWM 异常检测控制寄存器	0000,0000
F8H	P7	P7 端口	1111,1111
F9H	CH	PCA 计数器高字节	0000,0000
FAH	CCAP0H	PCA 模块 0 高字节	0000,0000
FBH	CCAP1H	PCA 模块 1 高字节	0000,0000
FCH	CCAP2H	PCA 模块 2 高字节	0000,0000
FDH	CCAP3H	PCA 模块 3 高字节	0000, 0000
FEH	PWMCR	PWM 控制寄存器	00xx,xxxx
FFH	RSTCFG	复位配置寄存器	0000,0000

表 2-4 为扩展特殊寄存器（扩展 SFR），逻辑地址位于 XDATA 区域，访问前需要将 P_SW2 寄存器的最高位（EAXFR）置 "1"，然后使用 MOVX A,@ DPTR 和 MOVX @ DPTR,A 指令进行访问。

表 2-4　STC8A8K64S4A12 单片机的扩展特殊功能寄存器及其在单片机复位时的值

地址	寄存器	描　　述	复位值
FFF0H	PWMCH	PWM 计数器高字节	x000,0000
FFF1H	PWMCL	PWM 计数器低字节	0000,0000
FFF2H	PWMCKS	PWM 时钟选择	xxx0,0000
FFF3H	TADCPH	触发 ADC 计数值高字节	x000,0000
FFF4H	TADCPL	触发 ADC 计数值低字节	0000,0000
FF00H	PWM0T1H	PWM0T1 计数值高字节	x000,0000
FF01H	PWM0T1L	PWM0T1 计数值低字节	0000,0000
FF02H	PWM0T2H	PWM0T2 数值高字节	x000,0000
FF03H	PWM0T2L	PWM0T2 数值低字节	0000,0000

地址	寄存器	描　　述	复位值
FF04H	PWM0CR	PWM0 控制寄存器	00x0,0000
FF05H	PWM0HLD	PWM0 电平保持控制寄存器	xxxx,xx00
FF10H	PWM1T1H	PWM1T1 计数值高字节	x000,0000
FF11H	PWM1T1L	PWM1T1 计数值低字节	0000,0000
FF12H	PWM1T2H	PWM1T2 计数值高字节	x000,0000
FF13H	PWM1T2L	PWM1T2 计数值低字节	0000,0000
FF14H	PWM1CR	PWM1 控制寄存器	00x0,0000
FF15H	PWM1HLD	PWM1 电平保持控制寄存器	xxxx,xx00
FF20H	PWM2T1H	PWM2T1 计数值高字节	x000,0000
FF21H	PWM2T1L	PWM2T1 计数值低字节	0000,0000
FF22H	PWM2T2H	PWM2T2 计数值高字节	x000,0000
FF23H	PWM2T2L	PWM2T2 计数值低字节	0000,0000
FF24H	PWM2CR	PWM2 控制寄存器	00x0,0000
FF25H	PWM2HLD	PWM2 电平保持控制寄存器	xxxx,xx00
FF30H	PWM3T1H	PWM3T1 计数值高字节	x000,0000
FF31H	PWM3T1L	PWM3T1 计数值低字节	0000,0000
FF32H	PWM3T2H	PWM3T2 计数值高字节	x000,0000
FF33H	PWM3T2L	PWM3T2 计数值低字节	0000,0000
FF34H	PWM3CR	PWM3 控制寄存器	00x0,0000
FF35H	PWM3HLD	PWM3 电平保持控制寄存器	xxxx,xx00
FF40H	PWM4T1H	PWM4T1 计数值高字节	x000,0000
FF41H	PWM4T1L	PWM4T1 计数值低字节	0000,0000
FF42H	PWM4T2H	PWM4T2 计数值高字节	x000,0000
FF43H	PWM4T2L	PWM4T2 计数值低字节	0000,0000
FF44H	PWM4CR	PWM4 控制寄存器	00x0,0000
FF45H	PWM4HLD	PWM4 电平保持控制寄存器	xxxx,xx00
FF50H	PWM5T1H	PWM5T1 计数值高字节	x000,0000
FF51H	PWM5T1L	PWM5T1 计数值低字节	0000,0000
FF52H	PWM5T2H	PWM5T2 计数值高字节	x000,0000
FF53H	PWM5T2L	PWM5T2 计数值低字节	0000,0000
FF54H	PWM5CR	PWM5 控制寄存器	00x0,0000
FF55H	PWM5HLD	PWM5 电平保持控制寄存器	xxxx,xx00
FF60H	PWM6T1H	PWM6T1 计数值高字节	x000,0000
FF61H	PWM6T1L	PWM6T1 计数值低字节	0000,0000
FF62H	PWM6T2H	PWM6T2 计数值高字节	x000,0000
FF63H	PWM6T2L	PWM6T2 计数值低字节	0000,0000

地址	寄存器	描　　述	复位值
FF64H	PWM6CR	PWM6 控制寄存器	00x0,0000
FF65H	PWM6HLD	PWM6 电平保持控制寄存器	xxxx,xx00
FF70H	PWM7T1H	PWM7T1 计数值高字节	x000,0000
FF71H	PWM7T1L	PWM7T1 计数值低字节	0000,0000
FF72H	PWM7T2H	PWM7T2 计数值高字节	x000,0000
FF73H	PWM7T2L	PWM7T2 计数值低字节	0000,0000
FF74H	PWM7CR	PWM7 控制寄存器	00x0,0000
FF75H	PWM7HLD	PWM7 电平保持控制寄存器	xxxx,xx00
FE80H	I2CCFG	I^2C 配置寄存器	0000,0000
FE81H	I2CMSCR	I^2C 主机控制寄存器	0xxx,x000
FE82H	I2CMSST	I^2C 主机状态寄存器	00xx,xx00
FE83H	I2CSLCR	I^2C 从机控制寄存器	x000,0xx0
FE84H	I2CSLST	I^2C 从机状态寄存器	0000,0000
FE85H	I2CSLADR	I^2C 从机地址寄存器	0000,0000
FE86H	I2CTXD	I^2C 数据发送寄存器	0000,0000
FE87H	I2CRXD	I^2C 数据接收寄存器	0000,0000
FE10H	P0PU	P0 口上拉电阻控制寄存器	0000,0000
FE11H	P1PU	P1 口上拉电阻控制寄存器	0000,0000
FE12H	P2PU	P2 口上拉电阻控制寄存器	0000,0000
FE13H	P3PU	P3 口上拉电阻控制寄存器	0000,0000
FE14H	P4PU	P4 口上拉电阻控制寄存器	0000,0000
FE15H	P5PU	P5 口上拉电阻控制寄存器	0000,0000
FE16H	P6PU	P6 口上拉电阻控制寄存器	0000,0000
FE17H	P7PU	P7 口上拉电阻控制寄存器	0000,0000
FE18H	P0NCS	P0 口施密特触发控制寄存器	0000,0000
FE19H	P1NCS	P1 口施密特触发控制寄存器	0000,0000
FE1AH	P2NCS	P2 口施密特触发控制寄存器	0000,0000
FE1BH	P3NCS	P3 口施密特触发控制寄存器	0000,0000
FE1CH	P4NCS	P4 口施密特触发控制寄存器	0000,0000
FE1DH	P5NCS	P5 口施密特触发控制寄存器	0000,0000
FE1EH	P6NCS	P6 口施密特触发控制寄存器	0000,0000
FE1FH	P7NCS	P7 口施密特触发控制寄存器	0000,0000
FE00H	CKSEL	时钟选择寄存器	0000,0000
FE01H	CLKDIV	时钟分频寄存器	0000,0001
FE02H	IRC24MCR	内部 24 MHz 振荡器控制寄存器	1xxx,xxx0

地址	寄存器	描　　述	复位值
FE03H	XOSCCR	外部晶振控制寄存器	00xx,xxx0
FE04H	IRC32KCR	内部 32 KB 振荡器控制寄存器	0xxx,xxx0

注："x"表示该位的值不确定。

对于新增加的特殊功能寄存器，需要进行声明然后才能使用。例如：使用串口 2 控制寄存器 S2CON 前，在汇编语言程序中，使用 S2CON DATA 9AH 或者 S2CON EQU 9AH 进行定义。

在 C 语言中，可以使用 sfr S2CON = 0x9a；进行声明。

为了便于使用，本书将所有的特殊功能寄存器的汇编语言格式定义存放在文件 STC8. INC 中，将对应 C 语言格式的定义存放在文件 stc8. h 中，读者可以从本书的课程网站（http://course. sdu. edu. cn/mcu. html）中下载使用。

2.3　习题

1. 简述 8051 基本内核的结构及资源，说明主要逻辑功能部件及其作用。

2. 8051 单片机的存储器分为哪几个空间？中断服务程序的入口地址分别是什么？

3. 说明 8051 单片机内部数据存储区空间分配情况。32 个通用寄存器各对应哪些 RAM 单元？

4. 简述 PSW 寄存器各个位的作用。

5. 位地址 29H，61H，7FH，90H，E0H，F1H，各对应哪些单元的哪些位？

6. 详述 STC8A8K64S4A12 单片机的存储器组织结构。从用户的使用角度看，STC8A8K64S4A12 单片机的存储器是如何组织的？

第 3 章 数字输入/输出端口

学习目标：

◇ 掌握 STC8A8K64S4A12 单片机数字输入/输出端口的原理及应用。

学习重点与难点：

◇ 掌握 STC8A8K64S4A12 单片机数字输入/输出端口的使用方法。

由于 STC8A8K64S4A12 单片机的数字输入/输出端口完全兼容标准 8051 单片机的数字输入/输出端口，因此，本章直接讲解 STC8A8K64S4A12 单片机数字输入/输出端口的结构和使用方法。

3.1 单片机数字输入/输出端口的概述

3.1.1 单片机数字输入/输出端口的作用

单片机的数字输入/输出端口（简称 I/O 口）主要有两个作用：一是进行开关量（即高电平或者低电平）的输入和输出；二是用作复用功能（如总线接口、串行通信接口等）。

当端口作一般 I/O 口使用并作为输入时，一般需外接上拉电阻。以 P0.0 为例，接上拉电阻的电路连接如图 3-1 所示。典型的上拉电阻的阻值为 5.1 kΩ 或者 10 kΩ。如果将某个 I/O 口线作为输出，尽量采用灌电流方式，而不要采用拉电流方式，这样可以提高系统的负载能力和可靠性。以 P0.0 控制发光二极管电路为例说明，电路连接如图 3-2 所示。

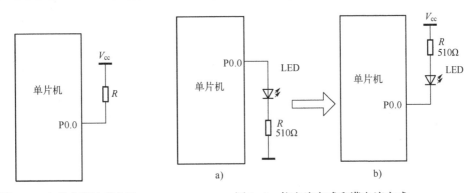

图 3-1 上拉电阻连接方法　　图 3-2 拉电流方式和灌电流方式

　　　　　　　　　　　　　　　a）拉电流方式　b）灌电流方式

由于内部电路设计的原因，在 I/O 口输入之前需要首先输出高电平，然后再读入引脚的状态（具有这种特征的 I/O 口称为准双向口）。由于复位时，自动将 I/O 口的锁存器置位

"1"，可以直接读入引脚的状态。

P0 口用作数据总线或者地址总线低 8 位时，P0 口是真正的双向口，不需要接上拉电阻。P0 口用作 I/O 口时，是一个准双向口，此时应接上拉电阻。

由于 STC8A8K64S4A12 单片机集成了大量的 I/O 接口，可以在设计系统时将部分引脚固定用于开关量输入，部分引脚固定用于输出，不需要在输入和输出功能之间切换，不需要将 I/O 口设置为准双向口工作模式，也就不存在输入状态之前先输出高电平的问题。

当单片机用于并行总线扩展方式（例如扩展 RAM）时，用于总线的 P0 口和 P2 口以及用于控制总线的口线不能再用作 I/O 功能。这是因为，P0 口已当作地址/数据总线口使用时，由于访问外部存储器的操作不断，P0 口不断出现低 8 位地址或者数据，故此时 P0 口不能再作通用 I/O 口使用。同样，P2 口已当作地址总线口使用时，由于访问外部存储器的操作不断，P2 口不断送出高 8 位地址，故此时 P2 口不能再作通用 I/O 口使用。总线方式下，即使没有用完的 P2 口线或者 P0 口线也不能用于 I/O 功能。

3.1.2 带有总线扩展的单片机系统典型构成

组成单片机应用系统时，有以下两种方式。

一是不带总线扩展构成方式。这种情况就是单片机的 P0 口、P2 口不用于总线方式，也不需要控制总线接口。所有的端口都可以用于普通 I/O 功能或者其他非并行总线功能（例如异步串行通信、SPI、I^2C 等）。

二是带总线扩展构成方式。如果存储器容量不够，或者需要扩展并行 I/O（例如使用并行 LCD 时），则可以使用端口进行总线方式的系统扩展。一个带有存储器（或者并行 I/O）扩展的单片机应用系统的连接示意图如图 3-3 所示。

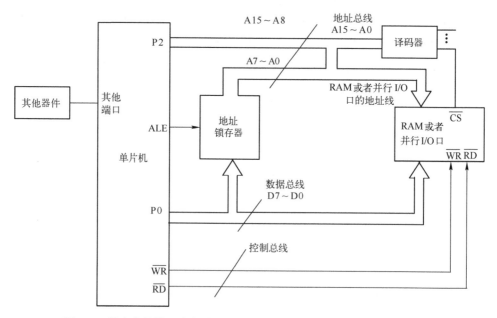

图 3-3 带有存储器（或者并行 I/O）扩展的单片机应用系统连接示意图

由图 3-3 中可以看出，单片机应用于总线扩展方式时，8 位的数据总线由 P0 口提供，

16 位的地址总线由 P2 口和 P0 口构成。其中，P0 口通过地址锁存器输出地址总线的低 8 位，地址总线的高 8 位由 P2 口提供。通常用作地址锁存器的芯片有 74LS373、74LS573 等。$\overline{WR}$和$\overline{RD}$引脚的作用分别是提供写控制信号和读控制信号。ALE 信号用于锁存器的锁存控制，以锁存由 P0 口输出的地址。由地址总线的部分地址信号作为译码器的输入，常见的译码器有 74LS138 等。译码器的输出控制各个芯片或者并行 I/O 口的片选信号控制$\overline{CS}$，只有$\overline{CS}$为低电平的芯片才被选中，并和单片机进行信息交互。

3.2　STC8A8K64S4A12 的数字输入/输出端口

3.2.1　STC8A8K64S4A12 单片机的数字输入/输出口概述

STC8A8K64S4A12 最多有 8 个 I/O 口，59 个 I/O 口线，端口都包含一个锁存器和一个输出驱动器。这种结构在数据输出时，具有锁存功能，即在重新输出新的数据之前，口线上的数据一直保持不变。但对输入信号是不锁存的，所以外设输入的数据必须保持到取数指令执行为止。为了便于叙述，以后将 8 个端口及其锁存器都表示为特殊功能寄存器 P0~P7。

1. 端口内部上拉电阻的使能控制

STC8A8K64S4A12 单片机 I/O 口的引脚可以设置是否使用内部上拉电阻功能。通过设置端口上拉电阻控制寄存器 PnUP（n=0，1，…，7，下同）进行设置。设置方法如下：

若设置 PnUP.x（x=0,1,…,7）为 0：禁止端口 Pn.x 内部的 3.7 kΩ 上拉电阻。

若设置 PnUP.x（x=0,1,…,7）为 1：使能端口 Pn.x 内部的 3.7 kΩ 上拉电阻。

2. I/O 端口的复用功能

大多数 I/O 口线具有复用功能。用户可以通过程序设置相关寄存器，选择相应的功能，相关内容后续章节有详细介绍。下面简单介绍端口的复用功能。

（1）P0 口

P0 口的口线可复用为地址总线（AD0~AD7）、ADC 转换输入（ADC8~ADC14）、串口 3、串口 4、定时器 T3 和 T4，其复用功能见表 3-1。

表 3-1　P0 口的复用功能

端口引脚	复用功能
P0.0	AD0/ADC8/ RxD3（串口 3 的接收脚）
P0.1	AD1/ADC9/ TxD3（串口 3 的发送脚）
P0.2	AD2/ADC10/ RxD4（串口 4 的接收脚）
P0.3	AD3/ADC11/ TxD4（串口 4 的发送脚）
P0.4	AD4/ADC12/ T3（定时器 T3 外部时钟输入）
P0.5	AD5/ADC13/ T3CLKO（定时器 T3 时钟分频输出）
P0.6	AD6/ADC14/ T4（定时器 T4 部时钟输入）
P0.7	AD7/T4CLKO（定时器 T4 时钟分频输出）

（2）P1 口

P1 口的口线可复用为 ADC 转换输入（ADC0~ADC7）、增强型 PWM 输出第二切换引脚

（PWM0_2~PWM7_2）、SPI 通信线、I^{2}C 通信线、串口 1 的第三切换引脚、串口 2、定时器 T2、捕获/比较/脉宽调制（CCP0~CCP3）、主时钟输出、外接晶振引脚，其复用功能见表 3-2。

表 3-2　P1 口的复用功能

端口引脚	复用功能
P1.0	ADC0/PWM0_2/ RxD2（串口 2 的接收脚）
P1.1	ADC1/PWM1_2/TxD2（串口 2 的发送脚）
P1.2	ADC2/PWM2_2/SS（SPI 从器件选择）／T2（定时器 T2 外部时钟输入）/ECI（PCA 的外部脉冲输入）
P1.3	ADC3/ PWM3_2/MOSI（SPI 主机输出从机输入）／T2CLKO（定时器 T2 时钟分频输出）
P1.4	ADC4/PWM4_2/ MISO（SPI 主机输入从机输出）/I2CSDA（I^{2}C 接口的数据线）/CCP3（PCA 的捕获输入和脉冲输出）
P1.5	ADC5/PWM5_2 /SCLK（SPI 时钟）/I2CSCL（I^{2}C 的时钟线）/CCP2（PCA 的捕获输入和脉冲输出）
P1.6	ADC6/PWM6_2/ RxD_3（串口 1 的接收脚）/ MCLKO_2（主时钟分频输出）/ CCP1（PCA 的捕获输入和脉冲输出）/ XTALO（外部晶振的输出脚）
P1.7	ADC7/ PWM7_2/TxD_3（串口 1 的发送脚）/ CCP0（PCA 的捕获输入和脉冲输出）/ XTALI（外部晶振/外部时钟的输入脚）

（3）P2 口

P2 口的口线可复用为地址总线（A8~A15）、增强型 PWM 输出（PWM0~ PWM7）、捕获/比较/脉宽调制的第二切换引脚（CCP0_2~CCP3_2）、SPI 通信线的第二切换引脚、I^{2}C 通信线的第二切换引脚，其复用功能见表 3-3。

表 3-3　P2 口的复用功能

端口引脚	复用功能
P2.0	A8/PWM0
P2.1	A9/PWM1
P2.2	A10/PWM2/ SS_2（SPI 从器件选择）/ECI_2（PCA 的外部脉冲输入）
P2.3	A11/ PWM3/MOSI_2（SPI 主机输出从机输入）／ CCP0_2（PCA 的捕获输入和脉冲输出）
P2.4	A12/ PWM4/ MISO_2（SPI 主机输入从机输出）/I2CSDA _2（I^{2}C 接口的数据线）/CCP1_2（PCA 的捕获输入和脉冲输出）
P2.5	A13/ PWM5 / SCLK_2（SPI 时钟）/I2CSCL_2（I^{2}C 的时钟线）/CCP2_2（PCA 的捕获输入和脉冲输出）
P2.6	A14/ PWM6 / CCP3_2（PCA 的捕获输入和脉冲输出）
P2.7	A15/ PWM7

（4）P3 口

P3 口的口线可复用为串口 1、外部中断输入（INT0~INT4）、捕获/比较/脉宽调制的第四切换引脚（CCP0_4~CCP3_4）、定时器 T0 和 T1、SPI/I^{2}C 通信线的第四切换引脚、外部总线的读/写控制第二切换引脚、比较器引脚等，其复用功能见表 3-4。

表 3-4 P3 口的复用功能

端口引脚	复用功能
P3.0	RXD（串口 1 的接收脚）/ CCP3_4（PCA 的捕获输入和脉冲输出）/ INT4（外部中断 4）
P3.1	TXD（串口 1 的发送脚）/ CCP2_4（PCA 的捕获输入和脉冲输出）
P3.2	INT0（外部中断 0 输入）/ CCP1_4（PCA 的捕获输入和脉冲输出）/ SCLK_4（SPI 的时钟脚）/ I2CSCL_4（I²C 的时钟线）
P3.3	INT1（外部中断 1 输入）/ CCP0_4（PCA 的捕获输入和脉冲输出）/ MISO_4（SPI 主机输入从机输出）/ I2CSDA_4（I²C 接口的数据线）
P3.4	T0（定时器 T0 外部输入）/ T1CLKO（定时器 T1 时钟分频输出）/ MOSI_4（SPI 主机输出从机输入）/ CMPO（比较器输出）
P3.5	T1（定时器 T1 外部输入）/ T0CLKO（定时器 T0 时钟分频输出）/ ECI_4（PCA 的外部脉冲输入）/ SS_4（SPI 的从机选择脚（主机为输出））/ PWMFLT（增强 PWM 的外部异常检测脚）
P3.6	INT2（外部中断 2）/ WR_2（外部总线的写信号线）/RxD_2（串口 1 的接收脚）/ CMP-（比较器负极输入）
P3.7	INT3（外部中断 3）/ RD_2（外部总线的读信号线）/ TxD_2（串口 1 的发送脚）/ CMP+（比较器正极输入）

（5）P4 口

P4 口的口线（单片机只引出 P4.0~P4.4）可复用为外部总线的读/写控制第三切换引脚、地址锁存信号、串口 1 第四切换引脚、串口 2 的第二切换引脚、比较器输出等，其复用功能见表 3-5。

表 3-5 P4 口的复用功能

端口引脚	复用功能
P4.0	WR_3（外部总线的写信号线）/ RxD2_2（串口 2 的接收脚）
P4.1	ALE（地址锁存信号）/ CMPO_2（比较器输出）
P4.2	RD_3（外部总线的读信号线）/ TxD2_2（串口 2 的发送脚）
P4.3	WR（外部总线的写信号线）/ RxD_4（串口 1 的接收脚）
P4.4	RD（外部总线的读信号线）/ TxD_4（串口 1 的发送脚）

（6）P5 口

P5 口的口线（单片机只引出 P5.0~P5.5）可复用为复位引脚、串口 3 和串口 4 的第二切换引脚等，其复用功能见表 3-6。

表 3-6 P5 口的复用功能

端口引脚	复用功能
P5.0	RxD3_2（串口 3 的接收脚）
P5.1	TxD3_2（串口 3 的发送脚）
P5.2	RxD4_2（串口 4 的接收脚）
P5.3	TxD4_2（串口 4 的发送脚）
P5.4	RST（复位引脚）/ MCLKO（主时钟分频输出）
P5.5	无复用功能

（7）P6 口

P6 口的口线可复用为增强型 PWM 输出第三切换引脚（PWM0_3~PWM7_3），其复用功能见表 3-7。

表 3-7　P6 口的复用功能

端口引脚	复用功能
P6.0	PWM0_3（增强 PWM 通道 0 输出脚）
P6.1	PWM1_3（增强 PWM 通道 1 输出脚）
P6.2	PWM2_3（增强 PWM 通道 2 输出脚）
P6.3	PWM3_3（增强 PWM 通道 3 输出脚）
P6.4	PWM4_3（增强 PWM 通道 4 输出脚）
P6.5	PWM5_3（增强 PWM 通道 5 输出脚）
P6.6	PWM6_3（增强 PWM 通道 6 输出脚）
P6.7	PWM7_3（增强 PWM 通道 7 输出脚）

（8）P7 口

P7 口的口线可复用为捕获/比较/脉宽调制、SPI 通信线以及 I^2C 通信线第三切换引脚，见表 3-8。

表 3-8　P7 口的复用功能

端口引脚	复用功能
P7.0	CCP0_3（PCA 的捕获输入和脉冲输出）
P7.1	CCP1_3（PCA 的捕获输入和脉冲输出）
P7.2	CCP2_3（PCA 的捕获输入和脉冲输出）
P7.3	CCP3_3（PCA 的捕获输入和脉冲输出）
P7.4	SS_3（SPI 的从机选择脚）/ ECI_3（PCA 的外部脉冲输入）
P7.5	MOSI_3（SPI 主机输出从机输入）
P7.6	MISO_3（SPI 主机输入从机输出）/I2CSDA_3（I^2C 接口的数据线）
P7.7	SCLK_3（SPI 的时钟脚）/ I2CSCL_3（I^2C 接口的时钟线）

各个 I/O 口的复用功能是通过设置下面的特殊功能寄存器实现的。

1）总线速度控制寄存器 BUS_SPEED（地址为 A1H，复位值为 00xx xx00B）。

2）外设端口切换寄存器 1 P_SW1（地址为 A2H，复位值为 nn00 000xB）。

3）外设端口切换寄存器 2 P_SW2（地址为 BAH，复位值为 0x00 0000B）。

4）时钟选择寄存器 CKSEL（地址为 FE00H，复位值为 0000 0000B）。

5）PWM 控制寄存器 PWMnCR（$n=0,1\cdots7$）（地址为 FF04H、FF14H、FF24H、FF34H、FF44H、FF54H、FF64H、FF74H，复位值均为 00x0 0000B）。

上述寄存器的各位定义如下：

符 号	描 述	b7	b6	b5	b4	b3	b2	b1	b0
BUS_SPEED	总线速度控制寄存器	RW_S[1:0]						SPEED[1:0]	
P_SW1	外设端口切换寄存器 1	S1_S[1:0]		CCP_S[1:0]		SPI_S[1:0]		0	—
P_SW2	外设端口切换寄存器 2	EAXFR	—	I2C_S[1:0]		CMPO_S	S4_S	S3_S	S2_S
PWM0CR	PWM0 控制寄存器	ENC0O	C0INI	—	C0_S[1:0]		EC0I	EC0T2SI	EC0T1SI
PWM1CR	PWM1 控制寄存器	ENC1O	C1INI	—	C1_S[1:0]		EC1I	EC1T2SI	EC1T1SI
PWM2CR	PWM2 控制寄存器	ENC2O	C2INI	—	C2_S[1:0]		EC2I	EC2T2SI	EC2T1SI
PWM3CR	PWM3 控制寄存器	ENC3O	C3INI	—	C3_S[1:0]		EC3I	EC3T2SI	EC3T1SI
PWM4CR	PWM4 控制寄存器	ENC4O	C4INI	—	C4_S[1:0]		EC4I	EC4T2SI	EC4T1SI
PWM5CR	PWM5 控制寄存器	ENC5O	C5INI	—	C5_S[1:0]		EC5I	EC5T2SI	EC5T1SI
PWM6CR	PWM6 控制寄存器	ENC6O	C6INI	—	C6_S[1:0]		EC6I	EC6T2SI	EC6T1SI
PWM7CR	PWM7 控制寄存器	ENC7O	C7INI	—	C7_S[1:0]		EC7I	EC7T2SI	EC7T1SI
CKSEL	时钟选择寄存器	MCLKODIV[3:0]				MCLKO_S	—	MCKSEL[1:0]	

外部总线的读/写控制可以在 3 个地方切换，由 RW_S[1:0] 的两个控制位选择，其选择方法见表 3-9。

表 3-9　外部总线的读/写控制脚的切换

RW_S[1:0]	RD	WR
00	P4.4	P4.3
01	P3.7	P3.6
10	P4.2	P4.0
11	保留	

串口 1 可以在 4 个地方切换，由 S1_S[1:0] 的两个控制位选择，具体见表 3-10。

表 3-10　串口 1 的引脚切换

S1_S[1:0]	RxD	TxD
00	P3.0	P3.1
01	P3.6	P3.7
10	P1.6	P1.7
11	P4.3	P4.4

捕获/比较/脉宽调制（CCP）通道可以在 4 个地方切换，由 CCP_S[1:0] 的两个控制位选择，具体见表 3-11。

表 3-11　捕获/比较/脉宽调制通道的引脚切换

CCP_S[1:0]	ECI	CCP0	CCP1	CCP2	CCP3
00	P1.2	P1.7	P1.6	P1.5	P1.4
01	P2.2	P2.3	P2.4	P2.5	P2.6
10	P7.4	P7.0	P7.1	P7.2	P7.3
11	P3.5	P3.3	P3.2	P3.1	P3.0

SPI 可以在 4 个地方切换，由 SPI_S[1:0]的两个控制位选择，具体见表 3-12。

表 3-12　SPI 的引脚切换

SPI_S[1:0]	SS	MOSI	MISO	SCLK
00	P1.2	P1.3	P1.4	P1.5
01	P2.2	P2.3	P2.4	P2.5
10	P7.4	P7.5	P7.6	P7.7
11	P3.5	P3.4	P3.3	P3.2

I^2C 可以在 4 个地方切换，由 I2C_S[1:0]的两个控制位选择，具体见表 3-13。

表 3-13　I^2C 的引脚切换

I2C_S[1:0]	SCL	SDA
00	P1.5	P1.4
01	P2.5	P2.4
10	P7.7	P7.6
11	P3.2	P3.3

比较器输出可以在两个地方切换，由 CMPO_S 控制位选择，其中，0：比较器输出在 P3.4；1：比较器输出在 P4.1。

串口 2 可以在两个地方切换，由 S2_S 控制位选择，其中，0：串口 2 在[P1.0(RxD2)，P1.1(TxD2)]；1：串口 2 在[P4.0(RxD2),P4.2(TxD2)]。

串口 3 可以在两个地方切换，由 S3_S 控制位选择，其中，0：串口 3 在[P0.0(RxD3)，P0.1(TxD3)]；1：串口 3 在[P5.0(RxD3),P5.1(TxD3)]。

串口 4 可以在两个地方切换，由 S4_S 控制位选择，其中，0：串口 4 在[P0.2(RxD4)，P0.3(TxD4)]；1：串口 4 在[P5.2(RxD4),P5.3(TxD4)]。

PWM0~PWM7 可以在 3 个地方切换，分别由 C0_S[1:0]、C1_S[1:0]、C2_S[1:0]、C3_S[1:0]、C4_S[1:0]、C5_S[1:0]、C6_S[1:0]、C7_S[1:0]控制位控制，具体见表 3-14。

表 3-14　PWMn（$n=0$，1…7）的引脚切换

Cn_S[1:0]	PWMn
00	P2.n
01	P1.n
10	P6.n
11	保留

主时钟对外输出位置的选择由 MCLKO_S 控制位控制，其中，0：P5.4 对外输出时钟；1：P1.6 对外输出时钟。

3.2.2　STC8A8K64S4A12 输入/输出口的工作模式

STC8A8K64S4A12 单片机的所有 I/O 口均可由软件配置成 4 种工作模式之一：准双向口

/弱上拉（标准 8051 输出口模式）、推挽输出/强上拉、高阻输入（电流既不能流入也不能流出）、开漏输出。每个口的工作模式由两个控制寄存器中的相应位控制（PnM1 和 PnM0，$n = 0$、1、2、3、4、5、6、7）。配置方法如图 3-4 所示。

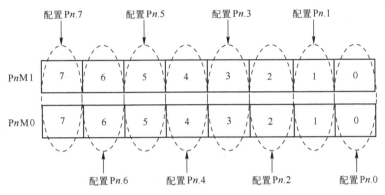

图 3-4 I/O 口的工作模式配置方法

例如，P0M1 和 P0M0 用于设定 P0 口的工作模式，其中 P0M1.7 和 P0M0.7 用于设置 P0.7 的工作模式，P0M1.6 和 P0M0.6 用于设置 P0.6 的工作模式，以此类推。设置关系见表 3-15。STC8A8K64S4A12 单片机上电复位后 P5 口为开漏输出模式，其他 I/O 口均为准双向口模式（标准 8051 的 I/O 口）。

表 3-15 I/O 口工作模式设置

PnM1.x	PnM0.x	Pn.x 的 I/O 口模式（$x = 0,1,\cdots,7$）
0	0	准双向口（标准 8051 单片机 I/O 口模式，弱上拉），灌电流可达 20 mA，拉电流为 270~150 μA（存在制造误差）
0	1	推挽输出（强上拉输出，可达 20 mA，要加限流电阻）
1	0	高阻输入（电流既不能流入也不能流出）
1	1	开漏（Open Drain），内部上拉电阻断开 开漏模式既可读外部状态也可对外输出（高电平或低电平）。如要正确读外部状态或需要对外输出高电平，需外加上拉电阻，否则读不到外部状态，也对外输不出高电平。

例如，若设置 P1.7 为开漏，P1.6 为推挽输出，P1.5 为高阻输入，P1.4、P1.3、P1.2、P1.1 和 P1.0 为准双向口，则可以使用下面的代码进行设置：

```
MOV    P1M1,#10100000B
MOV    P1M0,#11000000B
```

虽然 STC8A8K64S4A12 单片机的每个 I/O 口在准双向口/推挽输出/开漏模式时都能承受 20 mA 的灌电流（还是要加限流电阻，如 1 kΩ、560 Ω、472 Ω 等），在推挽输出时能输出 20 mA 的拉电流（也要加限流电阻），但整个芯片的工作电流推荐不要超过 90 mA。即从 Vcc 流入的电流不超过 90 mA，从 GND 流出的电流不超过 90 mA，整体流入/流出电流都不要超过 90 mA。

3.2.3　STC8A8K64S4A12 输入/输出口的结构

下面介绍 STC8A8K64S4A12 单片机 I/O 口不同工作模式的结构。

1. 准双向口（弱上拉）

准双向口工作模式下，I/O 口某个位的结构如图 3-5 所示。

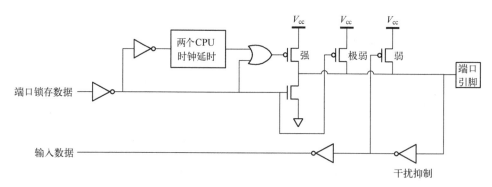

图 3-5　准双向口工作模式的 I/O 位结构

该工作模式下，I/O 口可用作输出和输入功能而不需重新配置端口状态。这是因为当端口输出为 1 时驱动能力很弱，允许外部装置将其拉低。当引脚输出为低电平时，它的驱动能力很强，可吸收相当大的电流。准双向口有 3 个上拉场效应晶体管适应不同的需要。

在 3 个上拉场效应晶体管中，有 1 个上拉场效应晶体管称为"弱上拉"，当端口寄存器为 1 且引脚本身也为 1 时打开。此上拉场效应晶体管提供基本驱动电流使准双向口输出为 1。如果一个引脚输出为 1 而由外部装置下拉到低时，"弱上拉"关闭而"极弱上拉"维持开状态，为了把这个引脚强拉为低，外部装置必须有足够的灌电流能力使引脚上的电压降到门槛电压以下。对于 5V 单片机，"弱上拉"场效应晶体管的电流约为 250 μA；对于 3.3 V 单片机，"弱上拉"场效应晶体管的电流约为 150 μA。

第 2 个上拉场效应晶体管称为"极弱上拉"，当端口锁存为 1 时打开。当引脚悬空时，这个极弱的上拉源产生很弱的上拉电流将引脚上拉为高电平。对于 5 V 单片机，"极弱上拉"场效应晶体管的电流约为 18 μA；对于 3.3 V 单片机，"极弱上拉"场效应晶体管的电流约为 5 μA。

第 3 个上拉场效应晶体管称为"强上拉"。当端口锁存器由 0 到 1 跳变时，这个上拉场效应晶体管用来加快准双向口由逻辑 0 到逻辑 1 转换。当发生这种情况时，强上拉打开约两个时钟以使引脚能够迅速地上拉到高电平。

准双向口（弱上拉）带有一个施密特触发输入以及一个干扰抑制电路。准双向口读外部状态前，要先锁存为'1'，才可读到外部正确的状态。

2. 推挽输出

推挽输出工作模式的 I/O 位结构如图 3-6 所示。推挽输出工作模式的下拉结构与准双向口的下拉结构相同，但当锁存器为"1"时可提供持续的强上拉。推挽工作模式一般用于需要更大驱动电流的情况。

工作于推挽输入/输出模式时，一个 I/O 位也带有一个施密特触发输入以及一个干扰抑

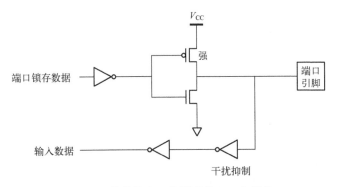

图 3-6 推挽输出工作模式的 I/O 位结构

制电路。此时，若输出高电平，拉电流最大可达 20 mA；若输出低电平，灌电流也可达 20 mA。

3. 高阻输入

高阻输入工作模式的 I/O 位结构如图 3-7 所示。

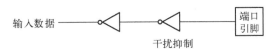

图 3-7 仅为输入（高阻）工作模式的 I/O 位结构

输入口带有一个施密特触发输入以及一个干扰抑制电路。注意，高阻输入工作模式下，I/O 口不提供 20 mA 灌电流的能力。

4. 开漏输出工作模式的结构

开漏输出工作模式的 I/O 位结构如图 3-8 所示。开漏模式既可读外部状态也可对外输出（高电平或低电平）。如果要正确读外部状态或需要对外输出高电平，则需外加上拉电阻。

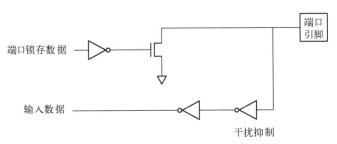

图 3-8 开漏输出工作模式的 I/O 位结构

当端口锁存器为 0 时，开漏输出关闭所有上拉场效应晶体管。当作为一个逻辑输出高电平时，这种配置方式必须有外部上拉，一般通过电阻外接到 VCC。如果外部有上拉电阻，则开漏的 I/O 口还可读外部状态，即此时被配置为开漏模式的 I/O 口还可作为输入 I/O 口。这种方式的下拉与准双向口相同。

开漏端口带有一个施密特触发输入以及一个干扰抑制电路。这种工作模式下，输出低电平时，灌电流也可达 20 mA。

3.3 习题

1. 简述 8051 单片机的各个数字输入/输出端口的结构和功能。详述 P0 口和 P3 口复用功能。

2. 8051 单片机应用系统典型连接电路主要包括哪几部分？

3. 简述 STC8A8K64S4A12 单片机 I/O 口的作用及各个 I/O 口的复用功能。

4. 简述 STC8A8K64S4A12 单片机的各个数字输入/输出端口的工作模式及结构。

5. 如何设置 STC8A8K64S4A12 单片机 I/O 口的工作模式？若设置 P1.7 为推挽输出，P1.6 为开漏，P1.5 为弱上拉，P1.4、P1.3、P1.2、P1.1 和 P1.0 为高阻输入，应如何设置相关寄存器？

6. 使用 STC8A8K64S4A12 单片机的 I/O 口时应注意哪些问题？

7. STC8A8K64S4A12 单片机 I/O 口与 8051 单片机的有什么不同？

8. 用 STC8A8K64S4A12 单片机的 P1.0 引脚控制一个指示灯，采用灌电流的连接方式。要求单片机上电复位时发光，可以采用哪些办法实现？

第4章 指令系统

学习目标:

◇ 程序设计是单片机应用系统设计的主要内容。在熟悉了单片机的内部结构和工作方式的基础上,再学习单片机的指令系统。

学习重点与难点:

◇ 掌握 8051 单片机指令的使用方法。

本章介绍 8051 单片机的指令系统,讲解各种指令的使用方法。所讲解的指令也同样适用于 MCS-51 系列的其他单片机。STC8A8K64S4A12 单片机的指令系统完全兼容 8051 单片机,因此,所讲解的指令及其实例可以不加修改,直接应用于 STC8A8K64S4A12 单片机中。在学习具体的指令前,读者可以先阅读 5.3 节,熟悉 Keil 开发环境,然后将每条指令放到开发环境中进行测试学习。

4.1 助记符语言

4.1.1 助记符语言概述

从实际应用的角度看,掌握单片机的硬件结构、应用系统的硬件连接和程序编制是非常重要的。熟悉了单片机的内部结构和工作方式以后,可学习指令系统并练习编写简单的程序。

一般的应用程序既可以用高级语言编写,也可以用机器指令代码编写。高级语言常用在计算和管理的场合,而机器指令代码常用在实时(现场)控制场合。高级语言要被机器识别和执行,必须由相关的计算机软件(解释、编译程序)翻译成机器指令程序。一般情况下,翻译出的目标程序结构比较松散,占用程序空间较大,执行效率低。与此相反,由机器指令代码编制的程序则比较简练,执行效率较高。

若用机器指令编写程序,首要的问题是了解和熟悉机器指令。不同的指令,具有不同的功能和不同的操作对象。助记符是人们为了便于记忆指令而使用的指令符号,它根据机器指令不同的功能和操作对象来描述和分类。助记符指令不能直接被单片机执行,必须通过手工或者相应的汇编工具,将其汇编成二进制代码才能被单片机执行。助记符一般是由操作码和操作数两部分组成的。操作码反映了指令的功能,操作数代表了指令的操作对象。

例如,ADD A,#8BH 指令表示“把十六进制数 8BH 和累加器 A 的内容相加,将结果存在累加器 A 中”。其中 ADD 是操作码符号,A 和 8BH 是操作数。前者反映了该指令的功能是做加法,后者则表示相加的对象是 A 累加器中的内容和十六进制数 8BH。

随着技术的进步,目前大多数单片机的编译系统都支持 C 语言编程,并且,可以对编译的代码进行优化。使用 C 语言编程，具有编写简单、直观易读、通用性好等特点，特别是在控制任务比较复杂或者具有大量运算的系统中，C 语言更显示出了超越汇编语言的优势。然而，汇编语言是理解和掌握单片机原理及应用的基础，并且，在控制系统不太复杂、实时性要求较高的控制系统中，较多的用户还是使用汇编语言进行程序设计。另外，在嵌入式操作系统的移植中，也需要了解部分汇编语言的使用。学习汇编语言程序设计对于读懂并升级其他工程师利用汇编语言开发的工程项目也是非常重要的。

4.1.2 操作码

操作码是指令功能的英文缩写。表 4-1 给出了 8051 单片机指令系统中最常用的操作码。

表 4-1　8051 单片机常用操作码一览表

操　作　码	含　义
1. 数据传送类 MOV MOVX MOVC	在内部 RAM 中传送字节变量（数据存储器、I/O 口） 在外部 RAM 和 A 之间传送数据 将程序存储器中的数据传送给 A
2. 数据操作类 ADD SUBB MUL DIV	加 带借位减 乘 除
3. 程序控制类 AJMP（SJMP、LJMP） JZ、JC、JB（JNZ、JNC、JNB） ACALL（LCALL） RET CJNE	绝对转移（短转移、长转移） 有条件转移 绝对调用（长调用） 子程序返回 第一操作数与第二操作数比较不等则转移
4. 逻辑操作类 ANL ORL XRL	与 或 异或

4.1.3 操作数

操作数是一条指令操作的对象。不同功能的指令，操作对象形式不同。

传送类指令，必须指明操作对象从哪儿来（源地址），传到何处去（称为目的地址）。在书写格式上，目的地址写在前，源地址写在后，例如：MOV 50H,70H 表示把源地址 70H 里的内容送到目的地址 50H 中去。

数据操作类指令，一般靠运算器完成，有两个输入内容，其中之一常常是累加器 A 的内容，而且运算后的结果也常常输出到累加器 A 中，所以数据操作类指令的对象一般是两个。例如，SUBB A,#56H 指令表示的功能为：累加器 A 的内容减去 56H 这个数，并减去借位，所得结果放入累加器 A 中。

程序控制类指令的操作对象是程序计数器 PC 和一个数（控制程序去向的绝对或相对转移地址），但因为其中的一个操作对象一定是 PC 寄存器，所以在助记符书写时都省略不写。

逻辑操作类有单操作数和双操作数之分，一般"与""或""非"需两个操作数，结果放入目的操作数中。而循环移位操作则固定在累加器 A 中进行，清 "0"、置位、求反等操作均是针对某一位地址而言的，所以只需一个单操作数。

操作数可以是数据，也可以是地址，而且更常见的是地址。

操作数是指令中给出的数据时，被称为立即数。它有 8 位和 16 位二进制数两种。在助记符的数字前加以 "#" 来标记其是立即数。例如，SUBB A，#56H 中的 56H 就是立即数。

操作数也可以是存放数据的地址，这是更常见的操作对象，这些地址可以是：

1）所选定寄存器工作区内的 $R_7 \sim R_0$、A、B、CY（进位标志）、AB（双字节），DPTR（双字节）等可编址的寄存器。

2）片内数据存储器中低 128 字节，特殊功能寄存器 SFR，可寻址的位。

3）片外数据存储器空间。

4）程序存储器空间。

注意：编写程序时，操作数的最高位大于 9 时，在操作数的最高位前要加写 0。否则，编译会提示出错。例如：MOV A,#0F8H 是正确的，而 MOV A,#F8H 是不正确的。

4.2 指令格式及分类

4.2.1 汇编语言的概念及格式

用助记符来描述机器指令的语言称为符号语言或汇编语言。显然，汇编语言是一种面向机器的程序设计语言。一般格式如下：

[标号:]操作码助记符 [第一操作数][,第二操作数][,第三操作数][;注释]

其中，带有中括号的内容是可以省略的内容或者指令格式中不需要的内容。

标号是表示该指令所在的符号地址，根据程序设计的需要而设置。子程序的名称也使用子程序的第一条语句的标号表示。标号一般是由字母开头的字符串组成，例如：

LOOP   LOOP1   TABLE   ;均为允许的格式

3ACD   −PTR   +A 等   ;均为不允许的格式

操作码助记符表示指令的功能，操作数表示指令操作的对象。根据指令的语法要求，一条指令中，可能有 0~3 个操作数。例如：

RETI   ;中断返回,无操作数

CPL   A   ;累加器逐位取反,只有一个操作数

ADD   A,#56H   ;两个操作数的情况

CJNE   R2,#60H,LOOP   ;三个操作数的情况,其中 LOOP 是另一条语句的标号

注释字段对汇编语句来讲可有可无，是为方便用户阅读程序所加注的中文或英文说明。

4.2.2 指令代码的存储格式

指令代码是指令的二进制表示方法，是指令在存储器中存放的形式。汇编语言只有经"汇编"程序翻译成机器语言，才能被执行。在微型计算机中，为了节省内存单元，往往采

用变字长存储机器指令的方式。按 8 位二进制码为一个字节，8051 单片机指令系统中的指令字长有单字节、双字节、三字节 3 种，在存储器中分别占有 1~3 个单元。其格式如下：

单字节指令：

操作码

例：RET   ;机器代码:22H

双字节指令：

操作码
操作数

例：MOV   A,#0FH   ;机器代码:74H 0FH

三字节指令：

操作码
第一操作数
第二操作数

例：MOV   74H,#0BH   ;机器代码:75H 74H 0BH

对于指令的机器代码，读者无须记忆，汇编程序会根据指令的助记符自动生成。

指令字节数越多，所占用内存单元越多。但是指令执行时间长短并不和所占用字节数的多少成比例。例如乘法为单字节指令，但是所需的指令执行时间却最长。

4.2.3　指令中的符号约定

在描述 8051 单片机指令系统时，经常使用各种缩写符号，各种符号及含义见表 4-2。

表 4-2　8051 单片机指令中的常用符号及含义

符　　号	含　　义
A	累加器 ACC
B	寄存器 B
C	进（借）位标志位，在位操作指令中作为累加器使用
direct	直接地址，片内 RAM 的地址
bit	位地址，内部 RAM 中的可寻址位和 SFR 中的寻址位
#data	8 位常数（8 位立即数）
#data16	16 位常数（16 位立即数）
@	间接寻址
rel	8 位带符号偏移量，其值为 -128~+127。实际编程时通常使用标号，偏移量的计算由汇编程序自动计算得出
Rn	当前工作区（0~3 区）的工作寄存器（n=0，1，…，7）
Ri	可用作地址寄存器的工作寄存器 R0 和 R1（i=0，1）
(X)	X 寄存器内容
((X))	由 X 寄存器寻址的存储单元的内容
→	表示数据的传送方向
/	表示位操作数取反

符　　号	含　　义
∧	表示逻辑"与"操作
∨	表示逻辑"或"操作
⊕	表示逻辑异"或"操作

4.3 寻址方式

操作数是指令的重要组成部分，它指定了参与运算的数或数所在的单元地址，而如何得到这个地址就称为寻址方式。一般来说，寻址方式越多，计算机功能越强，灵活性越大。所以寻址方式对机器的性能有重大影响。8051 单片机共有 7 种寻址方式，描述如下。

1. 立即寻址

指令中的源操作数是立即数，这种寻址方式叫作立即寻址。立即数的类型如下。

数字：二进制（后缀为 B）、十进制（不带后缀）、十六进制（后缀为 H）。

字符：以单引号引起的字符，如 'K'。

立即数的字长可以是 8 位或 16 位。

例：MOV　A,#61H　;把十六进制的立即数 61H 送入累加器 A 中

该指令的执行过程如图 4-1 所示。

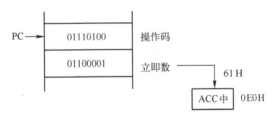

图 4-1　MOV A，#61H 指令执行示意图

　　MOV　DPTR,#2050H　　　　　　　　　　　　;把十六进制的 16 位立即数 2050H 送入 DPTR 中

2. 直接寻址

直接寻址就是在指令中包含了操作数的地址，即在指令中直接包含了参加运算或传送的单元或位的地址。直接寻址可访问以下 3 种地址空间。

1）特殊功能寄存器 SFR：直接寻址是唯一的访问形式。

2）内部数据 RAM 中的 00H~7FH 的 128 个字节单元。

3）位地址空间。

例：MOV　A,60H　;把 60H 单元的内容送入累加器 A 中

假设 60H 单元中的内容是 89H，则执行指令后，A 中的内容为 89H。执行过程如图 4-2 所示。

3. 寄存器寻址

指定某一可寻址的寄存器的内容为操作数，对寄存器 ACC、B、DPTR 和 CY（进位标志，也是布尔处理机的累加器）寻址时，具体的寄存器已隐含在其操作码中。而对选定的 8

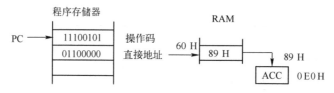

图 4-2　MOV A,60H 指令执行示意图

个工作寄存器 R7~R0，则用指令操作码的低 3 位指明所用的寄存器。在应用中，可以先通过 PSW 中的 RS1、RS0 两个位来选择寄存器组，再用操作码中低 3 位来确定是组内哪一个寄存器，以达到寻址的目的。

　　例　INC R5;把寄存器 R5 的内容加 1 后再送回 R5
该指令的执行过程如图 4-3 所示。

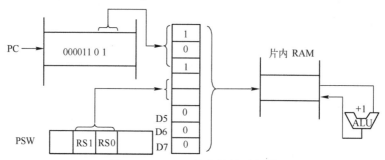

图 4-3　INC R5 指令执行示意图

4. 寄存器间接寻址

　　指令指定某一寄存器的内容作为操作数地址。8051 单片机中可用来间接寻址的寄存器有：选定工作寄存器区的 R0、R1、堆栈指针 SP 或者 16 位的数据指针 DPTR，使用时前面加@表示间接寻址。

　　例　MOV　　A ,@ R0　　　;将 R0 中的内容所表示的地址单元中的内容送给 A
该指令的执行过程如图 4-4 所示。

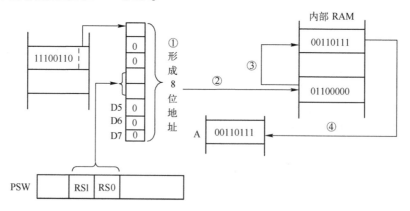

图 4-4　MOV A,@ R0 指令执行示意图

　　　MOVX　@DPTP, A　　　;将 A 中的内容送到 DPTR 指向的外部 RAM 单元中

52

5. 变址寻址

由指令指定的偏移量寄存器和基址寄存器 DPTR 或 PC 相加所得结果作为操作数地址。

    例 MOVC A ,@ A+PC   ;读取 A+PC 指向的程序存储器单元的值送给 A

其中，A 作为偏移量寄存器（称为变址寄存器），PC 作为基址寄存器，A 中内容为无符号数和 PC 相加，从而得到其真正的操作数地址。

6. 相对寻址

该寻址方式主要用于相对跳转指令。把指令中给定的地址偏移量与本指令所在单元地址（即程序计数器 PC 中的内容）相加，得到真正的程序转移地址。与变址方式不同，该偏移量有正、负号，在该机器指令中必须以补码形式给出，所转移的范围为相对于当前 PC 值的 $-128 \sim +127$ 之间。

    例 JC 80H

若 CY=0，则 PC 值不变，若 CY=1，则以现行的 PC 为基地址加上 80H 得到转向地址。

若转移指令放在 1005H，取出操作码后 PC 指向 1006H 单元，取出偏移量后 PC 指向 1007 单元，所以计算偏移量时 PC 现行地址为 1007H，是转移指令首地址加 2 了（有些指令如 JB bit, rel 则加 3）。注意指令偏移量以补码给出，所以 80H 代表着 -80H，补码运算后，就形成跳转地址 0F87H。

该指令的执行过程如图 4-5 所示。

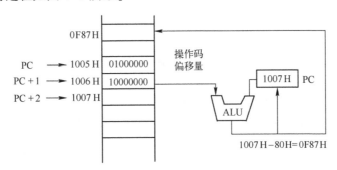

图 4-5　JC 80H 指令执行示意图

7. 位寻址

支持位单元存取操作是 8051 单片机的一个主要特点。位操作指令能对位地址空间的每一位都可进行运算和传送操作。

    例 MOV C,P1.0   ;将 P1.0 的状态传送到进位标志 CY

              SETB 20H.6   ;将 20H 单元的第 6 位置为"1"

              CLR 25H   ;将 25H 位的内容清"0"

4.4　数据传送类指令

数据传送类指令是使用频率最高的一类指令。主要用来给 8051 单片机系统的内部和外部资源赋值、进行堆栈的存取操作等。数据传送类指令执行前后，对程序状态字 PSW 一般不产生影响。按其操作方式，又可把它们分为 3 种：数据传送、数据交换和栈操作。

4.4.1 数据传送指令

1. 通用传送指令——MOV

MOV 指令的作用区间主要是内部数据存储器，它提供了丰富的传送操作，并有 4 种寻址方式：立即寻址、寄存器寻址、寄存器间接寻址和直接寻址。由于利用 Rn 可直接访问某工作寄存器，利用@Ri 可间接寻址片内数据 RAM 的某一字节单元，而直接寻址则可遍访片内数据 RAM（00H~7FH）和特殊功能寄存器空间，因而对于双操作数的数据传送指令允许在工作寄存器、片内数据 RAM、累加器 A 和特殊功能寄存器 SFR 任意两个之间传送一个字节的数据，而且立即操作数能送入上述任何单元中。特别值得指出的是，直接地址到直接地址之间的数据传送，它能将一个并行 I/O 口中的内容直接传送到内部 RAM 单元中而不必经过任何工作寄存器或累加器 A，从而提高了传送速度。此外，利用 MOV 指令还可以把 16 位的立即数直接送入数据指针 DPTR 中。

格式：MOV　〈目的字节〉,〈源字节〉

功能：把第二操作数指定的字节变量传送到由第一操作数指定的单元中，不影响源字节，不影响任何别的寄存器，一般不影响标志位。这是最灵活的操作，允许 15 种源和目的寻址方式组合。

（1）立即数送累加器 A 和内部数据存储器（Rn、片内 RAM、SFR）

共有 4 条指令：

```
MOV        A,      #data      ;(A)← #data
MOV        direct, #data      ;(direct)← #data
MOV        @Ri,    #data      ;((Ri))← #data
MOV        Rn,     #data      ;(Rn)← #data
```

@符号表示间接寻址，((Ri))表示把立即数送到由 Ri 寄存器的内容所指出的那个 RAM 单元中去。Ri 中 i=0 或 i=1。

例　MOV　R0,#79H　　　;将立即数 79H 送到寄存器 R0 中

　　　MOV　@R0,#56H　　　;将立即数 56H 送入 R0 间接寻址的单元中

　　　　　　　　　　　　 ;执行后 79H 单元的内容变为 56H

例　利用直接寻址可把立即数送入片内 RAM 任意单元或任意特殊功能寄存器，如：

MOV 20H,#56H　　　;将立即数 56H 送入 20H 单元中

MOV P1,#80H　　　;把立即数 80H 直接送入 P1(字节地址为 90H)口中

（2）内部数据存储器（Rn、片内 RAM、SFR）与累加器 A 传送数据

共有 6 条指令：

```
MOV        A,      direct    ;(A)← (direct)
MOV        A,      @Ri       ;(A)← ((Ri))
MOV        A,      Rn        ;(A)← (Rn)
MOV        direct, A         ;(direct)← (A)
MOV        @Ri,    A         ;((Ri))← (A)
MOV        Rn,     A         ;(Rn)←(A)
```

间接寻址@Ri 是以 Ri 的内容作为地址进行寻址，由于 Ri 为 8 位寄存器，所以其寻址范围可为 00H~FFH。但由于特殊功能寄存器只能被直接寻址，对于 8051 单片机，在 SFR 地址范围（80H~FFH）中很多单元又无定义，若对之读写，将得不到确定的值，写入的数也将丢失。所以，对 8051 单片机内部数据存储器来说，间接寻址的真正作用范围实际上只有 00H~7FH 共 127 个单元的片内数据 RAM 地址。例如，指令序列：

```
MOV     R1, #82H
MOV     A,  @R1
```

上述指令对于 8051 单片机是不正确的，因为 82H 是特殊功能寄存器 DPL 的地址值，对特殊功能寄存器来说，这种间接寻址方式无效。但是，对于 8052 单片机而言则是正确的，其功能是将片内 RAM 的 82H 单元中的内容送到 A 中。并且，对于 8052 片内 80H~FFH 的 RAM 单元，只能使用这种间接寻址方式进行访问。

欲从 DPL 取数到累加器 A，可用直接寻址方式：

```
MOV      A, 82H      ;执行后 A 中内容将是 DPL 中的值
```

（3）Rn、SFR 和内部 RAM 之间的数据传送

共有 5 条指令：

```
MOV     direct, direct      ;(direct 目)←(direct 源)
MOV     direct, @Ri         ;(direct)←((Ri))
MOV     direct, Rn          ;(direct)←(Rn)
MOV     @Ri, direct         ;((Ri))←(direct)
MOV     Rn,  direct         ;(Rn)←(direct)
```

该 5 条指令共有 3 种寻址方式：直接寻址，寄存器寻址，寄存器间接寻址。

对于直接寻址方式，8 位直接地址可寻址 0~255 个单元，对于 8051 单片机而言，则可直接寻址片内 RAM 00H~7FH 地址空间的单元和所有特殊功能寄存器，对 80H~FFH 地址中无定义的单元访问是没有意义的。

例 MOV   P3, P1   ;可把 P1 口的内容直接送到 P3 口输出

例 若设 PSW 中标志位 RS1、RS0 为 "11"，则选中第三组工作寄存器，此时，以下两条指令是等价的：

```
MOV     40H, R0
MOV     40H, 18H
```

例 用立即寻址指令可直接给片内 RAM 中 30H 和 P1 口上置数：

```
MOV     30H, #25H
MOV     P1 , #0CAH
```

执行后使（30H）= 25H，（P1）= 0CAH。

（4）目标地址传送

功能：把 16 位常数装入数据指针。只有一条指令：

```
MOV  DPTR, #data16
```

例 指令 MOV DPTR ,#2050H

表示把 16 位常数装入数据指针。执行后，DPTR＝2050H，其中 DPH＝20H，DPL＝50H。

2. 外部数据存储器（或 I/O 口）与累加器 A 传送指令——MOVX

MOVX 指令主要用于累加器 A 和外部扩充 RAM 或 I/O 口进行数据传送。这种传送只有一种寻址方式，就是寄存器间接寻址。有以下两种寄存器间接寻址。

（1）用 R1 或 R0 进行寄存器间接寻址

这种方式能访问外部数据存储器（或 I/O 口）256 字节中的一个字节。若要访问更大的空间，需使用 P2 口输出高 8 位地址，此时需要先给 P2 和 Ri 赋值，然后执行 MOVX 指令。

（2）用 16 位的数据存储器地址指针 DPTR 进行寄存器间接寻址

这种方法能遍访 64 KB 的外部数据存储器（或扩展的 I/O 口）的任何单元。

指令格式：MOVX   <目的字节>,<源字节>

共 4 条指令：

```
MOVX        A, @ DPTR        ;(A)←((DPTR))
MOVX        A, @ Ri          ;(A)←((Ri))
MOVX        @ DPTR,A         ;((DPTR))←(A)
MOVX        @ Ri, A          ;((Ri))←(A)
```

注：由于使用 R1 或 R0 寄存器间接寻址方式访问外部数据存储器时，寻址范围受到 256 个字节的限制，因此，在实际应用中，一般使用 DPTR 寄存器间接寻址方式访问外部数据存储器。

例 若片外数据存储器单元中：(2100H)＝(60H),(2101H)＝(2FH)，则执行：

MOV DPTR ,#2100H

MOVX A, @ DPTR;执行后,累加器(A)＝60H

3. 程序存储器向累加器 A 传送指令——MOVC

对于程序存储器的访问，8051 单片机提供了两条极其有用的查表指令。这两条指令采用变址寻址，以 PC 或 DPTR 为基址寄存器，以累加器 A 为变址寄存器，基址寄存器与变址寄存器内容相加得到程序存储器某单元的地址值，MOVC 指令把该存储单元的内容传送到累加器 A 中。指令格式：

```
MOVC        A ,@ A+PC ; PC←(PC)+1
                      ; (A)←((A)+(PC))
MOVC        A,@ A+DPTR ; (A)←((A)+(DPTR))
```

功能：把累加器 A 中内容与基址寄存器（PC、DPTR）中内容相加，求得程序存储器某单元地址，再把该地址单元中保存的内容送累加器 A。指令执行后不改变基址寄存器内容，由于执行 16 位加法，从低 8 位产生的进位将传送到高位去，不影响任何标志位。

这两条指令主要用于查表，即完成从程序存储器读取数据的功能。但由于两条指令使用的基址寄存器不同，因此使用范围也不同。

前一条指令以 PC 作为基址寄存器，在 CPU 取完指令操作码时 PC 会自动加 1，指向下一条指令的第一字节地址，所以这时作为基址寄存器的 PC 已不是原值，而是 PC+1。因为累加器中的内容为 8 位无符号整数，这就使得本指令查表范围只能在以 PC 当前值开始后的 256 字节范围内，使表格地址空间分配受到限制，同时编程时还需要进行偏移量的计算，公式为

$$偏移量 DIS = 表首地址 - (该指令所在地址 + 1)$$

【例 4-1】根据累加器 A 的内容查表获得多个值中的一个。

解：可用下列程序代码：

```
getval:        ADD     A ,#01H
getval_2:      MOVC    A ,@A+PC
getval_3:      RET
getval_4:      DB      55H
               DB      66H
               DB      77H
               DB      88H
```

其中，DB 是伪指令，其作用是将它后面的值（55H、66H 等）存入由标号 getval+4 开始的连续单元中。若累加器 A 的原内容为 02H，则执行上述程序后，返回时（执行 RET 指令），累加器的值将变为 77H。

后一条指令基址寄存器为数据指针 DPTR，由于可以给 DPTR 赋不同的值，使得该指令应用范围较为广泛，表格常数可设置在 64 KB 程序存储器的任何地址空间，而不必像 MOVC   A ,@A+PC 指令只能设在 PC 值以下的 256 个单元中。其缺点是，若 DPTR 已有它用，在将表首地址赋给 DPTR 之前必须保护现场（使用 PUSH 指令将 DPTR 压入堆栈保护），执行完查表后再予以恢复（使用 POP 指令从堆栈中弹出内容到 DPTR）。

【例 4-2】试编制根据累加器 A 中的数（0~9 之间）查其平方表的子程序。

解：程序代码如下：

```
COUNT:     PUSH     DPH
           PUSH     DPL             ;保护 DPTR 内容
           MOV      DPTR ,#TABLE    ;赋表首地址→DPTR
           MOVC     A ,@A+DPTR      ;跟据 A 中内容查表
           POP      DPL
           POP      DPH             ;恢复 DPTR 原内容
           RET                      ;返回
TABLE:     DB       00
           DB       01
           DB       04
           DB       09
           DB       16
           DB       25
           DB       36
           DB       49
           DB       64
           DB       81
```

其中，平方表使用 DB 伪指令定义。为了便于阅读，定义字节数据时，采用了十进制表示。

注：在实际应用中，由于 DPTR 可以根据需要进行灵活赋值，因此一般使用 DPTR 作为基址寄存器而不使用 PC 作为基址寄存器。

4.4.2 数据交换指令

数据交换指令包括字节交换指令和半字节交换指令。

1. 字节交换指令

XCH	A,direct	;(A)⟷(direct)
XCH	A,@ Ri	;(A)⟷((Ri))
XCH	A,Rn	;(A)⟷(Rn)

上述指令把累加器 A 中内容与第二操作数所指定的工作寄存器、间接寻址或直接寻址的某单元内容互相交换。

例 设(R0)=20H,(A)=3FH,(20H)=75H,执行指令

XCH   A,@ R0   ;执行结果(A)=75H,(20H)=3FH

2. 半字节交换指令

XCHD   A,@ Ri   ;$(A_{3\sim0})$⟷$((Ri)_{3\sim0})$

该指令把累加器 A 的低 4 位和寄存器间接寻址的内部 RAM 单元的低 4 位交换，高 4 位内容不变，不影响标志位。

例 设 R1 的内容为30H，A 的内容为69H，内部 RAM 中 30H 的内容为87H，执行指令

XCHD   A,@ R1   ;结果:(A)=67H,(30H)=89H

4.4.3 栈操作指令

PUSH	direct	;(SP)←(SP)+1
		((SP))←(direct)
POP	direct	;(direct)←((SP))
		(SP)←(SP)-1

上述两条指令完成两种基本堆栈操作，一种叫压入堆栈（PUSH），一种叫弹出堆栈（POP）。堆栈中的数据以"后进先出"的方式处理，这种"后进先出"的特点由堆栈指针 SP 来控制，SP 用来自动跟踪栈顶地址。由于单片机堆栈编址采用向上生成方式，即栈底占用较低位地址，栈顶占用较高位地址，所以其过程如下。

入栈操作：先(SP)+1→(SP)，指向栈顶的上一个空单元，然后把直接寻址单元的内容压入 SP 所指的单元中。

出栈操作：先弹出栈顶内容到直接寻址单元，然后(SP)-1→(SP)，形成新的堆栈指针。

由此可见，PUSH 和 POP 是两种逆传送指令，它们常被用在保护现场（即把寄存器的内容暂存在内存区）和恢复现场的程序中。

例 PUSH   ACC   ;保护累加器 ACC 中内容
　　　 PUSH   PSW   ;保护标志寄存器内容

```
                        ;执行其他程序
        POP       PSW    ;恢复标志寄存器内容
        POP       ACC    ;恢复累加器 ACC 中内容
```

该程序执行后，累加器 ACC 和 PSW 寄存器中的内容可得到正确的恢复。

若为

```
        PUSH      ACC
        PUSH      PSW
        ;其他语句
        POP       ACC
        POP       PSW
```

则执行后，将使得 ACC 和 PSW 中的内容互换。

在数据传送类操作中应注意以下几点。

1）除了用 POP 或 MOV 指令将数据传送到 PSW 外，传送操作一般不影响标志位。当向累加器中传送数据时，会影响 PSW 中的 P 标志。

2）执行传送类指令时，把源地址单元的内容送到目的地址单元后，源地址单元中的内容不变。

3）对特殊功能寄存器 SFR 的操作必须使用直接寻址，也就是说，直接寻址是访问 SFR 的唯一方式。

4）对于 8052 单片机内部 RAM 的 80H~FFH 单元只能使用@Ri 间接寻址方式访问。

5）将累加器 A 压入堆栈或弹出堆栈时，应使用 PUSH   ACC 和 POP   ACC 指令，不能使用 PUSH   A 和 POP   A 指令。否则，程序编译会出错。

4.5 逻辑操作类指令

逻辑操作类指令包括与、或、清除、求反、左右移位等逻辑操作，共有 24 条。按操作数的个数可划分为单操作数和双操作数两种。

单操作数是专门对累加器 A 进行的逻辑操作，这些操作包括清"0"、求反、左右移位等，操作结果保存在累加器 A 中。

双操作数主要是累加器 A 和第二操作数之间的逻辑"与""或""异或"操作。第二操作数可以是立即数、工作寄存器 Rn、内部 RAM 单元或者 SFR。其对应的寻址方式是寄存器、寄存器间接/直接寻址。逻辑操作的结果保存在 A 中。也可将直接寻址单元作为第一操作数，和立即数、累加器 A 执行逻辑"与""或"和"异或"操作，结果存在直接寻址单元中。

这类指令的助记符列于表 4-3 中。

表 4-3 逻辑操作类指令

功　　能		指　令　形　式	执　行　结　果
单操作数	清"0"	CLR　　A	$(A) \leftarrow 0$
	取反	CPL　　A	$(A) \leftarrow (\bar{A})$
	左移	RL　　A	

功　　能		指令形式	执行结果
单操作数	带进位左移	RLC　A	
	右移	RR　A	
	代进位右移	RRC　A	
	4 位环移	SWAP　A	
双操作数	与	ANL(ORL,XRL)　A, $\begin{cases} \#data \\ address \\ @\,Ri \\ Rn \end{cases}$	$(A)\leftarrow A\wedge X$ $(A)\leftarrow A\vee X$ $(A)\leftarrow A\oplus X$ 其中，X 代表指令格式中的第二操作数
	或		
	异或	ANL(ORL,XRL) direct, $\begin{cases} A \\ \#data \end{cases}$	direct←direct∧Y direct←direct∨Y direct←direct⊕Y 其中，Y 代表 A 或者 #data

4.5.1　对累加器 A 进行的逻辑操作

对累加器 A 进行的逻辑操作包括清零、求反和移位，分别介绍如下。

1. 累加器 A 清 0

指令：CLR　A ;(A)←0。

功能：把 00H 送入累加器 A 中。

2. 累加器 A 求反

指令：CPL　A;(A)←$(\overline{A})$。

功能：把累加器内容求反后送入累加器 A 中。

例如，设累加器 A 原来内容为 67H，则执行 CLR　A 后将变成 00H，再执行 CPL　A 后将变为 0FFH。

3. 累加器 A 左右移位

```
RL      A          ;累加器左循环移位
RLC     A          ;累加器通过进位标志 CY 左循环移位
RR      A          ;累加器右循环移位
RRC     A          ;累加器通过进位标志 CY 右循环移位
SWAP    A          ;交换累加器两个半字节
```

左移一位相当于乘 2。

```
例   MOV    A ,#01H      ;01H 送累加器 A
     RL     A            ;02H 送 A
     RL     A            ;04H 送 A
     RL     A            ;08H 送 A
```

右移一位相当于除 2，上述累加器 A = 08H，执行指令：

```
RR      A        ;(A)←04H
RR      A        ;(A)←02H
RR      A        ;(A)←01H。累加器内容又变为 1
```

通过进位标志 CY 的移位可用于检查一个字节中各位的状态或用于逐位输出的情况。

【例 4-3】 利用 8051 单片机的 P1 口输出控制 LED 的发光状态，电路连接如图 4-6 所示。编程实现累加器 A 中的数据循环送 P1 口，并使用 P2.0 输出指示进位标志。

解：程序代码如下：

```
OUTP2:  RRC     A        ;通过进位标志 CY 右移一位
        MOV     P1,A
        MOV     P2.0,C   ;该位输出到 P2.0
        RET              ;返回
```

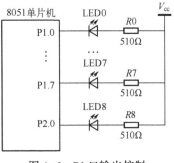

图 4-6 P1 口输出控制
LED 发光电路

该程序逐位将 A 中的最低位移入进位标志 CY，并由 P2.0 输出。如果反复调用该程序，并且在每次调用之间加上一定的延时，就会形成"跑马灯"的效果。

指令 SWAP 交换 A 中低和高半字节（位 3~0 和位 7~4），所以也看作是一个 4 位循环移位指令，不影响标志位。

```
例  MOV     A,#0A5H
    SWAP    A        ;执行结果（A）= 5AH
```

4.5.2 双操作数指令

双操作数的运算主要包括累加器 A 与立即数、内部 RAM 之间以及直接地址单元与累加器 A、立即数之间的逻辑操作。逻辑操作是按位进行的，所以，"ANL"指令常用来屏蔽字节中的某些位，欲清除该位用"0"去"与"，欲保留该位用"1"去"与"；"ORL"指令常用来使字节中的某些位置"1"，欲保留（不变）的位用"0"去"或"，欲置位的位用"1"去"或"；"XRL"指令用来对字节中某些位取反。欲取反的位用"1"去"异或"，欲保留的位用"0"去"异或"。

1. 累加器 A 与立即数、内部存储器之间的按位逻辑操作

由于逻辑"与""或""异或"3 种基本操作指令格式和寻址方式都是一样的，故放在一起介绍。格式如下：

$$\text{ANL(ORL,XRL)}\quad A,\begin{cases}\#data\\direct\\@Ri\\Rn\end{cases}$$

逻辑"与""或""异或"的定义分别如下所示。

```
"与":A∧B 代码组合   0×1=1×0=0×0=0      ;有 0 即 0
                    1×1=1              ;全 1 为 1
"或":A∨B 代码组合   1+0=0+1=1+1        ;有 1 即 1
```

	0+0=0	;全 0 为 0
"异或" A⊕B 代码组合	0⊕1=1 0⊕=1	;相异为 1
	0⊕0=1 1⊕1=0	;相同为 0

例 设 A 的内容为 0C3H，R2 为 0AAH，执行命令（ANL、ORL、XRL）后，结果如下：

```
ANL    A,R2      ;(A)=82H
ORL    A,R2      ;(A)=0EBH
XRL    A,R2      ;(A)=69H
```

2. 直接地址单元（内部 RAM、SFR）与累加器 A、立即数之间的按位逻辑操作

```
ANL(ORL,XRL)    direct,    A
ANL(ORL,XRL)    direct,    #data
```

指令完成内部数据 RAM 或 SFR 中直接寻址单元与累加器 A、立即数之间的逻辑"与"（"或""异或"）操作，执行结果送回内部数据 RAM 或 SFR 中。

例 设 P1 内容为 0AAH，A 中内容为 15H，则执行：

```
ANL    P1,#0F0H    ;(P1)=0A0H
ORL    P1,#0FH     ;(P1)=0AFH
XRL    P1,A        ;(P1)=0BFH
```

注意：当用逻辑"与""或""异或"指令修改一个并行 I/O 口输出内容时，原始值将从该输出口的锁存器中读取，而不是从该输出口的引脚上读取。

【例 4-4】设两位用 ASCII 码表示的数分别保存在 40H、41H 单元中，编程把其转换成两位 BCD 数，并以压缩形式存入 40H 单元中。

解：可编程序如下：

```
ANL    40H,#0FH    ;40H 的 ASCII 码变成 BCD 码
MOV    A,41H
ANL    A,#0FH      ;41H 的 ASCII 码变成 BCD 码
RL     A           ;左移 4 位
RL     A
RL     A
RL     A
ORL    40H, A      ;结果存 40H 单元中
```

若使用 SWAP 指令，将会使程序更简练。

```
ANL    40H,#0FH    ;40H 的 ASCII 码变成 BCD 码
MOV    A, 41H
ANL    A,#0FH      ;41H 的 ASCII 码变成 BCD 码
SWAP   A           ;高、低 4 位交换
ORL    40H, A      ;结果存 40H 单元中
```

4.6 算术运算类指令

该类指令主要完成加、减、乘、除四则运算，以及增量、减量和二-十进制调整操作。除增量、减量指令外，大多数算术运算指令会影响到状态标志寄存器 PSW。虽然算术/逻辑单元 ALU 仅执行 8 位无符号整数的运算，但进位标志 CY（或称为 C）则给多字节无符号整数的加减运算和移位操作提供了方便，用程序监视溢出标志可方便地实现补码运算（带符号数的运算）。辅助进位标志则使得 BCD 码调整得以简化。此外，状态标志位又往往可作为条件判断或条件跳转的依据，表 4-4 反映了算术运算类指令对标志位的影响。

表 4-4　算术运算类指令对标志位的影响

指令助记符	影响标志位			备　注
	CY	OV	AC	
ADD（加）	×	×	×	
ADDC（带进位加）	×	×	×	
SUBB（带借位减）	×	×	×	"×"表示可置"1"或清"0"
MUL（乘）	0	×		"0"表示总清"0"
DIV（除）	0	×		
DA（二-十进制调整）	×			

4.6.1 加减运算指令

加减运算中，以累加器 A 为第一操作数，并存放操作后的结果。第二操作数可以是立即数、工作寄存器、寄存器间接寻址字节或直接寻址字节。运算结果会影响溢出标志 OV、进位标志 CY、辅助进位标志 AC 和奇偶标志 P。源操作数寻址方式有：寄存器寻址、直接寻址、间接寻址和立即寻址 4 种。

1. 加法指令

```
ADD      A,#data      ;(A)←(A)+#data
ADD      A,direct     ;(A)←(A)+(direct)
ADD      A,@Ri        ;(A)←(A)+((Ri))
ADD      A,Rn         ;(A)←(A)+(Rn)
```

上述指令，把源字节变量（立即数、直接地址单元、间接地址单元、工作寄存器内容）与累加器相加，结果保存在累加器中，影响标志位 AC、CY、OV、P。

例　执行指令：MOV　　A,#0C3H
　　　　　　　　ADD　　A,#0AAH

运算后，CY=1，OV=1，AC=0，(PSW)=85H，(A)=6DH

溢出标志 OV 取决于带符号数运算，和的第 6、7 位中有一位产生进位而另一位不产生进位，则使 OV 置"1"，否则 OV 被清"0"。OV=1 表示两正数相加，和变成负数，或两负数相加，和变成正数的错误结果。

2. 带进位加法指令

```
ADDC    A,#data    ;(A)←(A)+#data+(CY)
ADDC    A,direct   ;(A)←(A)+(direct)+(CY)
ADDC    A,@Ri      ;(A)←(A)+((Ri))+(CY)
ADDC    A,Rn       ;(A)←(A)+(Rn)+(CY)
```

除了相加时应考虑进位标志外，其他与一般加法指令完全相同。

例 设累加器 A 内容为 0AAH，R0 内容为 55H，CY 内容为 1，执行指令：

```
ADDC    A,R0
```

将使

```
(A)=00000000B    AC=1,CY=1,OV=0
```

【例4-5】 利用 ADDC 指令可以进行多字节加法运算。设双字节加法中，被加数放 20H、21H 单元，加数放 30H、31H 单元，和存放在 40H、41H 单元，若高字节相加有进位则转 O-VER 处执行。试编程实现。

解： 程序代码如下：

```
ADDM：   MOV    A,20H      ;取低字节被加数
         ADD    A,30H      ;低位字节相加
         MOV    40H,A      ;结果送 40H 单元
         MOV    A,21H      ;取高字节被加数
         ADDC   A,31H      ;加高字节和低位来的进位
         MOV    41H,A      ;结果送 41H 单元
         JC     OVER       ;有进位去 OVER 处执行
         ……
OVER：    ……
```

3. 带借位减指令

```
SUBB    A,#data    ;(A)←(A)-#data-(CY)
SUBB    A,direct   ;(A)←(A)-(direct)-(CY)
SUBB    A,@Ri      ;(A)←(A)-((Ri))-(CY)
SUBB    A,Rn       ;(A)←(A)-(Rn)-(CY)
```

在加法中 CY=1 表示有进位，CY=0 表示无进位；在减法中 CY=1 表示有借位，CY=0 表示无借位。

OV=1 表示带符号数相减时，从一个正数中减去一个负数得出了一个负数，或从一个负数中减去一个正数得出一个正数的错误情况。和加法类似，该标志也是由运算时差的第 6、7 位两者借位状态"异或"而得。

由于减法只有带借位减一条指令，所以在首次进行单字节相减时，须先清借位标志，以免相减后结果出错。

例 设累加器内容为 D9H，R0 内容为 87H，求两者相减结果。

```
CLR     C
SUBB    A,R0       ;执行后(A)=52H,CY=0,OV=0
```

若运算两数为无符号数,则其溢出与否和"OV"状态无关,而靠 CY 是否有进位予以判别,OV 仅表明带符号数运算时是否溢出。

【例 4-6】两字节数相减,设被减数放 20H、21H 单元,减数放 30H、31H 单元,差放在 40H、41H 单元,若高字节有借位则转 OVER 处执行。试编程实现之。

解:程序代码如下:

```
SUBM:  CLR   C            ;低字节减无借位,CY 清"0"
       MOV   A,20H        ;初减数送 A
       SUBB  A,30H        ;低位字节相减
       MOV   40H,A        ;结果送 40H 单元
       MOV   A,21H        ;被减数高字节送 A
       SUBB  A,31H        ;高字节相减
       MOV   41H,A        ;结果送 41H 单元
       JC    OVER         ;若高字节减有借位,则转 OVER 处执行
       ……
OVER:  ……
       ……
```

4.6.2 乘除运算指令

乘除运算指令在累加器 A 和寄存器 B 之间进行,运算结果保存在累加器 A 和寄存器 B 中。

1. 乘法指令

MUL   AB

该指令把累加器 A 和寄存器 B 中的 8 位无符号整数相乘,16 位乘积的低字节在累加器 A 中,高字节在寄存器 B 中,如果乘积大于 255 (0FFH),则溢出标志位置"1",否则清"0",运算结果总使进位标志 CY 清"0"。

例 设 (A) = 82H (130),(B) = 38H (56),执行指令:

MUL   AB

执行结果:乘积为 1C70H (7280),(A) = 70H,(B) = 1CH,OV = 1,CY = 0。

【例 4-7】利用单字节乘法指令进行多字节乘法运算。设双字节数低 8 位存 30H,高 8 位存 31H 单元,单字节数存在 40H 单元,编程实现双字节乘以单字节的运算,乘积按由低位到高位依次存在 50H、51H、52H 单元中。

解:双字节数乘以单字节数,设双字节数用 X 表示,单字节数用 Y 表示,则其乘法可表示为

$$(X_2 \cdot 2^8 + X_1) \cdot Y = X_2 \cdot Y \cdot 2^8 + X_1 \cdot Y$$

利用"MUL"指令分别进行 $X_2 \cdot Y$ 和 $X_1 \cdot Y$ 的乘法运算,然后把等号右边两项移位相加即得其积。可以使用下面的竖式表示:

$$
\begin{array}{cc}
 & X_2 \quad X_1 \\
\times & Y \\
\hline
 & (X_1Y)\text{高} \quad (X_1Y)\text{低} \\
+ (X_2Y)\text{高} \quad (X_2Y)\text{低} & \\
\hline
(\text{结果})\text{高位} \quad (\text{结果})\text{中位} \quad (\text{结果})\text{低位} &
\end{array}
$$

程序代码如下：

```
MOV    A,30H
MOV    B,40H
MUL    AB              ;X₁·Y
MOV    51H,B           ;积的高字节存 51H
MOV    50H,A           ;积的低字节存 50H
MOV    A,31H
MOV    B,40H
MUL    AB              ;X₂·Y
ADD    A,51H           ;X₂·Y 低 8 位与 X₁·Y 高 8 位相加作为积的第二字节
MOV    51H,A
MOV    A,B
ADDC   A,#00H          ;最高字节加低位进位
MOV    52H,A           ;最高字节存 52H 单元
```

2. 除法指令

```
DIV    AB
```

该指令把累加器 A 中的 8 位无符号整数除以寄存器 B 中的 8 位无符号整数，所得商放在累加器 A 中，余数存在寄存器 B 中，标志位 CY 清 "0"。

若除数（B 中内容）为 00H，则执行后结果为不定值，并置位溢出标志 OV。

例 设累加器内容为 147（93H），B 寄存器内容为 13（0DH），则执行命令：

```
DIV    AB    ;将使(A)=0BH,(B)=04H,OV=0,CY=0
```

结合 SWAP 指令，可以利用下面的简单方法，将小于 100 的二进制数转换为 BCD 数：

```
MOV    B, #10
DIV    AB
SWAP   A
ADD    A,B
```

4.6.3　增量、减量指令

增量指令 INC 完成加 1 运算，减量运算 DEC 完成减 1 运算。这两条指令均不影响标志位（但对累加器 A 的操作将影响 P 标志）。

1. 增量指令

INC	A	;(A) ← (A)+1
INC	direct	;(direct) ← (direct)+1
INC	@ Ri	;((Ri)) ← ((Ri))+1
INC	Rn	;(Rn) ← (Rn)+1
INC	DPTR	;(DPTR) ← (DPTR)+1

INC 指令把指定变量加 1，结果送回原地址单元，原来内容若为 0FFH，加 1 后将变成 00H，运算结果不影响任何标志位（但对累加器 A 的操作将影响 P 标志）。指令共使用 3 种寻址方式：寄存器寻址、直接寻址或寄存器间接寻址。

若用本指令使输出并行 I/O 口内容加 1 时，则用作输出口的原始值将从输出数据锁存器中读入，而不是从输出口的引脚上读入。

例 设(R0)=7EH，片内数据 RAM 中(7EH)=0FFH，(7FH)=40H，则执行指令：

INC	@ R0	;(7EH)← 00H
INC	R0	;(R0) ← 7FH
INC	@ R0	;(7FH)← 41H

例 指令序列：

MOV	DPTR,#1FFEH	;(DPTR) ← 1FFEH
INC	DPTR	;(DPTR) ← 1FFFH
INC	DPTR	;(DPTR) ← 2000H

2. 减量指令

DEC	A	;(A) ← (A)−1
DEC	direct	;(direct) ← (direct)−1
DEC	@ Ri	;((Ri)) ← ((Ri))−1
DEC	Rn	;(Rn) ← (Rn)−1

上述指令将指定变量减 1，结果送回原地址单元，原地址单元内容若为 00H，减 1 操作后变成 0FFH，不影响任何标志位（但对累加器 A 的操作将影响 P 标志）。

同增量指令一样，若执行对 I/O 并行口内容减 1 操作，将把该输出口数据锁存器读出并减 1，再写入锁存器，而不是从输出口引脚上内容进行减 1 操作。

例 程序：

MOV	R1,#7FH	;(R1) ← #7FH
MOV	7EH,#00H	;(7EH) ← #00H
MOV	7FH,#40H	;(7FH) ← #40H
DEC	@ R1	;(7FH) ← 3FH
DEC	R1	;(R1) ← 7EH
DEC	@ R1	;(7EH) ← 0FFH

4.6.4 二–十进制调整指令

DA　　　A

调整的条件和方法是：若[(A_{3-0})>9 或(AC)=1]，则(A_{3-0})←(A_{3-0})+06H；若[(A_{7-4})>9 或(CY)=1]，则(A_{7-4})←(A_{7-4})+60H。若两个条件同时满足或者(A_{7-4})=9 且低 4 位修正有进位，则(A_{0-7})←(A_{0-7})+66H。

本指令是对二–十进制的加法进行调整的指令。两个压缩型 BCD 码按二进制数相加，必须经过本条指令调整后才能得到压缩型的 BCD 码和数（读者可以使用 87H+68H 进行测算）。由于指令要利用 AC、CY 等标志位才能起到正确的调整作用，因此它必须跟在加法（ADD、ADDC）指令后面使用。

指令的操作过程为：若相加后累加器低 4 位大于 9 或半进位标志 AC=1，则加 06H 修正；若相加后累加器高 4 位大于 9 或进位标志 CY=1，则加 60H 修正；若两者同时发生，或高 4 位虽等于 9 但低 4 位修正有进位，则应加 66H 修正。

对用户而言，只要保证参加运算的两个数为 BCD 码，并先对 BCD 码执行二进制加法运算（用 ADD、ADDC 指令），然后紧跟一条 DA　A 指令即可。

使用时应注意：DA　A 指令不能对减法进行十进制调整。

【例 4-8】设有两个十进制数，设被减数存于 30H 单元，减数存于 40H 单元。编程实现二者的减法运算，结果存 50H 单元中。

解：利用十进制加法调整指令做十进制减法调整，必须采用补码相加的方法，用 9AH（即十进制的 100）减法减数即得以 10 为模的减数补码。程序代码如下：

```
BCDSUB:    CLR     C          ;清进位标志
           MOV     A,#9AH     ;求减数补码
           SUBB    A,40H
           ADD     A,30H      ;进行补码相加
           DA      A
           MOV     50H,A      ;结果(差)存 50H 单元
```

【例 4-9】设计 6 位 BCD 码加法程序。设被加数存在内部 RAM 中 32H、31H、30H 单元，加数存于 42H、41H、40H 单元，相加之和存于 52H、51H、50H 单元，若相加有进位（溢出）时转符号地址 OVER 处执行。

解：程序代码如下：

```
BCDADD:    MOV     A,30H      ;第一字节加
           ADD     A,40H
           DA      A
           MOV     50H,A      ;存第一字节和(BCD 码)
           MOV     A,31H      ;第二字节加
           ADDC    A,41H
           DA      A
           MOV     51H,A      ;存第二字节和(BCD 码)
```

```
           MOV       A,32H          ;第三字节加
           ADDC      A,42H
           DA        A
           MOV       52H,A          ;存第三字节和(BCD码)
           JC        OVER           ;若有进位,则转OVER处执行
                     ……
    OVER:            ……
                     ……
```

4.7 位操作指令

位操作指令以位为处理对象,分别完成位传送、位状态控制、位逻辑操作、位条件转移等功能,共有 17 条。可被汇编程序所识别的位地址表示方式如下。

1）直接用位地址（十进制或十六进制数）表示,或写成位地址表达式表示。
2）写成"字节地址.位数"方式,例如 0B8H.0,20H.1 等。
3）位寄存器的定义名称,如 C、EA 等。
4）对于位寻址寄存器,可以用"字节寄存器名.位数"表示,例如 P1.0,PSW.4 等。
5）用户使用伪指令事先定义过的符号地址。

表 4-5 给出了位操作指令的操作码助记符及对应的操作数。

表 4-5 位操作指令的操作码助记符及对应的操作数

功　能		操作码助记符	操作数	备　注
1. 位传送		MOV	C, bit 或者 bit, C	源地址和目的地址可互换
2. 位状态控制:位清"0" 位取反 位置位		CLR CPL SETB	C 或 bit	bit 表示直接寻址位
3. 位逻辑操作:与 或		ANL ORL	C⊕bit→ C C⊕/bit→ C	⊕表示做某种运算 /bit 表示直接寻址位的"非"
4. 位跳转:	判 C 判移	JC JNC	rel	rel 为相对偏移量
	判直接寻址位转移	JB JNB	bit, rel	JNB 为"0"转移,JB 为"1"转移
		JBC		寻址位为 1 转移并清"0"该位

4.7.1 位数据传送指令

位数据传送指令共两条：MOV　　C,bit　　　　;(C) ← (bit)
　　　　　　　　　　　　MOV　　bit,C　　　　;(bit) ← (C)

指令的功能是把第二操作数所指出的布尔变量送到由第一操作数指定的位单元。其中一个操作数必为位累加器（进位标志 CY）,另一个可以是任何直接寻址位（bit）。指令执行结果不影响其他寄存器或标志。

例　设片内数据 RAM 中（20H）= 9 9H,执行指令：

```
MOV      C,07H        ;07H 是位地址,即字节地址 20H 的第 7 位,将使(C)= 0
```

4.7.2 位状态控制指令

位状态控制指令包括位的清 "0"、取反和置位。

1. 位清 "0" 指令

```
CLR        bit          ;(bit) ← 0
CLR        C            ;(C)  ← 0
```

上述指令可使直接寻址位（bit）或位累加器 C 清 "0"，不影响其他标志。

例 片内数据 RAM 字节地址 25H 的内容为 34H（00110100B），执行指令：

```
CLR       2AH          ;2AH 为字节地址 25H 第 2 位的位地址
```

将使 25H 的内容变为 30H（00110000B）。

2. 位求反指令

```
CPL        bit          ;(bit) ← ($\overline{bit}$)
CPL        C            ;(C)  ← ($\overline{C}$)
```

上述指令可把直接寻址位（bit）或位累加器 C 内容取反，不影响其他标志。

例 执行指令序列：

```
MOV        25H,#5DH       ;(25H)= (01011101B)
CPL        2BH            ;(25H)= (01010101B)
CPL        P1.2           ;P1.2 求反
```

3. 位置位指令

```
SETB       bit          ;(bit) ←"1"
SETB       C            ;(C)←"1"
```

上述指令把进位标志 CY 或任何可寻址位置 "1"，不影响其他标志。

例 输出口 P1 原已写入了 49H（01001001B），则执行

```
SETB       P1.7
```

将使 P1 口输出数据变为 C9H（11001001B）。

4.7.3 位逻辑操作指令

位逻辑操作有两种：位逻辑 "与"，位逻辑 "或"。分别介绍如下。

1. 位逻辑 "与" 指令

```
ANL        C,bit         ;(C) ∧ (bit)
ANL        C,/bit        ;(C) ∧ ($\overline{bit}$)
```

上述指令将直接寻址位的内容或直接寻址位内容取反后（不改变原内容），与位累加器 C 相 "与"，结果保存在 C 中。"/bit" 表示对位内容取反后再参与位操作。"与" 逻辑操作

70

示意图如图 4-7 所示。

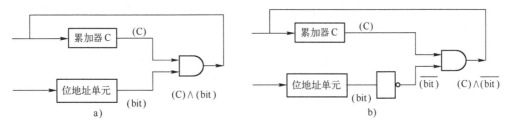

图 4-7 "与"逻辑操作示意图

a) ANL C, bit 指令执行示意图　b) ANL C, /bit 指令执行示意图

例 当位地址（7FH）= 1 并且累加器中（ACC.7）= 1 时，进位标志 CY 置"1"，否则 CY 清"0"，可编程序如下：

```
MOV      C,7FH           ;(7FH)=1 送 C
ANL      C,ACC.7         ;(C)∧(ACC.7)→(C)
```

2. 位逻辑"或"指令

```
ORL      C,bit           ;(C) ← (C)∨(bit)
ORL      C,/bit          ;(C) ← (C)∨(/bit)
```

上述指令把直接寻址位的内容或直接寻址位的内容取反后（不改变原内容），与位累加器 C 进行逻辑"或"，结果保存在 C 中。"或"逻辑操作示意图如图 4-8 所示。

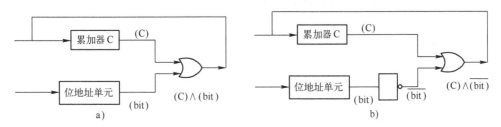

图 4-8 "或"逻辑操作示意图

a) ORL C, bit 指令执行示意图　b) ORL C, /bit 指令执行示意图

例 位地址 7FH 中的内容和累加器 ACC.7 中的内容相"或"的程序如下：

```
MOV      C,7FH
ORL      C,ACC.7         ;相"或"的结果存 C 中
```

4.7.4 位条件转移指令

位条件转移指令分为判进位标志 C 或判直接寻址位状态转移两种。

1. 判 C 转移指令

```
JC       rel    ;若(CY)= 1,则(PC)←(PC)+rel,否则顺序执行
JNC      rel    ;若(CY)= 0,则(PC)←(PC)+rel,否则顺序执行
```

上述两条指令通过判进位标志 CY 的状态决定程序的走向，前一条若进位标志为 1，后

一条若进位标志为0，就可使程序转向目标地址，否则顺序执行下一条指令。目标地址为第二字节中的带符号的偏移量与PC当前值((PC)+2→(PC))之和，不影响任何标志。指令操作过程如图4-9a和图4-9b所示。

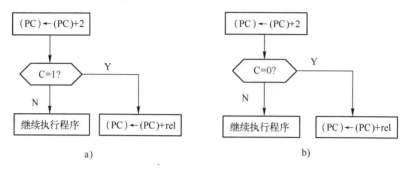

图4-9　JC指令和JNC指令执行示意图

a) JC rel 指令　b) JNC rel 指令

注：在实际应用中，一般在 rel 的位置写入欲跳转到的标号地址，偏移量由汇编程序自动进行计算。这样做有两个好处，一是程序的可读性好，二是不必进行偏移量的计算。

例如，下面的两段指令都将使程序转向L2处执行。

例
	CLR	C	; C←0
	JC	L1	; C=0,继续执行
	CPL	C	; C=1
	JC	L2	; 若条件满足则转 L2
L1:	……		
L2:	……		

例
	SETB	C	; C=1
	JNC	L1	; C≠0,顺序执行
	CPL	C	; C=0
	JNC	L2	; 转 L2
L1:	……		
L2:	……		

2. 判直接寻址位转移指令

JB	bit,rel	;若(bit)=1,(PC)←(PC)+rel
JNB	bit,rel	;若(bit)=0,(PC)←(PC)+rel
JBC	bit,rel	;若(bit)=1,(PC)←(PC)+rel,(bit)←0

若条件不满足，指令顺序执行。

上述指令检测直接寻址位，若位变量为1（第一、三条指令）或位变量为0（第二条指令），则程序转向目标地址去执行，否则顺序执行下一条指令。目标地址为PC当前值((PC)←(PC)+3)与第三字节所给带符号的相对偏移量之和。测试位变量时，不影响任何标志，前两条指令不影响原变量值，但后一条指令不管原变量为何值，检测后即执行清"0"，3条指令操作过程分别如图4-10a～c所示。

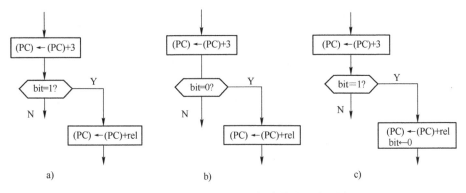

图 4-10　JB、JNB、JBC 指令执行示意图
a) JB bit，rel 指令　b) JNB bit，rel 指令　c) JBC bit，rel 指令

注：在实际应用中，一般在 rel 的位置写入欲跳转到的标号地址，偏移量由汇编程序自动进行计算。

例　指令序列：

MOV	P1,#0CAH	; (P1)← 0CAH(11001010B)
MOV	A,#56H	; (A)← 56H(01010110B)
JB	P1.2,L1	; (P1.2) = 0 不转,继续执行
JNB	ACC.3,L2	; (ACC.3) = 0 转 L2 处执行
L1:	……	
L2:	……	

与下列程序：

MOV	A,#43H	; (A)← 43H(01000011B)
JBC	ACC.2,L1	; (ACC.2) = 0 不转
JBC	ACC.6,L2	; (ACC.6) = 1 转 L2,且(ACC.6)← 0
L1:	……	
L2:	……	

执行后均使程序转向 L2 处，但前段程序转移后维持原变量（ACC.3）= 0 不变，后段程序却把原变量（ACC.6）= 1 清"0"。

4.8　控制转移类指令

正是由于有控制转移类指令，才使得单片机有一定的智能作用。该类指令用于控制程序的走向。利用具有 16 位地址的长转移、长调用指令可遍访程序存储器空间的任一地址单元，也可用具有 11 位地址的绝对调用和绝对转移指令，实现在 2 KB 程序块中的有效转移。

这类指令可分为两种：一种是程序转移指令，另一种称为子程序调用和返回指令。表 4-6 列出了控制转移类指令的操作码助记符及操作数。

表 4-6　控制转移类指令的操作码助记符及操作数

功　能		操作码助记符	操作数	备　注
无条件转移	长转移	LJMP	addr16	addr16 表示 16 位地址
	绝对转移	AJMP	addr11	addr11 表示低 11 位地址数
	相对短转移	SJMP	rel	rel 带符号的 8 位相对偏移量
	间接转移	JMP	@ A+DPTR	
条件转移	判零转移	JZ	rel	—
		JNZ		
	比较转移	CJNE	[A, Rn, @ Ri], #data, A, direct, } rel	
	循环转移	DJNZ	Rn, direct, } rel	
子程序调用和返回	长调用 绝对调用	LCALL ACALL	addr16 addr11	—
	子程序返回	RET	—	
其他	中断返回	RETI	—	
	空操作	NOP	—	

注：在实际编程中，一般在偏移量（rel）或者跳转地址（addr16 或 addr11）的位置写入想要跳转的目标位置的标号，具体跳转的目标地址由汇编程序自动进行计算。

1. 程序转移指令

（1）无条件转移指令

无条件转移指令操作码助记符中的基本部分是"JMP"（转移或者跳转），它表示要把目标地址（要转去的某段程序第一条指令的地址号）送入程序计数器 PC，根据转移距离和寻址方式不同又可分为 LJMP（长转移）、AJMP（绝对转移）、SJMP（相对短转移）和 JMP（间接转移）。

1）长转移指令。

　　　LJMP　　　　addr16　　　　　　　;（PC）← addr16

指令提供 16 位目标地址，将指令中第二、第三字节地址码分别装入 PC 的高 8 位和低 8 位中，程序无条件转向指定的目标地址去执行。不影响标志位。由于直接提供 16 位目标地址，所以执行这条指令可以使程序从当前地址转移到 64 KB 程序存储器地址空间的任何单元。

　　例　　如果在程序存储器 0000H 单元存放一条指令

　　　LJMP　　　　0100H

则复位后程序将跳到 0100H 单元去执行。

2）绝对转移指令。

　　AJMP　　addrll　　$\boxed{a_{10}a_9a_80 \quad | \quad 0001}$　　　;（PC）←（PC）+2，（PC$_{11\sim15}$）不变
　　　　　　　　　　　$\boxed{a_7 \sim a_0}$　　　　　　;（PC$_{0\sim10}$）← addr$_{0\sim10}$

第二字节存放的是低 8 位地址，第一字节的 5、6、7 位存放着高 3 位地址 $a_8 \sim a_{10}$。指令执行时分别把高 3 位和低 8 位地址值取出送入程序计数器 PC 的低 11 位，维持 PC 的高 5 位（(PC)+2 后的）地址值不变，实现 2 KB 范围内的程序转移，如图 4-11 所示。

AJMP 为双字节指令，当程序真正转移时 PC 值已加 2 了，因此，目标地址应与 AJMP 后面相邻指令的第一字节地址在同一 2 KB 字节范围内。如果超过了 2 KB 范围，汇编程序会提示出错（可以采用多级跳转的方式解决该错误）。本指令不影响标志位。

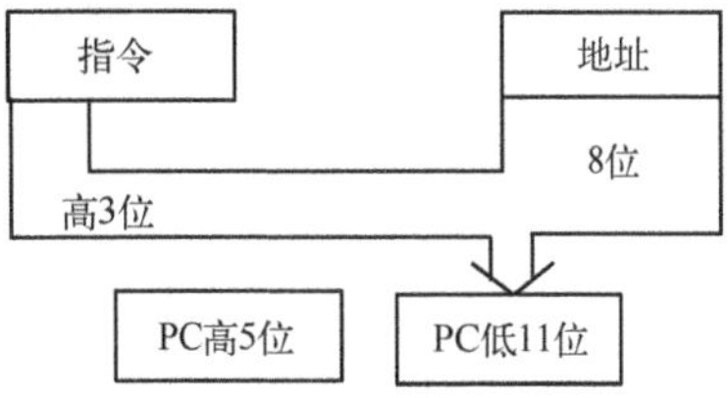

图 4-11　AJMP 指令执行示意图

3）相对短转移指令。

```
SJMP    rel    ;(PC)←(PC)+2
               ;(PC)←(PC)+rel
```

其中，rel 为相对偏移量，是一个 8 位带符号的数。

指令控制程序无条件转向指定地址。该指定地址由指令第二字节的相对地址和程序计数器 PC 的当前值（执行 SJMP 前的 PC 值加 2）相加而成。因而目标地址可以在这条指令首地址的前 128~后 127 字节之间。

4）间接转移指令。

```
JMP    @A+DPTR    ;(PC)←(A)+(DPTR)
```

该指令把累加器里的 8 位无符号数与作为基址寄存器 DPTR 中的 16 位数据相加，所得的值装入程序计数器 PC 作为转移的目标地址。由于执行 16 位加法，从低 8 位产生的进位将传送到高位去。指令执行后不影响累加器和数据指针中的原内容，不影响任何标志位。

这是一条极其有用的多分支选择转移指令，其转移地址不是汇编或编程时确定的，而是在程序运行时动态决定的，这是和前三条指令的主要区别。因此，可在 DPTR 中装入多分支转移程序的首地址，而由累加器 A 的内容来动态选择其中的某一个分支予以转移，这就可用一条指令代替众多转移指令，实现以 DPTR 内容为起始的 256 字节范围的选择转移。

例　要求：当(A)= 0 时转处理程序 CASE_0；
当(A)= 1 时转处理程序 CASE_1；
当(A)= 2 时转处理程序 CASE_2；
当(A)= 3 时转处理程序 CASE_3；
当(A)= 4 时转处理程序 CASE_4。

程序代码如下：

```
            MOV    DPTR ,#JUMP_TABLE    ;表首址送入 DPTR 中
            MOV    A,INDEX_NUMBER       ;取得跳转索引号
            RL     A                    ;将索引号乘以2(由于 AJMP 指令是 2 字节指令)
            JMP    @A+DPTR              ;以 A 中内容为偏移量
JUMP_TABLE： AJMP   CASE_0               ;(A)= 0 转 CASE_0 执行
            AJMP   CASE_1               ;(A)= 1 转 CASE_1 执行
```

AJMP	CASE_2	；（A）= 2 转 CASE_2 执行
AJMP	CASE_3	；（A）= 3 转 CASE_3 执行
AJMP	CASE_4	；（A）= 4 转 CASE_4 执行

无条件转移指令跳转范围如图 4-12 所示。

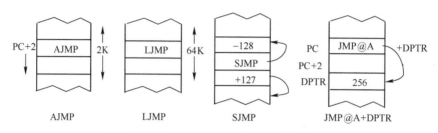

图 4-12　无条件转移指令跳转范围示意图

注：在实际应用中，由于 AJMP 和 SJMP 指令的跳转范围有限，而 LJMP（长转移指令）不受跳转范围的限制，因此一般情况下可以使用 LJMP 指令代替 AJMP 和 SJMP 指令。

（2）条件转移指令

该类指令执行满足某种特定条件的转移，其目标地址在以下一条指令的起始地址为中心的 256 字节范围中（-128~+127 字节）。

1）累加器判零转移指令。

JZ	rel	；累加器为 0 转移
JNZ	rel	；累加器不为 0 转移

JZ 表示累加器的内容为 0，则转向指定的地址，否则顺序执行下一条指令；JNZ 指令刚好相反，只需累加器不等于 0，则转向指定地址，否则顺序执行下一条指令。两条指令均为双字节，其中第二条字节为符号的相对偏移量，PC 现行值（PC 加 2 后）与偏移量相加即得转移地址。该指令不改变累加器内容，不影响标志位。指令的执行过程如图 4-13 所示。

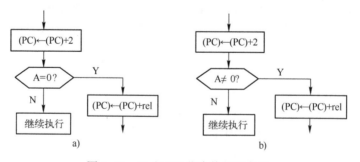

图 4-13　JZ 和 JNZ 指令执行示意图

a）JZ rel 指令　b）JNZ rel 指令

例　执行程序：

MOV	A,#01H	；01 送累加器 A
JZ	BRAN1	；A 非 0 不转,继续执行
DEC	A	；A 减 1 内容为 0
JZ	BRAN2	；A 为 0 转 BRAN2 执行

或执行：

```
CLR        A              ; A 清"0"
JNZ        BRAN1          ; A 为 0 继续执行
INC        A              ; A 内容加 1
JNZ        BRAN2          ; A 内容非 0 转 BRAN2 执行
```

程序都转移到 BRAN2 去执行。

2）比较转移指令。

```
CJNE       (目的字节),(源字节),rel
```

CJNE 类指令用于比较前面两个操作数的大小，如果它们的值不相等则转移，相等则继续执行。这些指令均为三字节指令，PC 当前值((PC)+3 → (PC))与指令第三字节带符号的偏移量相加即得到转移地址，如果目的字节的无符号整数值小于源字节的无符号整数值，则置位进位标志，否则清"0"进位位，指令不影响任何一个操作数。

指令的源和目的操作数有 4 种寻址方式组合：累加器可以和任何直接寻址字节或立即数比较，而任何间接寻址 RAM 单元或工作寄存器能与立即数比较，如图 4-14 所示。

具体的比较转移指令有 4 条：

```
CJNE       A,#data,rel
CJNE       A,direct,rel
CJNE       @Ri,#data,rel
CJNE       Rn,#data,rel
```

指令的执行过程如图 4-15 所示。

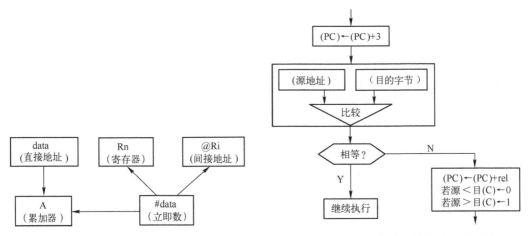

图 4-14 CJNE 指令的源、目的操作数组合关系　　　图 4-15 CJNE 指令的执行过程示意图

由图 4-15 可见，当取完 CJNE 指令时 PC 值已是(PC)←(PC)+3，指向了下面相邻指令的第一字节地址，然后比较，由判断结果决定程序走向，由于取指令操作 PC 已加 3，所以程序转移范围是以(PC)+3 为起始地址的+127～-128 字节单元地址。

例 设（R7）= 53H，执行下列指令

	CJNE	R7,#68H,K1	;由于（R7）<68H，转 K1，且（CY）←1
	...		
K1：	JC	K3	;因为（CY）= 1，判出（R7）<68H，转 K3 执行
	...		
K3：	...		

3）循环转移指令。

DJNZ   （字节），rel

这是一条减 1 与 0 比较指令，程序每执行一次该指令，就把第一操作数字节变量减 1，结果送回到第一操作数中，并判字节变量是否为 0，不为 0 转移，否则顺序执行。如果字节变量值原为 00H，则下溢得 0FFH，不影响任何标志。

共有两条指令：

DJNZ   direct,rel

DJNZ   Rn,rel

指令的执行过程如图 4-16 所示。

可以看出，循环转移的目标地址为 DJNZ 之后相邻指令的第一个字节地址与带符号的相对偏移量相加之和。由于被减 1 的第一操作数可为一个工作寄存器或直接寻址字节，所以使用该指令可以很容易地构成循环，只要给直接地址或工作寄存器赋不同初值，就可方便地控制循环次数，而使用不同的工作单元或寄存器就可派生出很多条循环转移指令。

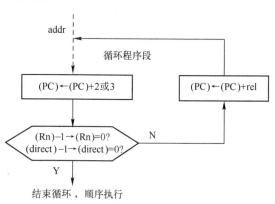

图 4-16　DJNZ 指令的执行过程

例 软件延时。利用 DJNZ 指令可在一段程序中插入某些指令来实现软件延时。下面的程序可产生 50 μs 的软件延时循环。

```
DELAY50US：              ;@ 11.0592MHz
        NOP
        NOP
        PUSH 30H
        MOV 30H,#181
NEXT：
        DJNZ 30H,NEXT
        POP 30H
        RET
```

例 多项单字节数求和。设数组长度放 R0，数组存放首地址在 R1 中，数组之和则存在 20H 单元中，因为是 8 位字长，所以此和不应大于 256。可编程如下：

```
        CLR       A       ;A 清"0"
```

```
SUMD:   ADD     A,@R1       ;相加
        INC     R1          ;地址指针增 1
        DJNZ    R0,SUMD     ;字节数减 1 不为 0 继续加
        MOV     20H,A       ;结果存 20H 单元
```

2. 子程序调用和返回指令

有两条调用指令：LCALL（长调用）及 ACALL（绝对调用）和一条与之配对的子程序返回指令 RET。LCALL 和 ACALL 指令类似于转移指令 LJMP 和 AJMP，不同之处在于它们在转移前，要把执行完该指令后 PC 的内容自动压入堆栈，才执行 addr16（或 addr11）→PC 的操作（其中 addr16 或 addr11 是子程序的首地址或称子程序入口地址）。这样设计是为了便于当子程序执行完后，CPU 可以返回到原出发点处。

RET 指令是子程序返回指令，执行时，从堆栈中把原出发地址弹回 PC，让 CPU 返回执行原主程序。由此可见，RET 指令一定在子程序中。下面分别予以介绍。

（1）长调用指令

$$
\text{LCALL} \quad \text{addr16} \quad ;
\begin{cases}
(PC) \leftarrow (PC)+3 \\
(SP) \leftarrow (SP)+1 \\
((SP)) \leftarrow (PC_{0\sim7}) \\
(SP) \leftarrow (SP)+1 \\
((SP)) \leftarrow (PC_{8\sim15}) \\
(PC) \leftarrow \text{addr}_{0\sim15}
\end{cases}
$$

长调用与 LJMP 一样提供 16 位地址，可调用 64 KB 范围内所指定的子程序，由于为三字节指令，所以执行时首先(PC)+3→(PC)以获得下一条指令地址，并把此时 PC 内容压入（作为返回地址，先压入低字节后压入高字节）堆栈，堆栈指针 SP 加 2 指向栈顶，然后把目标地址 addr16 装入 PC，转去执行子程序。显然使用该指令可使子程序在 64 KB 范围内任意存放。指令执行不影响标志位。

例 LCALL   STR   ;表示调用 STR 子程序

（2）绝对调用指令

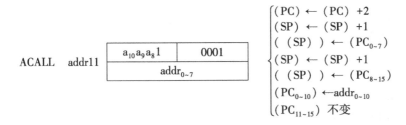

该指令提供 11 位目标地址，限在 2 KB 地址内调用，由于是双字节指令，所以执行 (PC)+2→(PC)以获得下一条指令的地址，然后把该地址压入堆栈作为返回地址，其他操作与 AJMP 相同。

注：由于 ACALL 指令的调用范围受 2 KB 的限制，因此，一般程序中使用 LCALL 指令代替它。

（3）返回指令

$$
\text{RET} \quad ; \quad \begin{cases} (\mathrm{PC}_{8\sim15}) \leftarrow ((\mathrm{SP})) \\ (\mathrm{SP}) \leftarrow (\mathrm{SP}) - 1 \\ (\mathrm{PC}_{0\sim7}) \leftarrow ((\mathrm{SP})) \\ (\mathrm{SP}) \leftarrow (\mathrm{SP}) - 1 \end{cases}
$$

RET 表示子程序结束需要返回主程序，所以执行该指令时，分别从栈中弹出调用子程序时压入堆栈的返回地址，使程序从调用指令（LCALL 或 ACALL）的下面相邻指令开始继续执行程序。

（4）中断返回指令

    RETI

该指令用于中断服务子程序的返回，其执行过程类似于 RET，详见第 7 章的介绍。

（5）空操作指令 NOP

严格地说，空操作并没有使程序转移的功能，但仅此一指令，故不单独分类，放在转移类指令一并介绍。

    NOP

操作：$(\mathrm{PC}) \leftarrow (\mathrm{PC}) + 1$。

执行本指令除了 PC 加 1 外，机器不做任何操作，而转向下一条指令去执行。不影响任何寄存器和标志。由于为单周期指令，所以时间上只有一个机器周期，常用于精确延时或时间上的等待。

例 利用 NOP 指令产生方波。

```
LOOP：  CLR     P2.7        ;P2.7 清"0"输出
        NOP
        NOP                 ;空操作
        NOP
        NOP
        SETB    P2.7        ;置位 P2.7 高电平
        NOP
        NOP                 ;空操作
        NOP
        NOP
        LJMP    LOOP
```

4.9　习题

1. 叙述汇编语言与高级语言用于单片机程序开发时的主要区别。

2. 叙述 8051 单片机的指令寻址方式。

3. 寄存器间接寻址可用哪些寄存器？对于 8052 片内 80H～0FFH 的 RAM 单元，应采用哪种寻址方式进行访问？举例说明。

4. 数据传送类指令分为哪几种？简述它们的联系与区别。

5. 简述 STC8A8K64S4A12 中堆栈操作的特点。

6. 设（59H）= 50H，分析下列程序段的执行结果：

```
MOV     A,59H
MOV     R0,A
MOV     A,#0FFH
MOV     @R0,A
MOV     A,#29H
MOV     51H,A
MOV     52H,#70H
INC     @R0
INC     51H
DEC     52H
PUSH    ACC
POP     20H
RR      A
RR      A
```

执行结果：（50H）=（   ）；（51H）=（   ）；（A）=（   ）；（52H）=（   ）；（20H）=（   ）。

7. 写出下列指令执行结果：

```
MOV     A,#7FH
CPL     A
RR      A
SWAP    A
```

8. 写出下列指令执行结果：

```
CLR     A
CLR     C
SUBB    A,#01H,
INC     A
ADDC    A,#0FEH
DEC     A
```

9. 计算下列指令执行时间（设一个机器周期为 1 μs）：

```
        MOV     R6,#200
LOOP1： MOV     R7,#250
LOOP2： DJNZ    R7,LOOP2
        DJNZ    R6,LOOP1
```

10. 采用不同指令编程实现 RAM 区 40H、41H 两单元数据互换。

11. 两位 BCD 数以压缩形式存入 30H 单元，试编程将其转换成 ASCII 码分别保存在 40H、41H 单元中。

12. 试编制一排序子程序，对 RAM 区 40H~49H 单元中的无符号数按大小重新排序。

13. 编写一乘法程序，实现两双字节数的乘法运算。

14. 编程实现将存于外部 RAM 中的 1000H 单元的字节二进制数（假定其值小于 64H）转换为十进制数，以两位 BCD 码的形式存于内部 RAM 的 20H 单元中。

15. 试编制一 6 位 BCD 码减法程序。

16. 试用 MOVC 指令编制一查表程序，实现读取一位七段数码管显示代码功能。画出显示电路原理图，并针对所选用的数码管的类型，写出显示代码。程序输入参数为待显示数字或符号，输出为相应显示代码。

17. 试编制一温度 A/D 采样标度转换程序。A/D 采样为 8 位，温度范围为 0~85℃。

第5章　汇编语言程序设计及仿真调试

学习目标：

◇ 程序设计及调试是开发设计单片机应用系统的主要内容。在熟悉单片机指令系统的基础上，学习单片机的汇编语言程序设计及仿真调试方法。

学习重点与难点：

◇ 掌握单片机汇编语言程序的设计方法。
◇ 掌握利用 Keil 集成环境仿真调试程序的方法。

在第4章，介绍了单片机的助记符语言，即汇编语言以及它的组成、格式及相关指令的使用方法。通常把用汇编语言写的程序称为汇编语言源程序，而把可在计算机上直接运行的机器语言程序称为目标程序，由汇编语言源程序"翻译"为机器语言目标程序的过程称为"汇编"。这种翻译过程可以人工完成，这就是所谓的手工汇编；也可以由计算机软件——汇编程序完成，此即所谓的机器汇编。本章首先介绍机器汇编时用以控制译码的指令——伪指令，然后给出一些常见的汇编语言程序设计实例，最后讲解在 Keil μVision 集成开发环境中调试汇编语言程序的方法。

5.1　汇编语言程序设计基础知识

除了前面学过的汇编指令知识，要进行汇编语言程序的编写，还需要掌握控制编译的伪指令以及汇编语言程序设计的一般步骤。

5.1.1　伪指令（Pseudo-Instruction）

一般来说，在汇编语言源程序中用单片机指令助记符编写的程序，都可以一一对应地产生目标程序。但还有一些指令，例如指定目标程序或数据存放的起始地址，给一些指定的标号赋值，在内存中预留工作单元，表示源程序结束等，这些指令并不产生目标程序，不影响程序的执行，仅仅产生供汇编用的某些指令，以便在汇编时执行一些特殊操作，将它们称之为伪指令。下面介绍几种常用的基本伪指令。

1. 设置起始地址 ORG（Origin）

其一般形式为

    ORG　addr16

其中 ORG 是该伪指令的操作助记符，操作数 addr16 是 16 位二进制数，前者表明为后续源程序汇编后的目标程序安排存放位置，后者则给出了存放的起始地址值。

ORG 伪指令总是出现在每段源程序或数据块的开始。它可使程序员把程序、子程序或数据块存放在存储器的任何位置。例如：

```
ORG    2000H
MOV    A，20H
```

表示后面的目标程序从 2000H 单元开始存放。

一般要求 ORG 定义空间地址由小到大，且不能重叠。

若在源程序开始不放 ORG 指令，则汇编将从 0000H 单元开始存放目标程序。

在实际应用中，一般仅设置中断服务子程序的入口地址和主程序的起始存放地址，其他的程序或常数依次存放即可，汇编程序会自动进行存储空间的分配。

2. 定义字节 DB（Define Byte）

其一般形式为

〈标号：〉　DB　〈项或项表〉

其中项或项表是指一个字节、数或字符串，或以引号括起来的 ASCII 码字符串（一个字符用 ASCII 码表示，相当于一个字节）。该指令的功能是把项或项表的数值（字符则用它的 ASCII 码表示）存入从标号开始的连续单元中。例如：

```
HERE：  DB    84H         ;（HERE）= 84
        DB    43H         ;（HERE+1）= 43H
```

又如：

```
        ORG    1000H
SEG：   DB     23H，'MCS-51'
```

则

```
（1000H）= 23H    ;SEG 的地址为 1000H
（1001H）= 4DH    ;'M' 的 ASCII 码
（1002H）= 43H    ;'C' 的 ASCII 码
（1003H）= 53H    ;'S' 的 ASCII 码
（1004H）= 2DH    ;'-' 的 ASCII 码
（1005H）= 35H    ;数字 5 的 ASCII 码
（1006H）= 31H    ;数字 1 的 ASCII 码
```

在使用时应注意，作为操作数部分的项或项表，若为数值，其取值范围应为 00 ~ FFH，若为字符串，其长度应限制在 80 个字符内（由汇编程序决定）。

3. 定义字 DW（Define Word）

其一般形式为

〈标号：〉　DW　〈项或项表〉

DW 的基本含义与 DB 相同，但 DB 一般用于定义 8 位数据（一个字节），而 DW 则定义 16 位数据，即一个字。在执行汇编程序时，机器会自动按低位字节在前、高位字节在后的格式排列（与程序中的地址规定一致）。所以 DW 伪指令常用来建立地址表。例如

```
ABC：   DW     1234H,08H
ABC：   DB     12H,34H,00H,08H
```

以上两条指令是等价的。

伪指令 DB、DW 均是根据源程序需要，用来定义程序中用到的数据（地址）或数据块。一般应放在源程序之后，汇编后的数据块将紧挨着目标程序的末尾地址开始存放。

4. 为标号赋值 EQU（Equate）

一般形式为

〈标号〉　　EQU　　数值或表达式

其功能是将语句操作数的值赋予本语句的标号，故又称为等值指令。如

BLK　　EQU　　1000H

即把值 1000H 赋给标号 BLK。需要注意的是，在同一程序中，用 EQU 伪指令对标号赋值后，该标号的值在整个程序中不能再改变。

5. DATA 指令

格式：

符号名　　DATA　　表达式

DATA 指令用于将一个内部 RAM 的地址赋给指定的符号名。

数值表达式的值在 00H~0FFH 之间，表达式必须是一个简单表达式。如

BUFFER　　DATA　　40H

6. XDATA 指令（External Data）

格式：

符号名　　XDATA　　表达式

XDATA 指令用于将一个外部 RAM 的地址赋给指定的符号名。

数值表达式的值在 0000H~0FFFFH 之间，表达式必须是一个简单表达式。如

MYDATA　　XDATA　　0400H

7. 定义位命令 BIT

格式：

字符名称　　BIT　　位地址

定义位命令 BIT 用于给字符名称定义位地址。如

DOGOUT　　BIT　　P3.4

经定义后，允许在指令中用 DOGOUT 代替 P3.4。

8. 文件包含命令 INCLUDE

文件包含命令 INCLUDE 用于将寄存器定义文件（一般的扩展名为 .INC）包含于当前程序中，与 C 语言中的 #include 语句的作用类似。使用格式为

$INCLUDE　（文件名）

例如，为了使用方便，作者把 STC8A8K64S4A12 单片机的寄存器定义保存在文件 STC8.INC（请见附录 A）中。使用时，将 STC8.INC 文件复制到当前工程文件夹或者 Keil 安装文件夹的 C51\INC 文件夹中，并在程序的开始处使用下面的命令将其包含到用户程序中：

```
$INCLUDE (STC8. INC)
```

使用上述命令后，在用户程序中就可以直接使用 STC8A8K64S4A12 单片机的特殊寄存器名称了。例如

```
MOV    CMOD,#10000000B        ;设置 PCA 工作模式
```

9. 源程序结束 END

其一般形式为

```
END    〈表达式〉
```

END 语句是一个结束标志，它告诉汇编程序该程序段已结束。因此，该语句必须放在整个程序（包括伪指令）之后。若 END 语句出现在代码块中间，则汇编程序将不汇编 END 后面的语句。

5.1.2 汇编语言程序设计的一般步骤和基本框架

程序是指令的有序集合。编写一个好的完整程序，正确性是最主要的，但整个程序占内存的空间大小、每条指令的功能、长度、执行时间等都要考虑。汇编语言程序设计的一般步骤如下。

1）分析课题，确定算法或解题思路。

2）按照功能分配单片机的资源，并根据算法或思路画出流程图。

3）根据流程图编写程序。

4）上机调试源程序，进而确定源程序。

对于复杂的程序可以按功能的不同分为不同的模块，按模块功能确定结构。编写程序时可采用自底向上或者自顶向下的程序设计方法。

为了方便读者编写 MCS-51 系列单片机的汇编语言程序并进行仿真调试，下面给出一个 MCS-51 系列单片机汇编语言程序框架。在实际应用中，代码都可以放在这个框架中进行调试。

```
          ORG       0000H
          LJMP      MAIN              ;跳转到主程序
          ORG       0003H
          LJMP      INT0_ISR          ;外部中断 0 入口
          ORG       000BH
          LJMP      T0_ISR            ;定时器 0 中断入口
          ORG       0013H
          LJMP      INT1_ISR          ;外部中断 1 入口
          ORG       001BH
          LJMP      T1_ISR            ;定时器 1 中断入口
          ORG       0023H
          LJMP      UART_ISR          ;串口通信中断入口
          ORG       0100H
MAIN:     SP,#70H                     ;设置堆栈指针
          MOV
          ……                         ;初始化内存区域内容
```

```
                    ……;设置有关 SFR 的控制字
                    ……;开放相应的中断控制
        LOOP：
                    ;进入主程序循环
                    LJMP         LOOP
        ;下面是各个中断服务子程序的入口
        INT0_ISR：……;外部中断 0 服务子程序
                    ……;根据需要填入适当的内容
                    RETI
        INT1_ISR：……;外部中断 1 服务子程序
                    ……;根据需要填入适当的内容
                    RETI
        T0_ISR：    ……;定时器 0 中断服务子程序
                    ……;根据需要填入适当的内容
                    RETI
        T1_ISR：    ……;定时器 1 中断服务子程序
                    ……;根据需要填入适当的内容
                    RETI
        UART_ISR：……;串口通信中断服务子程序
                    ……;根据需要填入适当的内容
                    RETI
        ;下面可以编写其他子程序
        ;或者使用 DB 定义程序中所用的常数
        END
```

程序框架中的中断概念将在第 7 章中介绍。如果程序中没有中断服务程序，可以将相应的中断服务模块删除，当然，也可以保留，对程序的运行不会造成影响。STC8A8K64S4A12 单片机的指令系统完全兼容 8051 单片机，因此上述框架也同样适用于 STC8A8K64S4A12 单片机，唯一区别就是 STC8A8K64S4A12 单片机包含的资源比标准 8051 单片机多，相应的中断向量和中断服务子程序也就变多了，多出来的中断处理方式和标准 8051 单片机类似，读者可自行扩充。

5.2　汇编语言程序设计举例

本节给出汇编语言程序设计的几个实例。将实例中的代码放到上述给出的程序框架中，就构成了较完整的汇编语言程序，可以进行仿真调试。

1. 循环程序设计

在计算机的应用中，当程序处理的对象具有某种重复性的规律时，就需要用到循环程序设计。一个循环就表示重复执行一组指令（程序段）。第 4 章中描述 DJNZ 指令时的延时程序实例便是循环程序的一个具体应用。图 5-1 是循环程序的典型流程图。

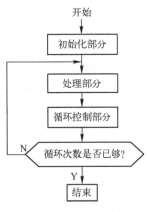

图 5-1　循环程序的典型流程图

下面再以多字节乘 10 程序为例，说明循环程序的设计方法。

在应用程序设计中，有时需要对一个多字节数做乘 10 运算，可使用单片机中的乘法指令 MUL，利用循环程序实现。

设多字节数低位字节地址存放于 R1，字节数存放于 R7，实例程序如下。

```
MUL10：  PUSH    PSW          ;保护现场
         PUSH    ACC
         PUSH    B
         CLR     C            ;清进位位
         MOV     R2,#00H      ;R2 清"0"
SH10：    MOV     A,@R1        ;低字节送 A
         MOV     B,#0AH       ;10 送 B
         PUSH    PSW
         MUL     AB           ;字节乘 10
         POP     PSW
         ADDC    A,R2         ;上次积高 8 位与本次积低 8 位加得本次积
         MOV     @R1,A        ;送原存储单元
         MOV     R2,B
         INC     R1
         DJNZ    R7,SH10      ;未乘完去 SH10,否则向下执行
         MOV     @R1,B
         POP     B
         POP     ACC
         POP     PSW
         RET
```

由于低位字节乘 10，其积可能会超过 8 位。所以把本次乘积的低 8 位与上次（低位的字节）乘积的高 8 位相加作为本次之积存入。在进行相加时，有可能产生进位，因此使用了 ADDC 指令，这就要求进入循环之前 C 必须清"0"（第一次相加无进位），在循环体内未执行 ADDC 之前 C 必须保持。由于执行 MUL 指令总是清除 C，所以在该指令前后安排了保护和恢复标志寄存器 PSW 的指令。实际上，程序中是逐字节进行这种相乘相加运算的，直到整个字节完毕，循环结束。

2. 多字节加、减运算

多字节加、减运算是应用程序设计中经常要进行的一种计算。所以往往编制成子程序形式，供用户需要时调用。

（1）多字节无符号加法子程序

入口：被加数低字节地址在 R0，加数低字节地址在 R1，字节数在 R2。

出口：和的低字节地址在 R0，字节数在 R3。

```
MPADD：  PUSH    PSW          ;保护标志寄存器内容
         CLR     C            ;进位位清"0"
         MOV     R3,#00H
ADD10：   MOV     A,@R0        ;相加
```

```
        ADDC      A,@R1
        MOV       @R0,A
        INC       R0                ;地址值增 1
        INC       R1
        INC       R3                ;字节数增 1
        DJNZ      R2,ADD10          ;所有字节未加完继续,否则向下执行
        JNC       ADD20             ;无进位去 ADD20,有进位向下执行
        MOV       @R0,#01           ;和最高字节地址内容为 01H
        INC       R3                ;字节数增 1
ADD20:  POP       PSW               ;恢复标志寄存器内容
        RET                         ;返回
```

多字节运算一般是按从低字节到高字节的顺序依次进行的,所以必须考虑低字节向高字节的进位情况,这就要使用 ADDC 指令。但当最低位两字节相加时,无低位来的进位,在进入循环之前进位标志就应清"0"。而最高两字节相加后,应退出循环,但此时还应考虑是否有进位,若有进位,应向和的最高位字节地址写入 01H,这时,和数将比加数或被加数多出 1 字节,该字节数存放在 R3 中。

（2）多字节无符号减法子程序

把多字节无符号数加法子程序中的 ADDC 换为 SUBB 指令,即可得相应的减法子程序。

入口:被减数低字节地址在 R0,减数低字节地址在 R1,字节数在 R2。

出口:差的低字节地址在 R0,字节数在 R3。

07H 位为符号位,"0"差为正,"1"差为负。

```
SUBSTR: PUSH      PSW               ;标志寄存器内容进栈
        CLR       C                 ;标志位 C 清"0"
        CLR       07H               ;符号位清"0"
        MOV       R3,#00H            ;差字节计数器清"0"
SUB10:  MOV       A,@R0             ;相减
        SUBB      A,@R1
        MOV       @R0,A
        INC       R0                ;地址值增 1
        INC       R1
        INC       R3                ;差字节数增 1
        DJNZ      R2,SUB10          ;未减完继续,减完向下执行
        JNC       SUB20             ;差为正,去 SUB20
        SETB      07H               ;差为负置"1"符号位
SUB20:  POP       PSW               ;恢复标志寄存器内容
        RET
```

（3）多字节十进制 BCD 码减法

由于 8051 单片机的指令系统中只有十进制加法调整指令 DA A,也即该指令只有在加法指令（ADD、ADDC）后,才能得到正确的结果。为了用十进制加法调整指令对十进制减法进行调整,必须采用补码相加的办法,用 9AH 减去减数即得以 10 为模的减数的补码。多字

节十进制 BCD 码减法子程序如下。

入口：被减数低字节地址在 R1，减数低字节地址在 R0，字节数在 R2。

出口：差（补码）的低字节地址在 R0，字节数在 R3。

07H 为符号位。"0"为正，"1"为负。

```
SUBCD：  MOV    R3,#00H        ;差字节数置"0"
         CLR    07H            ;符号位清"0"
         CLR    C              ;借位位 C 清"0"
SUBCD1： MOV    A,#9AH
         SUBB   A,@R0          ;相差
         ADD    A,@R1
         DA     A
         MOV    @R0,A
         INC    R0             ;地址值增 1
         INC    R1
         INC    R3             ;差字节增 1
         CPL    C              ;进位求反，以形成正确借位
         DJNZ   R2,SUBCD1      ;未减完继续，减完向下执行
         JNC    SUBCD2         ;无借位去 SUBCD2 返回，否则继续
         SETB   07H            ;差为负置"1"符号位
SUBCD2： RET                   ;返回
```

程序中，减数求补后与被减数相加，方可利用 DA A 指令进行调整，若两者相加调整后结果无进位（C=0），实际上表示两者相减有借位；若两者相加调整后有进位 C，则进行求反操作。以求 BCD 码 8943H - 7649H 为例进行测算。

先对低位字节运算：

```
      10011010    9A
   -) 01001001    49
      01010001    得 49 对 100 补码 51
   +) 01000011    加 43
   0  10010100
```

C=0 无进位，表示两者相减有借位。应对借位标志求反使 C=1。

再对高字节运算：

```
      10011010    9A
   -) 01110110    76
      00100100    得 76 对 100 补码为 24
   -) 00000001    减去借位位 C=1
      00100011    得减数减 1 后的值为 23
   -) 10001001    加被减数 89
      10101100
   +) 01100110    对结果加 66 修正
   1  00010010    差为 12
```

高字节减数变补与减数相加有进位，实际上表示两者相减无借位，为正确反映借位情况，应对进位标志求反，以使 C=0（减法时 C=1，表示有借位；C=0，表示无借位）。

运算结果为 1294H，且无借位，计算正确。

3. 多字节乘运算子程序

对于多字节数乘法，往往利用连续加或移位加来实现。所谓连续加，指相加次数由乘数的值决定，所以结果即为其乘积。移位加算法与数学中做竖式乘法相似，其移位的次数等于乘数的二进制位数，而相加的次数等于乘数中"1"的个数。若两操作数是相同字节数，则乘积位数不会超过该字节的 2 倍。因此，这种算法比连续加的运算效率要高得多，在微机中被普遍采用，该算法的流程图如图 5-2 所示。

入口：被乘数低字节地址在 R3，乘数低字节地址在 R4，字节数在 R5。

出口：积低字节地址在 R6，字节数在 R2。

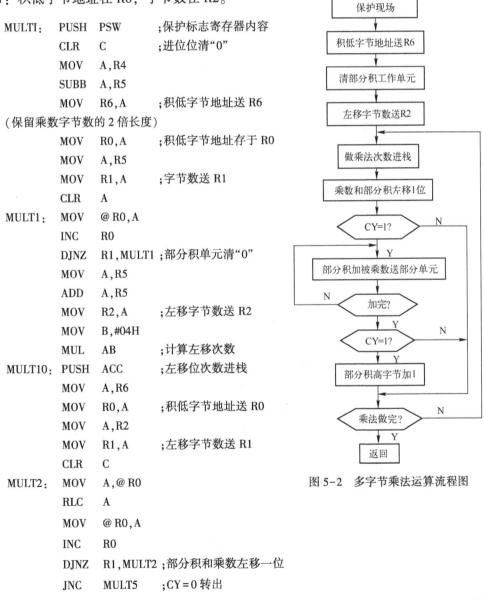

MULTI：	PUSH	PSW	;保护标志寄存器内容
	CLR	C	;进位位清"0"
	MOV	A,R4	
	SUBB	A,R5	
	MOV	R6,A	;积低字节地址送 R6

（保留乘数字节数的 2 倍长度）

	MOV	R0,A	;积低字节地址存于 R0
	MOV	A,R5	
	MOV	R1,A	;字节数送 R1
	CLR	A	
MULT1：	MOV	@R0,A	
	INC	R0	
	DJNZ	R1,MULT1	;部分积单元清"0"
	MOV	A,R5	
	ADD	A,R5	
	MOV	R2,A	;左移字节数送 R2
	MOV	B,#04H	
	MUL	AB	;计算左移次数
MULT10：	PUSH	ACC	;左移位次数进栈
	MOV	A,R6	
	MOV	R0,A	;积低字节地址送 R0
	MOV	A,R2	
	MOV	R1,A	;左移字节数送 R1
	CLR	C	
MULT2：	MOV	A,@R0	
	RLC	A	
	MOV	@R0,A	
	INC	R0	
	DJNZ	R1,MULT2	;部分积和乘数左移一位
	JNC	MULT5	;CY=0 转出

图 5-2 多字节乘法运算流程图

91

```
              MOV      A,R6
              MOV      R0,A           ;积低字节地址送 R0
              MOV      A,R3
              MOV      R1,A           ;被乘数低字节地址送 R1
              MOV      A,R5
              MOV      R7,A           ;字节数暂存 R7
              CLR      C
    MULT3：    MOV      A,@R0
              ADDC     A,@R1
              MOV      @R0,A
              INC      R0
              INC      R1
              DJNZ     R7,MULT3 ;部分积加被乘数
              JNC      MULT5    ;C＝0 去 MULT5
              MOV      A,R4
              MOV      R1,A           ;积高字节地址送 R1
              MOV      A,R5
              MOV      R7,A           ;字节数暂存 R7
    MULT4：    MOV      A,@R1
              ADDC     A,#00H
              MOV      @R1,A
              JNC      MULT5
              INC      R1
              DJNZ     R7,MULT4 ;部分积高字节加低字节来的进位
    MULT5：    POP      ACC
              DEC      A
              JNZ      MUL10    ;乘法未做完继续
              POP      PSW      ;恢复标志寄存器内容
              RET               ;返回
```

由程序可看出，部分积和乘数通过进位位 C 左移，若 CY＝1，说明乘数为"1"，则部分积加一次被乘数；若 CY＝0，则部分积不加被乘数，如此循环，直到所有字节数全部左移完为止。在左移相加中，还应考虑进位情况，若有进位，部分积高字节应加 1，在程序中采用了"ADDC A，#00H"和"MOV @R1，A"两条指令，而没有使用"INC @R1"指令，这是因为，部分积高字节加 1 仍有可能产生向高位的进位，而 ADDC 指令影响标志位，但 INC 指令在执行中不影响 PSW 中的任何标志。

4. 数据排序程序

数据排序是将数据块中的数据按升序或降序排列。下面以数据的升序排序为例，说明数据排序程序的设计方法。

数据升序排列常采用冒泡法。冒泡法是一种相邻数据互换的排列方法，同查找极大值的方法一样，一次冒泡即找到数据块的极大值放到数据块最后，再一次冒泡时，次大数排在倒数第二位置，多次冒泡实现升序排列。

例如：将片内 RAM 30H～37H 中的数据从小到大升序排列。设 R7 为比较次数计数器，初值为 07H。F0 为冒泡过程中是否有数据交换的标志，F0＝0 表示无交换发生，F0＝1 表示有互换发生，需继续循环。R0 为指向 RAM 单元的地址指针，初值为 30H。流程图如图 5-3 所示。程序如下。

```
SORT:    MOV    R0,#30H       ;数据首址送 R0
         MOV    R7,#07H       ;各次冒泡比较次数送 R7
         CLR    F0            ;交换标志清"0"
LOOP:    MOV    A,@R0         ;取前数
         MOV    3BH,A         ;存前数
         INC    R0
         MOV    3AH,@R0       ;取后数
         CLR    C
         CJNE   A,3AH,EXCH
         LJMP   NEXT
EXCH:    JC     NEXT          ;前数小于后数,不交换
         MOV    @R0,3BH
         DEC    R0
         MOV    @R0,3AH       ;前后数交换
         INC    R0
         SETB   F0            ;置交换标志位
NEXT:    DJNZ   R7,LOOP       ;未完,进行下一次比较
         JB     F0,SORT       ;交换过的数据进行下一次冒泡
         RET                  ;返回
```

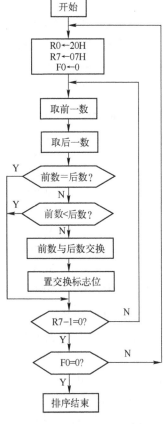

图 5-3　冒泡法数据排序
程序流程图

5. 代码转换程序

（1）4 位二进制数转换为 ASCII 代码

从 ASCII 编码表可知，若 4 位二进制数小于 10，则此二进制数加上 30H 即变为相应的 ASCII 码，若大于 10（包括等于 10），则应加 37H。

入口：转换前的 4 位二进制数存 R2。

出口：转换后的 ASCII 码存 R2。

```
ASCB1:   MOV    A,R2
         ANL    A,#0FH        ;取出 4 位二进制数
         PUSH   ACC           ;压入堆栈
         CLR    C
         SUBB   A,#0AH
         POP    ACC           ;弹回 ACC 中
         JC     LOOP          ;该数<10 去 LOOP
         ADD    A,#07H        ;否则加 07H
LOOP:    ADD    A,#30H        ;加 30H
         MOV    R2,A          ;转换之 ASCII 码送 R2 中
```

```
            RET                     ;返回
```

（2）ASCII 码转换为 4 位二进制数

这是上述转换的逆过程，程序如下。

入口：转换前 ASCII 码送 R2。

出口：转换后二进制数存于 R2 中。

```
BCDB1:   MOV      A,R2
         CLR      C
         SUBB     A,#30H       ;ASCII 码减 30H
         MOV      R2,A         ;得二进制数送 R2
         SUBB     A,#0AH
         JC       LOOP         ;该数<10 返回主程序
         MOV      A,R2
         SUBB     A,#07H       ;否则再减 07H
         MOV      R2,A         ;所得二进制数送 R2
LOOP:    RET                   ;返回
```

（3）BCD 码转换为二进制码子程序

设有用 BCD 码表示的 4 位十进制数分别存于 R1、R2 中，其中 R2 存千位和百位数，R1 存十位和个位数，要把其转换成二进制码，可用由高位到低位逐位检查 BCD 码的数值，然后累加各十进制位对应的二进制数来实现。其中，$1000 = 03E8H$，$100 = 0064H$，$10 = 000AH$（个位数的 BCD 码与二进制码相同）。

入口：待转换的 BCD 码存于 R1、R2 中，分配如下：

低位字节	十位数　个位数	R1

高位字节	千位数　百位数	R2

出口：结果存在 20H、21H 单元中，其中 20H 存低字节，21H 存高字节。

```
BCDB11:  MOV      20H,#00H
         MOV      21H,#00H     ;存结果单元清"0"
         MOV      R3,#0E8H
         MOV      R4,#03H      ;1000 的二进制数送 R3、R4
         MOV      A,R2
         ANL      A,#0F0H      ;取千位数
         SWAP     A            ;将千位数移至低 4 位
         JZ       BRAN1        ;千位数为 0 去 BRAN1
LOOP1:   DEC      A
         LCALL    ADDT         ;千位数不为 0,加千位数二进制码
         JNZ      LOOP1
BRAN1:   MOV      R3,#64H
         MOV      R4,#00H      ;百位数的二进制码送 R3、R4
         MOV      A,R2
         ANL      A,#0FH       ;取百位数
```

94

```
                JZ        BRAN2          ;百位数是0去BRAN2,否则继续
        LOOP2:  DEC       A
                LCALL     ADDT
                JNZ       LOOP2          ;加百位数的二进制码
        BRAN2:  MOV       R3,#0AH
                MOV       A,R1
                ANL       A,#0F0H        ;取十位数
                SWAP      A
                JZ        BRAN3          ;十位数为0去BRAN3,否则继续
        LOOP3:  DEC       A
                LCALL     ADDT
                JNZ       LOOP3          ;加十位数的二进制码
        BRAN3:  MOV       A,R1
                ANL       A,#0FH
                MOV       R3,A
                LCALL     ADDT
                RET
        ADDT:   PUSH      PSW
                PUSH      ACC
                CLR       C
                MOV       A,20H          ;在20H、21H单元中
                ADD       A,R3           ;累计转换结果
                MOV       20H,A
                MOV       A,21H
                ADDC      A,R4
                MOV       21H,A
                POP       ACC
                POP       PSW
                RET
```

5.3 利用 Keil μVision 集成开发环境调试程序

1. Keil μVision 集成开发环境简介

Keil μVision 集成开发环境（Integrated Developing Environment, IDE, 以下简称 Keil）是一个基于 Windows 的开发平台，包含高效的编辑器、项目管理器和 MAKE 工具。Keil 支持所有的 Keil 8051 工具，包括 C 编译器、宏汇编器连接/定位器、目标代码到 HEX 的转换器。Keil 集成开发环境使 8051 内核的单片机应用系统设计变得简单。Keil 通过以下特性加速嵌入式系统（单片机应用系统）的开发过程。

1）全功能的源代码编辑器。

2）项目管理器用来创建和维护项目。

3）集成的 MAKE 工具可以汇编编译和连接用户的嵌入式应用。

4）所有开发工具的设置都是对话框形式的。

5）真正的源代码级的对 CPU 和外围器件的调试器。

6）高级 GDIAGDI 接口用来在目标硬件上进行软件调试以及和 Monitor-51 进行通信。

2. Keil μVision 集成开发环境中调试 8051 单片机汇编语言程序的方法

要创建一个应用，需要按下列步骤进行操作。

1）启动 Keil，新建一个项目文件并从器件库中选择一个器件。

2）新建一个源文件并把它加入项目中。

3）针对目标硬件设置工具选项。

4）编译项目并生成可以编程到程序存储器的 HEX 文件。

5）下载到单片机中进行仿真调试。

下面通过一个实例，详细介绍在 Keil 集成环境中调试 8051 单片机汇编语言程序的方法。

【例 5-1】假设晶振频率为 11.0592 MHz。将 STC8A8K64S4A12 单片机片内 RAM30H~3FH 单元的内容清"0"，然后从 P2.0 循环输出周期为 1 s 的方波。

1. 启动 Keil 并创建一个项目

Keil 是一个标准 Windows 应用程序。安装过程与一般 Windows 应用程序的安装过程类似。安装完后，会在桌面上出现 Keil μVision5 程序的图标，并且在"程序"组增加"Keil μVision5"程序项。从"程序"组中选择"Keil μVision5"程序项或者直接双击桌面上的 Keil μVision5 程序图标，就可以启动 Keil。

要新建一个项目文件，从 Keil 主界面的"Project"菜单中选择"New Project"菜单项，将打开"Create New Project"对话框。如图 5-4 所示。

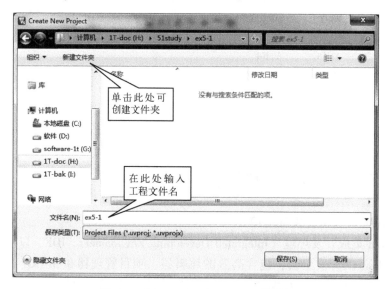

图 5-4 "Create New Project"对话框

在对话框的"文件名"空栏中输入项目文件名。首先选择要保存的位置，最好选择保存在除了 C 盘以外的其他磁盘中（不要保存在 C 盘，因为 C 盘是系统盘，容易因系统的重新安装而丢失）。然后，在弹出的对话框中单击"新建文件夹"，得到一个空的文件夹，给该文件夹命名（如"51study"），然后双击选择进入该文件夹。为了便于对每个项目进行管理，建议对每个项目单独创建一个文件夹（文件夹命名时，请给出一个有意义的名字，如ex5-1），将与项目相关的文件都放在该文件夹中。在"文件名"空栏中键入项目的名称，如 ex5-1，将创建一个文件名为 ex5-1. uvproj 的新项目文件。

单击图 5-4 中的"保存"按钮后，会出现"Select Device for Target'Target 1'…"对话框，如图 5-5 所示。在该对话框中，看不到 STC 单片机的型号。为了在对话框的左侧出现 STC 单片机的型号，可以使用 STC-ISP 工具，将 STC 单片机型号加入到 Keil 开发环境中。方法是，运行 STC-ISP 工具（STC-ISP 工具可以从 www. stcmcu. com 网站下载），在软件界面中选择"Keil 仿真设置"标签，如图 5-6 所示。

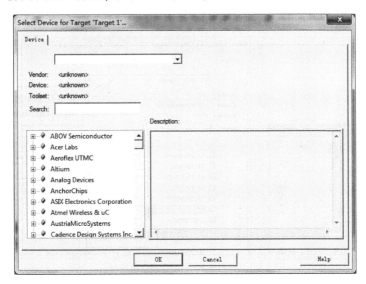

图 5-5　"Select Device for Target'Target 1'…"对话框

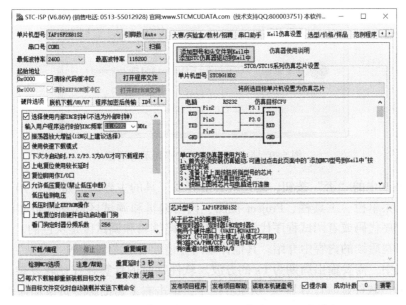

图 5-6　STC-ISP 工具界面"Keil 仿真设置"选项卡

单击图 5-6 中的"添加型号和头文件到 Keil 中 | 添加 STC 仿真器驱动到 Keil 中"按钮，弹出"浏览文件夹"对话框，提示用户选择 Keil 的安装目录，如图 5-7 所示。选定安装目录（Keil 的默认安装目录是 C:\Keil_v5）后，单击"确定"按钮，会弹出"STC MCU 型号添加成功！"对话框，说明型号添加工作成功完成。

重新打开 Keil，并重复前面的工程创建过程，此时，"Device"选项卡的下拉框中将可以选择"STC MCU Database"选项。选择"STC MCU Database"选项后，在左侧的窗口中，找到并展开 STC 前面的"+"号。在展开项中，找到并选择 STC8A8K64S4A12 单片机，如图 5-8 所示。单击"OK"按钮，弹出如图 5-9 所示的对话框，提示是否将标准 8051 启动代码复制到工程文件夹并将该文件添加到工程中。

图 5-7　选择 Keil 的安装目录对话框　　　　图 5-8　选择 STC8A8K64S4A12 单片机

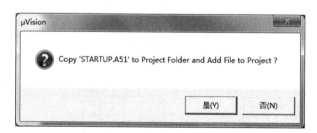

图 5-9　是否复制启动代码提示对话框

单击图 5-9 中的"否"按钮，则进入 Keil 开发工具的主界面，如图 5-10 所示。Keil 的主界面包括：菜单栏、工具栏、Project 视图、代码编辑和调试区以及状态输出区。由于没有进行编辑程序代码或者调试程序代码，因此，代码编辑和调试区是灰色的。工具栏中常用按钮的作用将在后续的内容中介绍。其他详细内容请读者参考 Keil 的"帮助"内容。

在该例程中，需要输出周期为 1 s 的方波。软件延时的计算往往比较复杂，STC-ISP 工具提供了一个"软件延时计算器"。从主界面中，单击右上角的标签页滚动箭头，找到"软件延时计算器"，选择系统频率为 11.0592 MHz，定时长度为 500 ms。根据单片机型号，选择 8051 指令集（在此选择 STC-Y6）。设置好这些参数后，单击"生成 C 代码"或者"生成 ASM 代码"按钮即可生成相应的子程序，单击"复制代码"按钮后，就将生成的代码复制到粘贴板中，用户可以直接粘贴到自己的程序中进行调用。如图 5-11 所示。

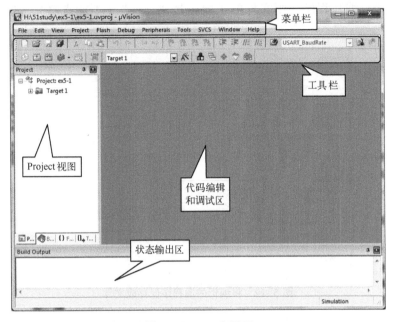

图 5-10　Keil 主界面

图 5-11　STC-ISP 工具的"软件延时计算器"

2. 新建一个源文件并把它加入到项目中

可以从"File"菜单中选择"New"菜单项新建一个源文件，或者单击工具栏中的"New file"图标，打开一个空的编辑窗口，让用户输入程序源代码。为了使汇编指令能够加亮显示（这样可以避免许多不必要的输入错误），可以首先进行文件的保存。从"File"菜单中选择"Save"菜单项或单击工具条上的"保存" 🖫图标，将文件保存为想要的名字。如果使用汇编语言编写程序，则文件的扩展名是".asm"（不能省略），如 main. asm。如图 5-12 所示。

图 5-12　将编辑的源程序保存成文件

为了能够在代码编辑区输入中文注释，可以设置编辑器的编码。从"Edit"菜单中选择"Configuration"菜单项，弹出"Configuration"对话框。从"Encoding"下拉框中选择"Encode in UTF-8 without signature"或者"Chinese GB2312（Simplified）"即可，如图 5-13所示。

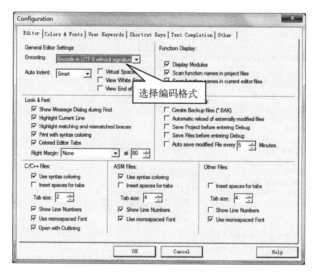

图 5-13　"Configuration"选择编码格式对话框

输入下面的程序代码：

```
$INCLUDE (STC 8. INC)
        ORG     0000H
```

```
        LJMP    MAIN
        ORG     0100H
MAIN：  MOV     SP,#70H              ;设置堆栈指针
        MOV     R0,#30H
        MOV     R2,#10H
        CLR     A
LOOP1：MOV     @R0,A
        INC     R0
        DJNZ    R2,LOOP1            ;将 30H～3FH 单元的内容清"0"
        SETB    P2.0
LOOP2：CPL     P2.0
        LCALL   DELAY500MS
        LJMP    LOOP2               ;输出方波
;以下代码粘贴自 STC-ISP 工具。500 ms 延时子程序
DELAY500MS：                        ;@ 11.0592 MHz
    PUSH 30H
    PUSH 31H
    PUSH 32H
    MOV 30H,#29
    MOV 31H,#14
    MOV 32H,#52
NEXT：
    DJNZ 32H,NEXT
    DJNZ 31H,NEXT
    DJNZ 30H,NEXT
    POP 32H
    POP 31H
    POP 30H
    RET
    END
```

把创建的源文件加入项目中。Keil 提供了几种方法让用户把源文件加入项目中。例如，在"Project 视图"窗口（也称为工程管理器）中，单击"Target 1"前面的"+"展开下一层的"Source Group1"文件夹，在"Source Group1"文件夹上单击右键，弹出右键快捷菜单，如图 5-14 所示。

图 5-14　加入源程序文件到项目中

从弹出的快捷菜单中单击"Add Existing Files to Group 'Source Group 1'"菜单项，弹出"Add Files to Group 'Source Group 1'"对话框，如图5-15所示。

图5-15 "Add Files to Group 'Source Group 1'"对话框

在该对话框中，默认的文件类型是"C Source file（*.c)"。若使用汇编语言进行设计，则需要从"文件类型"下拉框中选择"Asm Source file（*.s*；*.src；*.a*)"文件类型，这样以.asm为扩展名的汇编语言程序文件才会出现在文件列表框中。从文件列表框中选择要加入的文件并双击即可添加到工程中；也可以直接在"文件名"编辑框中直接输入或单击选中文件，然后单击"Add"按钮将该文件加入工程中。

添加完毕，单击图5-15对话框中的"Close"按钮关闭对话框。当给工程添加文件成功后，工程管理器的"Source Group1"文件夹的前面会出现一个"+"号，单击"+"，可以看到main.asm文件已经包含在源程序组中了，双击它即可打开进行修改。

3. 针对目标硬件设置工具选项

Keil允许用户为目标硬件设置选项。可以通过工具栏图标、菜单或在"Project视图"窗口的"Target 1"上单击右键选择"Options for Target"。在弹出的对话框的各个选项页面中，可以定义和目标硬件及所选器件的片上元件相关的所有参数。选择"Output"标签，选中其中的"Create HEX File"复选框，则每次编译完成后，只要没有错误，就会生成可以下载到单片机中的HEX文件，如图5-16所示。其他选项可以不修改。单击"OK"按钮确认设置信息并关闭对话框。

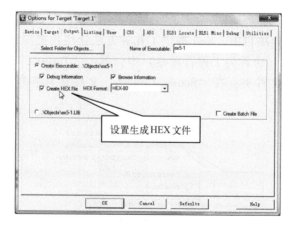

图5-16 "Options for Target 'Target 1'"对话框的"Output"选项卡

4. 编译项目并生成可以编程到程序存储器的 HEX 文件

单击工具栏上的"Build"目标的图标█，可以编译所有的源文件并生成应用。当程序中有语法错误时，Keil 将在"Build Output"状态输出区显示错误或者报警信息。双击一行出错信息将打开此信息对应的文件，并定位到语法错误处，如图 5-17 所示。

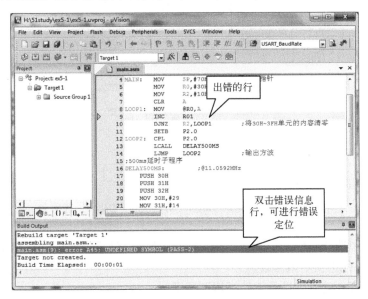

图 5-17　编译出现错误信息时的提示

在图 5-17 中，出现"UNDEFINED SYMBOL"（未定义符号）错误信息，双击该信息，光标定位到出现该错误的行上，读者很容易发现，误将寄存器"R0"输入成了"R01"。由于错误的输入引起的编译错误还有：错将数字 0 输入成字母 O，使用了中文全角的逗号（，）和冒号（：）等。根据错误信息提示，修改程序中出现的错误，直到编译成功为止，如图 5-18 所示。

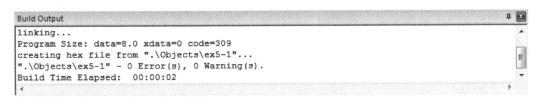

图 5-18　编译成功提示信息

5. 对程序进行软件模拟调试

编译成功后，就可以进行程序的仿真调试了。程序的调试有两种方式：一种是连接单片机硬件的在线仿真调试；另一种是进行软件模拟调试。其中，软件模拟调试方式可以对程序的运算及逻辑功能进行调试，软件模拟调试成功后，基本上不需做大修改即可应用到真正的系统中。在线仿真调试的方法与软件模拟调试方法基本相同。下面以软件模拟调试的方法为例，说明程序的调试方法。

为了对前面编写的程序在不连接单片机的情况下进行仿真调试（该过程称为软件模拟仿真），选中"Options for Target"对话框的"Debug"选项卡，如图 5-19 所示。

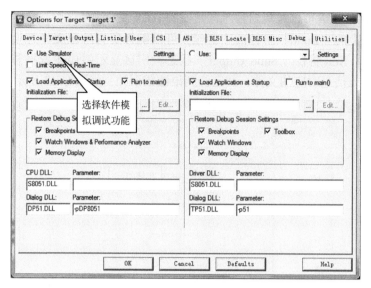

图 5-19 "Options for Target" 对话框的 "Debug" 选项卡

在该对话框中选择 "Use Simulator" 单选框以进行软件模拟调试 （这也是 Keil 默认的仿真调试方式）。其他选项不做修改。

通过以上设置，就可以进行软件模拟调试了。

从主界面的 "Debug" 菜单中选择 "Start/Stop debug session" 菜单项 （快捷键是〈Ctrl+F5〉），或者从工具栏中单击 "Start/Stop debug session" 图标，开始模拟调试过程。在调试过程中，可以进行如下操作。

（1）连续运行、单步运行、单步跳过运行程序

"Debug" 菜单中的 "Go （〈F5〉）" 、 "Step （〈F11〉）" 、 "Step Over （〈F10〉）" 分别可以进行程序的连续运行、单步运行和单步跳过运行。括号中的内容是该功能的快捷键。后面的图标符号是工具栏中对应的按钮。其中，单步运行可以一步一步地执行程序，当执行到某个函数或者子程序时，可以跳入到函数或者子程序中运行程序。单步跳过运行程序的含义是，当单步运行程序到某个子程序的调用时，如果想跳过该子程序，继续运行下面的程序，可以使用该功能。在这种情况下，所跳过的子程序仍然执行，但不是单步执行。

（2）运行到光标所在行

单击工具条上的 "Run to Cursor line" 图标，或者从 "Debug" 菜单中选择 "Run to Cursor line （〈Ctrl+F10〉）" 菜单项，则可以使程序运行到当前光标所在的行。

（3）设置断点

进入调试环境后，在要设置断点的行上单击鼠标右键，弹出如图 5-20 所示的菜单。在此菜单中，选择 "Insert/Remove Breakpoint" 菜单项，则可以在当前行插入或删除断点。只要在当前行设置了断点，则在当前行的前面会出现一个红色的小圆点。连续运行程序后，执行到该行时，程序会暂停运行。此时，用户可以查看程序运行的一些中间状态和结果。

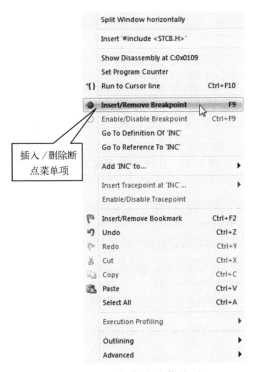

图 5-20　设置断点的菜单项

（4）存储器查看

要查看存储器的内容，选中调试窗口的右下角的"Memory1"标签，或者从"View"菜单中选择"Memory Window"菜单项中的"Memory1"～"Memory4"中的任一菜单项，即出现如图 5-21 所示的窗口。

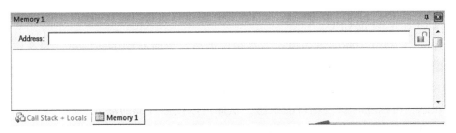

图 5-21　存储器查看窗口

在"Address"编辑框中输入"C:0"并按〈Enter〉键，将在窗口中显示程序存储器的内容。在"Address"编辑框中输入"D:0"并按〈Enter〉键，将在窗口中显示片内 RAM 的内容。按住窗口左边的边缘并拖动鼠标，可以左右调整窗口的大小，可以出现如图 5-22 所示的内容。

同样，输入"X:0"并按〈Enter〉键可以查看外部 RAM 数据。当然，可以使用"Memory 1""Memory 2""Memory 3"和"Memory 4"分页窗口显示不同存储器的内容。

（5）查看变量

在程序代码中的某个变量上单击右键，从弹出的菜单中可以将该变量加入观察窗口中进行变量的跟踪查看，如图 5-23 所示。

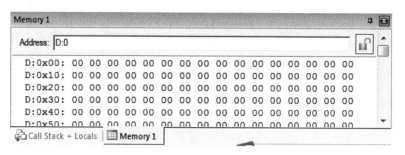

图 5-22　片内 RAM 存储器查看窗口

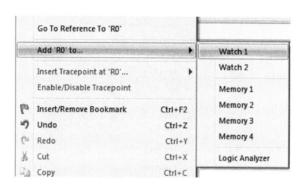

图 5-23　将变量加入到观察窗口中查看

　　这样操作后，就会在主界面的右下角出现"Watch 1"窗口，在程序的执行过程中，被观察的变量内容会根据程序的执行而发生变化。

　　(6) 查看外设

　　从"Peripherals"菜单中选择不同的菜单项，可以查看单片机的某些资源的状态，如下所示。

　　"Reset CPU"：复位 CPU。

　　"Interrupt"：打开中断向量表窗口，在窗口里显示了所有的中断向量。对选定的中断向量可以用窗口下面的复选框进行设置。

　　"I/O-Ports"：打开输入输出端口（P0~P3）的观察窗口，在窗口里显示了程序运行时的端口的状态，可以随时修改端口的状态，从而可以模拟外部的输入。

　　例如，打开 P2 口的观察窗口，可以观察程序执行时 P2 口的状态变化。如图 5-24 所示。

　　其中有"√"的位表示状态为 1，否则为 0。

　　"Serial"：打开串行口的观察窗口，可以随时修改窗口里显示的状态。

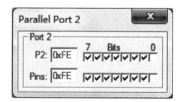

图 5-24　P2 口的观察窗口

　　"Timer"：打开定时器的观察窗口，可以随时修改窗口里显示的状态。

　　除此以外，对于不同的单片机，在"Peripherals"菜单中会出现很多与单片机相关的外设资源菜单项。

　　其他资源的查看，读者可自行实验。

掌握了上述的操作过程，就可以进行基本的程序调试工作了。关于 Keil 集成环境更详细的描述，请读者阅读有关参考书。

5.4 自行制作仿真器进行在线仿真调试

读者可以自行将 STC8A8K64S4A12 单片机制作成仿真器进行在线仿真调试。在图 5-25 中进行 Keil 仿真设置后，添加头文件的同时也会将 STC 的 Monitor51 仿真驱动文件 stc-mon51.dll 安装到 Keil 安装目录的 C51\BIN 文件夹中。制作仿真器时，首先按照图 5-25 的界面提示，将 STC 单片机加入 Keil 开发环境中，然后从"STC8/STC15 系列仿真芯片设置"下拉框中选择 STC8A8K64S4A12，将单片机通过串口连接到计算机（往往使用 USB 转串口方法），如图 5-25 所示。选择对应的串口号，最后单击"将所选目标单片机设置为仿真芯片"按钮，接着按一下最小系统板的下载按钮（给单片机重新上电），便可进行仿真器的制作了。需要单片机最小系统板的读者可与作者联系。

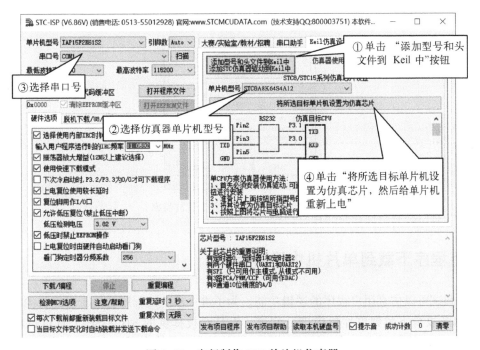

图 5-25 自行制作 STC 单片机仿真器

仿真器制作完成后，在 Keil 开发环境的"Options for Target"对话框的"Debug"选项卡中，单击选择右半部分的"Use"单选框，并从下拉框中选择"STC Monitor-51 Driver"项，如图 5-26 所示。

单击"Settings"按钮，进入设置画面，对串口的端口号和波特率进行设置，波特率一般选择 115200，如图 5-27 所示。

经过上述设置后，就可以按照与软件模拟调试类似的方法连接单片机进行程序的在线仿真调试了。如果 Keil 连接单片机不成功，可以重新给单片机上电，重新连接调试即可。

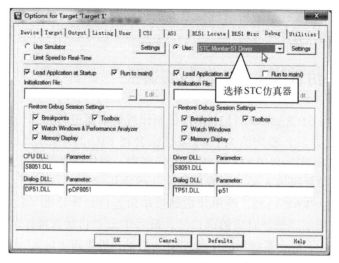

图 5-26　选择 STC Monitor-51 Driver 进行在线仿真调试

图 5-27　选择串口号并设置波特率

5.5　将程序下载到单片机中进行验证

仿真调试可以仿真用户程序的逻辑功能。为了进一步验证程序功能，可以将源程序编译生成的 HEX 文件下载到单片机中进行测试。宏晶科技提供的 STC-ISP 工具可以将生成的 HEX 文件下载到单片机中。

从 www.stcmcu.com 网站上下载宏晶科技提供的 ISP（In-System Programming，在系统编程），下载并解压缩到任意一个文件夹中，双击可执行文件即可启动。启动后的界面如图 5-28 所示。

下载程序时，可按照下面的步骤进行。

1）从"单片机型号"下拉列表框中选择所使用的单片机的型号：STC8A8K64S4A12。

2）在"串口号"下拉列表框中选择计算机所用的串行口，如 COM1、COM2 等。有些新式笔记本电脑没有 RS 232 串行口，可买一条 USB-RS 232 转接电缆（在本教材所用的最小系统中，已经集成了 USB-RS 232 的转换功能，用户不必再考虑转换问题，程序会自动选择转换后的串口）。

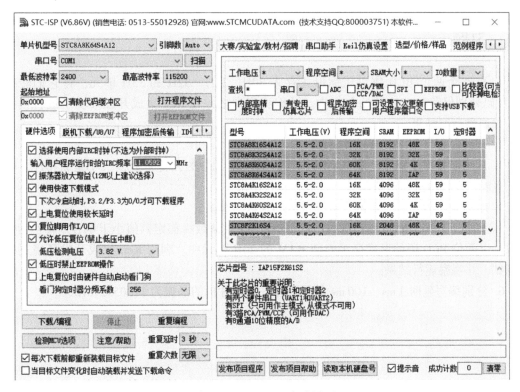

图 5-28 STC-ISP 启动界面

选择串行口后，根据实际使用效果，从"最高波特率"下拉列表框中选择限制最高通信波特率，如 57600、38400、19200 或者 115200 等。

3）单击"打开程序文件"按钮，打开要下载的用户程序文件。用户程序文件的扩展名为 .bin 或者 .hex。从工程文件夹的"Objects"子文件夹中找到 ex5-1.hex 打开即可。

4）进行时钟的设置、启动下载的条件。在界面左边"硬件选项"中进行时钟设置，可以在"输入用户程序运行时的 IRC 频率"编辑框中输入时钟频率。若选中"下次冷启动时，P3.2/P3.3 为 0/0 才可下载程序"复选框，则只有 P3.2/P3.3 为 0/0 时才可以下载程序。如果 P3.2/P3.3 不同时为 0，则下次冷启动后直接运行用户程序。此外，这一步还包括复位引脚的设置（设置复位引脚是否作为 I/O 口使用）、看门狗的设置等。

5）单击"下载/编程"按钮，然后按一下最小系统板的下载按钮（给单片机重新上电），则将用户程序下载到单片机内部。重复下载时，可重复执行该操作，也可单击"重复编程"按钮。下载时请注意观察提示，主要看是否要给单片机上电或复位。下载时，一定要先单击"下载/编程"按钮，然后再给单片机上电复位（即先彻底断电），而不要先给单片机上电。如果先给单片机上电，单片机检测不到合法的下载命令流，就直接运行用户程序了。下载完成后，单片机会立即执行用户程序。

除了提供下载用户程序的功能以外，宏晶科技提供的 STC-ISP 下载工具还提供了文件缓冲区（用于查看读入的文件内容）、串口助手、波特率计算器、定时器计算器、软件延时计算器等功能。

5.6 习题

1. 有 4 个两位 BCD 数以压缩形式存入 30H、31H、32H 和 33H 单元，将它们转换成 ASCII 码分别保存在 40H 开始单元中。试编程实现之并在 Keil 集成开发环境中进行模拟调试，并观察运行结果。

2. 试编制多字节 BCD 码加法程序。

3. 试编制排序子程序，对 RAM 区 40H~49H 单元中的无符号数按大小重新排序。利用 Keil 集成开发环境进行模拟调试，并观察运行结果。

4. 编写乘法程序，实现两个双字节数的乘法运算。

5. 将存于外部 RAM 中的 1000H 单元的字节二进制数（假定其值小于 64H）转换为十进制数，以两位 BCD 码的形式存于内部 RAM 的 20H 单元中。利用 Keil 集成开发环境进行模拟调试，并观察运行结果。

6. 分别编写延时 1 ms、100 ms 的子程序。设单片机的晶振为 11. 0592 MHz。

第6章 单片机的 C 语言程序设计

学习目标：

◇ 使用 C 语言编程，具有编写简单、直观易读、便于维护、通用性好等特点。在熟悉 Keil 开发环境的基础上，学习单片机的 C 语言程序设计及调试方法。

学习重点与难点：

◇ 掌握单片机 C 语言程序的设计方法。

C 语言具有编写简单、直观易读、便于维护、通用性好等特点，特别在控制任务比较复杂或者具有大量运算的系统中，C 语言更显示出了超越汇编语言的优势。用 C 语言编写的程序具有很好的可移植性。限于篇幅，本章不介绍标准 C 语言的语句及语法规则，只介绍 C 语言在 STC8A8K64S4A12 单片机程序设计中的特殊性问题，包括 Keil C51 编程语言（简称 C51）与 ANSI C 的区别、单片机 C 语言的程序设计等内容。

6.1 单片机 C 语言程序中的常用运算

本节介绍单片机 C 语言程序设计中的常用运算：关系运算、逻辑运算和位运算。

1. 关系运算符

关系运算符用于比较两个常数或者表达式的大小。关系运算的结果只能是 0 或 1。关系运算符的值为真时，结果值为 1；关系运算符的值为假时，结果值为 0。

C 语言提供 6 种关系运算符，见表 6-1。

表 6-1 C 语言的关系运算符

运 算 符	名 称	示 例	功 能
<	小于	a<b	a 小于 b 时返回真；否则返回假
<=	小于等于	a<=b	a 小于等于 b 时返回真；否则返回假
>	大于	a>b	a 大于 b 时返回真；否则返回假
>=	大于等于	a>=b	a 大于等于 b 时返回真；否则返回假
==	等于	a==b	a 等于 b 时返回真；否则返回假
!=	不等于	a!=b	a 不等于 b 时返回真；否则返回假

特别注意，判断两个常数或者表达式相等时，使用"=="，不要使用单个的"="。否则，判断两个数是否相等就变成了赋值语句，编译时不会提示错误或警告，但执行结果一般是不正确的。

2. 逻辑运算符

逻辑运算符包括与（&&）、或（∥）、非（!）3种，用于对包含关系运算符的表达式进行合并或取非。对于使用逻辑运算符的表达式，返回0表示"假"，返回1表示"真"。

"与"运算符（&&）表示两个条件同时满足时（即两个条件都为真时），返回结果才为真。例如，假设一个程序在同时满足条件a<100和b<=40时，必须执行某些操作，应使用关系运算符和逻辑与运算符（&&）来写这个条件的代码：（a<100）&&（b<=40）。

类似地，"或"运算符（∥）用于检查两个条件中是否有一个为真的运算符，只要有一个条件为真，运算结果就为真。如果上例改为如果任一语句为真，程序需执行某些操作，则条件代码为：（a<100）∥（b<=40）。

逻辑"非"运算符（!）表示对表达式的真值取反。例如，如果检测变量s不大于10，程序需执行某些操作，则条件代码为：（!(s>10)）。其实，该条件码相当于（s<=10）。

3. 位运算符

很多应用程序常要求在位（bit）一级进行运算或处理。C语言提供了位运算的功能，这使得C语言也能像汇编语言一样用来编写系统程序。C语言提供了6种位运算符，分别为按位与（&）、按位或（｜）、按位异或（^）、取反（~）、左移（<<）和右移（>>）。按位运算的数据长度与参与运算的变量类型有关。

（1）按位与运算

按位与运算符"&"是双目运算符。其功能是参与运算的两个数或变量对应的二进位相与。只有对应的两个二进位均为1时，结果位才为1，否则为0。例如：

```
unsigned char a=9,b=5,c;
c=a&b;      //执行后 c=1。9&5 可写算式为 00001001&00000101=00000001
```

按位与运算通常用来对某些位清"0"或保留某些位。例如把无符号整型变量a的高8位清"0"，保留低8位，可做a&255运算（255的二进制数为0000000011111111）。

（2）按位或运算

按位或运算符"｜"是双目运算符。其功能是参与运算的两个数或变量对应的二进位相或。只要对应的两个二进位有一个为1，结果位就为1。例如：

```
unsigned char a=9,b=5,c;
c=a｜b;      //执行后 c=13。9｜5 的算式为 00001001｜00000101=00001101（十进制为 13）
```

（3）按位异或运算

按位异或运算符"^"是双目运算符。其功能是参与运算的两个数或变量对应的二进位相异或。当两个对应的二进位相异时，结果为1。例如：

```
unsigned char a=9,b=5,c;
c=a^b;      //执行后 c=12。9^5 的算式为 00001001^00000101=00001100（十进制为 12）
```

（4）求反运算

求反运算符"~"为单目运算符。其功能是对参与运算的数的各二进位按位求反。例如：

```
unsigned int a=9,c;
```

```
c=~a;      //执行后 c=65526。~9 的算式为~(0000000000001001)=1111111111110110
```

（5）左移运算

左移运算符"<<"是双目运算符。其功能是把"<<"左边的运算数的各二进位全部左移若干位，由"<<"右边的数指定移动的位数，高位丢弃，低位补 0。例如：

```
unsigned char a=3,c;
c=a<<4;      //执行后 c=48。a=00000011(十进制 3),左移 4 位后为 00110000(十进制 48)。
```

（6）右移运算

右移运算符">>"是双目运算符。其功能是把">>"左边的运算数的各二进位全部右移若干位，">>"右边的数指定移动的位数。例如：

```
unsigned char a=15,c;
c=a>>2;      //执行后 c=3。a=000001111(十进制 15),右移 2 位后为 00000011(十进制 3)。
```

对于有符号数，在右移时，符号位将随同移动。当为正数时，最高位补 0，而为负数时，符号位为 1。

6.2　C51 对 ANSI C 的扩展

C51 的基本语法与 ANSI C 相同，但对 ANSI C 进行了扩展。大多数扩展功能都是直接针对 8051 内核单片机硬件的。下面介绍 C51 对标准 ANSI C 的扩展。

6.2.1　C51 扩展的关键字

C51 有以下 19 个扩展关键字：_at_、sbit、sfr、bit、sfr16、idata、bdata、xdata、pdata、data、code、alien、small、compact、large、using、reentrant、interrupt、_task_。下面仅介绍常见的关键字。

1. 内存区域的指定

（1）程序存储器

code 关键字表示将变量保存到程序存储区。可以使用 code 定义表格常数，这样可以节省内部 RAM 的使用。例如，可以使用下面的代码保存数码 LED 的显示字模：

```
unsigned char code led_buf[10]={0x3F,0x06,0x5B,0x4F,0x66,0x6D,0x7D,0x07,0x7F,0x6F};
```

（2）内部 RAM

内部数据存储器用以下关键字说明。

1）data：直接寻址区，内部 RAM 的低 128 字节，地址范围为 00H~7FH。在用户程序中声明变量时，默认都保存在该区域。

2）idata：间接寻址区，包括整个内部 RAM 区 256 字节，地址范围为 00H~0FFH。

3）bdata：可位寻址区，地址范围为 20H~2FH。

（3）外部数据存储器

外部 RAM 视使用情况可由以下关键字标识。

1）xdata：可指定多达 64 KB 的外部直接寻址区，地址范围为 0000H~0FFFFH。在用户程中，需要声明较大的数组时，可以使用 xdata 关键字将变量数组保存到扩展 RAM 中。例如：

unsigned charxdata arr[300][2];

2）pdata：能访问 1 页（256 B）的外部 RAM（很少用）。

（4）特殊功能寄存器（SFR）

STC8A8K64S4A12 单片机的特殊功能寄存器（SFR）寻址区，用来控制定时/计数器、串口、I/O 及其他部件。为了支持 SFR 及其可寻址位的声明，引入了 sfr、sbit 等关键词，具体如下。

1）sfr：字节寻址。语法如下：

sfr sfr_name = int_constant;

"="后为常数，并且这个常数就是特殊功能寄存器的对应地址。如：

sfr P0 = 0x80;   //0x80 为 P0 口的地址

2）sfr16：字寻址，如：

sfr16 DPTR = 0x82;   //指定 DPTR 的地址 DPL = 0x82,DPH = 0x83

3）sbit：位寻址。用于声明可位寻址的特殊功能寄存器的位变量。声明方法如下：

sbit bitname = sfr_name^bit_number;

其中，sfr_name 必须是已定义的 SFR 的名字，bit_number 是位号（0~7）。如：

sbit   CY = PSW^7;   //定义 CY 为 PSW 的第 7 位

对于大多数 8051 内核单片机，Keil 提供了一个包含所有特殊功能寄存器和位的定义的头文件 reg51.h。通过包含头文件可以很容易地进行新的扩展。附录 B 中提供了 STC8A8K64S4A12 单片机的头文件 stc8.h 的内容，其中已经包含了标准 8051 单片机寄存器的定义，编程时只需包含这一个文件即可。该文件可以从 http://course.sdu.edu.cn/mcu.html 中下载。

2. 变量或数据类型

C51 编译器支持的数据类型见表 6-2。

表 6-2 C51 支持的数据类型

数据类型	含 义	位数/bit	字节数/B	取 值 范 围
bit *	位型	1	1/8	0 或 1
signed char	带符号字符型	8	1	−128~127
unsigned char	无符号字符型	8	1	0~255
enum	—	8/16	1 或 2	−128~127 或 −32768~32767
signed short	带符号短型	16	2	−32768~32767
unsigned short	无符号短型	16	2	0~65535

数 据 类 型	含　　义	位数/bit	字节数/B	取 值 范 围
signed int	带符号整型	16	2	−32768~32767
unsigned int	无符号整型	16	2	0~65535
signed long	带符号长整型	32	4	−2147483648~2147483647
unsigned long	无符号长整型	32	4	0~4294967295
float	浮点型	32	4	+1.175494E38~3.402823E+38
sbit *	—	1	1/8	0~1
sfr *	—	8	1	0x80~0xff
sfr16 *	—	16	2	0x80~0xff

注：带 * 部分为 C51 所特别支持的变量类型，它们不属于 ANSI C，不能用指针对它们进行存取。

由表 6-2 可以看出，C51 提供以下几种扩展数据类型。

- bit：位变量，值为 0 或 1。
- sbit：从字节中定义的位变量（0 或 1）。
- sfr：sfr 字节地址（0x80~0xff）。
- sfr16：sfr 字地址（0x80~0xff，其实是占用两个连续的地址）。

其余的数据类型如 char、enum、short、int、long、float 等与 ANSI C 相同。sfr、sfr16 和 sbit 前面已有描述，下面着重介绍位变量及其声明。

（1）bit 型变量

bit 型变量可用于变量类型和函数声明、函数返回值等，存储于内部 RAM 的 20H~2FH 单元中。需要注意以下两点。

1）位不能声明为一个指针。如 bit *bit_poiter; 是错误的。

2）不能有 bit 数组。如 bit arr[5]; 是错误的。

（2）可位寻址区说明

使用 sbit 声明可独立访问可位寻址对象的位。sbit 声明要求基址对象的存储器类型为 "bdata"，否则只有绝对的位声明方法是合法的。位的位置（'^' 操作符号后的数字）的最大值依赖于指定的基类型，对于 char/unsigned char 而言是 0~7，对于 int/unsigned int/short/unsigned short 而言是 0~15，对于 long/unsigned long 而言是 0~31。下面举例说明位寻址的声明方法。例如：

```
int bdata bittest _at_ 0x20;      //也可以省略"_at_ 0x20"
sbit bit0=bittest^0;             //0x20 单元的第 0 位
sbit bit15= bittest^15;          //0x21 单元的第 7 位
```

可位寻址对象的位的声明只能放到 main 函数的外部作为全局变量使用，否则编译出错。

3. Keil C51 指针

Keil C51 支持一般指针（Generic Pointer）和存储器指针（Memory Specific Pointer）。一般指针的声明和使用均与标准 C 相同，同时还可以说明指针的存储类型。例如，下面的语句都声明 pt 为指向保存在外部 RAM 中 unsigned char 数据的指针，但 pt 本身的保存位置却不同。

```
unsigned char xdata  * pt;                //pt 本身依存储模式存放
unsigned char xdata * data pt;            //pt 被保存在内部 RAM 中
unsigned char xdata * xdata pt;           //pt 被保存在外部 RAM 中
```

一般指针本身使用 3 字节存放, 分别为存储器类型、高位偏移量和低位偏移量。基于存储器的指针, 说明时即指定了存储类型, 例如:

```
char data  * str;          //str 指向 data 区中 char 型数据
int xdata * pow;           //pow 指向外部 RAM 的 int 型整数
```

这种指针存放时, 只需 1 字节或 2 字节就够了, 因为只需存放偏移量。

除了和标准 C 语言一样使用指针外, 指针还可以用来访问外部并行扩展的器件。例如, 为了方便地访问外部存储器及 I/O 端口, 在 C51 中的 absacc.h 头文件做了如下定义, 利用这些定义可以方便地访问外部 I/O 端口。

```
#define CBYTE ((unsigned char volatile code   * ) 0)
#define DBYTE ((unsigned char volatile data   * ) 0)
#define PBYTE ((unsigned char volatile pdata * ) 0)
#define XBYTE ((unsigned char volatile xdata * ) 0)
```

其中, volatile 影响编译器编译的结果, volatile 告诉编译器变量是随时可能发生变化的, 与 volatile 变量有关的运算, 不要进行编译优化, 以免出错。这样, 如果变量是一个寄存器变量或者表示一个端口, 使用 volatile 可以保证对特殊地址的稳定访问, 不会出错。在 stc8.h 文件中, 对于位于扩展 RAM 区域的特殊功能寄存器的声明就使用了这样的方法。例如 P0 口上拉电阻控制寄存器的声明如下:

```
#define P0PU   ( * (unsigned char volatile xdata * )0xfe10)
```

若从扩展地址为 7FF0H 的端口中读取信息, 可以使用下面的代码。

```
#include <absacc.h>
#define PORTA XBYTE [0x7FF0]
//其中,PORTA 为程序定义的 I/O 端口名称,7FF0H 为 PORTA 的地址
void main(void)
{
    char a;
    PORTA = 0x81;          //输出 81H 到端口 7ff0H
    a = PORTA;             //读端口 7ff0H 到变量 a
}
```

6.2.2 C51 对函数的扩展

C51 不仅仅支持 ANSI C 的标准函数, 而且扩展了函数的声明, 下面具体介绍。

1. 中断函数声明

中断函数通过使用 interrupt 关键字和中断号 (0~31) 来声明。中断号告诉编译器中断服务程序的入口地址。

例如，串行口 1 的中断函数可以声明如下：

```
void UART1_ISR (void) interrupt 4
{
    /*中断服务程序的代码 */
}
```

上述代码声明了串行口 1 中断服务函数。其中，interrupt 4 说明是串行口 1 的中断。中断函数具体是哪个中断的函数，与中断号有关，而与函数名无关。

完整的 STC8A8K64S4A12 单片机的中断号及相关内容请参见第 7 章。

2. 指定工作寄存器区

当需要指定函数中使用的工作寄存器区时，使用关键字 using 后跟一个 0~3 的数，对应着工作寄存器 0~3 区。例如，在下面的函数中使用了工作寄存器 1 区（相当于 PSW.4＝0，PSW.3＝1）：

```
unsigned char GetKey(void) using 1
{
    /*用户程序代码*/
}
```

3. 指定存储模式

用户可以使用 small、compact 及 large 说明存储模式。例如：

```
void disp_data(void) small
{
    /*用户程序代码*/
}
```

small 说明的函数内部变量全部使用内部 RAM。关键的、经常性的、耗时的场合可以这样声明，以提高运行速度。

6.3 STC8A8K64S4A12 单片机 C51 程序框架

为了便于学习，下面给出一个通用的 STC8A8K64S4A12 单片机的 C51 程序框架。读者可以在适当的地方根据设计任务需要填入代码，便可构成较完整的 C 语言程序。

```
#include "stc8.h"
/*stc8.h 为单片机寄存器定义头文件,具体内容参见附录 B */
void delay(longdelaytime);              //声明子函数,子函数可以有返回值
void main(void)
{
    //此处可存放应用系统的初始化代码
    while(1)                            //主程序循环
    {
        //根据需要填入适当的内容
```

```
        delay(100);                         //可以调用用户自定义的子函数
    }
}
//---------各个子函数的声明----------
void delay(longdelaytime)
{
        while(delaytime>0)
            delaytime--;                    //子函数的实现代码
}
//---------各个中断函数的实现----------
void INT0_ISR(void) interrupt 0             //外部中断0服务子函数
{
    //根据需要填入程序代码
}
void INT1_ISR(void) interrupt 2             //外部中断1服务子函数
{
    //根据需要填入程序代码
}
void INT2_ISR(void) interrupt 10            //外部中断2服务子函数
{
    //根据需要填入程序代码
}
void INT3_ISR(void) interrupt 11            //外部中断3服务子函数
{
    //根据需要填入程序代码
}
void INT4_ISR(void) interrupt 16            //外部中断4服务子函数
{   //根据需要填入程序代码
}
void T0_ISR(void) interrupt 1               //定时器0中断服务子函数
{
    //根据需要填入程序代码
}
void T1_ISR(void) interrupt 3               //定时器1中断服务子函数
{
    //根据需要填入程序代码
}
void T2_ISR(void) interrupt 12              //定时器2中断服务子函数
{
    //根据需要填入程序代码
}
void T3_ISR(void) interrupt 19              //定时器3中断服务子函数
```

```
{
    //根据需要填入程序代码
}
void T4_ISR(void) interrupt 20          //定时器4中断服务子函数
{
    //根据需要填入程序代码
}
void UART1_ISR(void) interrupt 4          //串口1中断服务子函数
{
    //根据需要填入程序代码,注意中断请求标志的清"0"
}
void UART2_ISR (void) interrupt 8          //串口2中断子函数
{
    //根据需要填入程序代码,注意中断请求标志的清"0"
}
void UART3_ISR (void) interrupt 17          //串口3中断子函数
{
    //根据需要填入程序代码,注意中断请求标志的清"0"
}
void UART4_ISR (void) interrupt 18          //串口4中断子函数
{
    //根据需要填入程序代码,注意中断请求标志的清"0"
}
void SPI_ISR (void) interrupt 9          //SPI中断子函数
{
    //根据需要填入程序代码,注意中断请求标志的清"0"
}
void ADC_ISR (void) interrupt 5          //ADC模块中断服务子函数
{
    //根据需要填入程序代码,注意中断请求标志的清"0"
}
void LVD_ISR (void) interrupt 6          //低电压检测中断子函数
{
    //根据需要填入程序代码,注意中断请求标志的清"0"
}
void CMP_ISR (void) interrupt 21          //比较器模块中断服务子函数
{
    //根据需要填入程序代码,注意中断请求标志的清"0"
}
void PCA_ISR (void) interrupt 7          //PCA中断子函数
{
    //根据需要填入程序代码,注意中断请求标志的清"0"
}
```

```
void PWM_ISR (void) interrupt 22          //PWM 模块中断服务子函数
{
    //根据需要填入程序代码,注意中断请求标志的清"0"
}
void PWMFD_ISR (void) interrupt 23         //PWM 异常检测模块中断服务子函数
{
    //根据需要填入程序代码,注意中断请求标志的清"0"
}
void I2C_ISR (void) interrupt 24          //I2C 中断服务子函数
{
    //根据需要填入程序代码,注意中断请求标志的清"0"
}
```

没有用到的中断函数可以不写到程序中。下面举例说明单片机 C 语言程序设计方法。

【例 6-1】编程实现通过延时函数, 由 P2.0 输出周期为 1s 的方波信号, 并通过示波器观察程序输出波形的周期。

解: C 语言程序如下。

```
#include "stc8. h"         //包含 STC8A8K64S4A12 单片机寄存器定义头文件
void Delay500ms(void);     //延时函数声明
void main(void)
{
    P2M1 = 0;
    P2M0 = 0;              //将整个 P2 口所有口线设置为准双向口模式
    P20 = 1;
    while(1)               //主程序循环
    {
        Delay500ms( );
        P20 = ~ P20;
    }
}
void Delay500ms(void)      //延时 500 ms 函数,该函数粘贴自 STC-ISP 工具
{
    unsigned char i, j, k;

    i = 29;
    j = 14;
    k = 54;
    do
    {
        do
        {
            while (--k);
        } while (--j);
```

```
    } while (--i);
  }
```

单片机 C 语言程序的仿真调试方法与单片机汇编语言程序的仿真调试方法相同，请读者自行实验。

6.4　习题

1. C51 对 ANSI C 进行了哪些扩展？在 C51 中如何声明中断函数？

2. 如何在 Keil 集成环境中调试单片机的 C 语言程序？详细叙述调试过程。

3. 用不同方法编写程序实现流水灯效果，要求：P2 口控制 8 个发光二极管，灌电流接法。先点亮最低位的灯，然后向高位逐位移动。移动到最高位后再从最低位重新移动，实现循环点亮。提示：需要使用延时子程序，编程可以采用移位指令、赋值、数组赋值、逐位操作等。

4. 用一个按键控制一盏灯，要求：按下按键时，灯亮；松开按键，灯灭。提示：按键和灯分别通过 P2.0 和 P2.1 连到单片机，按键部分要注意去抖动。

5. 用一个按键控制两盏灯，要求：按一下按键，灯 1 亮，灯 2 灭；再按一下按键，灯 1 灭，灯 2 亮；再按一下按键，灯 1 和灯 2 都亮；再按一下按键，灯 1 和灯 2 都灭；然后又是灯 1 亮，灯 2 灭……如此循环下去。

第7章 中　　断

学习目标：

◇ 在掌握 8051 单片机的中断系统的基础上，掌握 STC8A8K64S4A12 中断系统的增强功能。

学习重点与难点：

◇ STC8A8K64S4A12 中断系统的应用。

本章首先介绍中断的基本概念和 8051 单片机的中断系统，然后介绍 STC8A8K64S4A12 中断系统的增强功能。

7.1　中断的概念

中断的概念是在 20 世纪 50 年代中期提出的，是计算机中的一个很重要的技术，它既和硬件有关，也和软件有关。正是因为有了中断技术，才使计算机的工作更加灵活、效率更高。中断技术的出现使得计算机的发展和应用大大地推进了一步。所以，中断功能的强弱已成为衡量一台计算机功能完善与否的重要指标。最初引进中断技术的目的是为了提高计算机输入/输出的效率，改善计算机的整体性能。当 CPU 需要与外部设备交换一批数据时，由于 CPU 的工作速度远远高于外设的工作速度，每传送一组数据后，CPU 等待"很长"时间才能传送下一组数据，在等待期间 CPU 处在空运行状态，造成 CPU 的浪费。

什么是中断？先打个比方：当一位经理正处理文件时，电话铃响了（中断请求），不得不在文件上做一个记号（返回地址），暂停工作，去接电话（响应中断），并指示"按第二方案办"（中断服务程序），然后，再静下心来（恢复中断前状态）接着处理文件（中断返回）。计算机科学家观察了类似实例，借用了这些思想、处理方式和名称，研制了一系列中断服务程序及其调度系统。所谓中断是指计算机在执行其他程序的过程中，当出现了某些异常事件或某种请求时，CPU 暂时中止正在执行的程序，而转去执行对异常事件或某种请求的服务程序。当服务完毕后，CPU 再回到被暂时中止的程序继续执行。

计算机采用中断技术，大大提高了工作效率和处理问题的灵活性，主要表现在 3 个方面。

1）解决了快速 CPU 和慢速外设之间的矛盾，可使 CPU 和外设并行工作。

2）可及时处理控制系统中许多随机参数和信息。

3）具备了处理故障的能力，提高了机器自身的可靠性。

中断类似于程序设计中的调用子程序，但它们又有区别，主要区别见表 7-1。

表 7-1　中断和调用子程序之间的区别

中　　断	调用子程序
产生是随机的	程序中事先安排好的

中　　断	调用子程序
既保护断点，又保护现场	可只保护断点
为外设和处理各种事件服务	为主程序服务（与外设无关）

一般保护断点是由硬件完成的，保护现场须在中断处理程序中用相应的指令完成。

7.2　8051 单片机的中断系统及其管理

8051 单片机共有 5 个中断源，两个优先级，中断处理程序可实现两级嵌套，具有较强的中断处理能力。

7.2.1　中断源及其优先级管理

下面介绍 8051 单片机的中断源及其优先级管理。

1. 中断源

中断源是指能发出中断请求，引起中断的装置或事件。

8051 单片机提供 5 个中断请求源，其中两个为外部中断请求$\overline{INT0}$和$\overline{INT1}$（由 P3.2 和 P3.3 输入），两个为片内定时/计数器 T0 和 T1 的溢出中断请求 TF0 和 TF1，另一个为片内串行口发送中断请求 TI 或接收中断请求 RI，这些中断请求信号分别锁存在特殊功能寄存器 TCON 和 SCON 中。

（1）TCON：定时/计数器 T0 和 T1 的控制寄存器

该寄存器同时锁存 T0 和 T1 的溢出中断请求标志及外部中断$\overline{INT0}$和$\overline{INT1}$的中断请求标志。TCON 的各位定义如下：

地址	b7	b6	b5	b4	b3	b2	b1	b0	复位值
88H	TF1	TR1	TF0	TR0	IE1	IT1	IE0	IT0	00H

其中，与中断有关的位如下。

1）IT0：外部中断触发方式控制位，可由软件置"1"或清"0"。

0：电平触发方式，$\overline{INT0}$低电平有效。

1：边沿触发方式，$\overline{INT0}$输入脚上电平由高到低的负跳变有效。

2）IE0：外部中断$\overline{INT0}$请求标志。当 IT0 = 0，即电平触发方式时，每个机器周期的 S5P2 采样$\overline{INT0}$，若$\overline{INT0}$为低电平，将直接触发外部中断。当 IT0 = 1，即$\overline{INT0}$为边沿触发方式时，当第一个机器周期采样到$\overline{INT0}$为高电平，第二个机器周期采样到$\overline{INT0}$为低电平时，由硬件置位 IE0，并以此来向 CPU 请求中断。当 CPU 响应中断，转向中断服务程序时由硬件清"0"。

3）IT1：外部中断$\overline{INT1}$触发方式控制位，与 IT0 类似。

4）IE1：外部中断$\overline{INT1}$请求标志，其意义和 IE0 相同。

外部中断输入信号$\overline{INTx}$、中断申请标志 IEx 及外部中断申请触发方式控制位 ITx 三者关系如图 7-1 所示（$x=0,1$）。

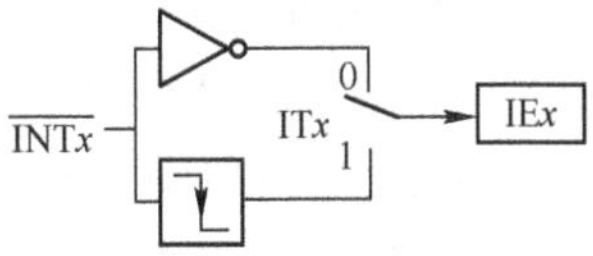

图 7-1　$\overline{INTx}$、ITx 与 IEx 的关系

5）TF0：定时/计数器 T0 溢出中断标志。在启动 T0 计数后，定时/计数器 T0 从初值开始加 1 计数，当最高位产生溢出时，由硬件置 TF0 为 "1"，向 CPU 申请中断，CPU 响应 TF0 中断时清 "0" 该标志位。TF0 也可用软件清 "0"（查询方式）。

6）TF1：定时/计数器 T1 的溢出中断标志，功能和 TF0 类似。

（2）SCON：串行口控制寄存器（地址为 98H，复位值为 00H）

用于对串行口的工作方式进行控制，其最低两位锁存串行发送中断标志 TI 和串行接收中断标志 RI。SCON 的各位定义如下：

位号	b7	b6	b5	b4	b3	b2	b1	b0
位名称	SM0	SM1	SM2	REN	TB8	RB8	TI	RI

与中断有关的标志位如下。

1）TI：串行口发送中断标志。在串行口以方式 0 发送时，每当发送完 8 位数据，由硬件置 "1"；若以方式 1、方式 2 或方式 3 发送，在发送停止位的开始时置 "1"。TI=1 表示串行口发送器正在向 CPU 申请中断。值得注意的是，CPU 响应发送器中断请求，转向执行中断服务程序时并不将 TI 清 "0"，TI 必须由用户在中断服务程序中清 "0"。

2）RI：串行口接收中断标志。若串行口接收器允许接收，并以方式 0 工作，每当接收到第 8 位数据时置 "1"；若以方式 1、2、3 工作，且 SM2=0，每当接收器接收到停止位的中间时置 "1"；当串行口以方式 2 或方式 3 工作，且 SM2=1，仅当接收到的第 9 位数据 RB8 为 1 后，同时还要接收到停止位的中间时置 "1"。RI 为 1 表示串行口接收器正向 CPU 申请中断，同样 RI 必须由用户的中断服务程序清 "0"。

2. 中断的开放、禁止及优先级

（1）中断的开放和禁止

8051 单片机中没有专门的开中断和关中断指令，中断的开放和禁止是通过对中断允许寄存器 IE 的相应位的设置实现的。8051 对中断源的开放和禁止是由两级控制组成的，即总控制和对每个中断源的分别控制。总控制用于决定整个中断系统是开放还是关闭，当整个中断系统关闭时，CPU 不响应任何中断请求。对于每个中断源的分别控制是在中断系统开放的前提下，决定某一个中断源是开放还是禁止。IE（地址为 0A8H，复位值为 00H）中的各中断允许控制位定义如下：

位号	b7	b6	b5	b4	b3	b2	b1	b0
位名称	EA	—	—	ES	ET1	EX1	ET0	EX0

1）EA：中断允许总控制位。

0：关闭中断系统，所有中断源的中断请求均被禁止，称为关中断。

1：开放中断系统，所有中断源的中断请求均被开放，称为开中断，但某一个中断源的请求是否开放，还要由该中断源所对应的中断允许控制位决定。

2）ES：串行口中断允许控制位。

1：允许串行口中断；0：禁止串行口中断。

3）ET1：定时器 1 中断允许控制位。

1：允许定时器1中断；0：禁止定时器1中断。

4）EXl：外部中断INT1中断允许控制位。

1：允许外部中断1中断；0：禁止外部中断1中断。

5）ET0：定时器0中断允许控制位。

1：允许定时器0中断；0：禁止定时器0中断。

6）EX0：外部中断源INT0中断允许控制位。

1：允许外部中断0中断；0：禁止外部中断0中断。

8051单片机复位后，各中断允许寄存器控制位均被清"0"，即禁止所有中断。如果需要开放某些中断，可在程序中将相应中断控制位置为"1"。

（2）中断的优先级

8051单片机具有两个中断优先级，即高优先级和低优先级，可以实现两级中断嵌套。每一个中断源都可以由软件设定为高优先级或低优先级，优先级的设定通过中断优先级寄存器 IP 完成。在低优先级中断服务程序运行期间，如果来了一个高优先级的中断请求，除非在低优先级的服务程序中关中断或禁止某些高优先级的中断请求，否则将允许高优先级的中断请求中断低优先级的服务程序，转去执行高优先级的中断服务程序，低级或同级的中断请求不能中断正在执行的中断服务程序。中断优先级寄存器 IP （地址为 0B8H，复位值为 00H）中各位的作用如下：

位号	b7	b6	b5	b4	b3	b2	b1	b0
位名称	—	—	—	PS	PT1	PX1	PT0	PX0

1）PS：串行口中断优先级控制位。

1＝串行口中断为高优先级；0＝串行口中断为低优先级。

2）PT1：定时器 T1 中断优先级控制位。

1＝定时器 T1 中断为高优先级；0＝定时器 T1 中断为低优先级。

3）PX1：外部中断INT1优先级控制位。

1＝外部中断 1 中断为高优先级；0＝外部中断 1 中断为低优先级。

4）PT0：定时器 T0 中断优先级控制位。

1＝定时器 T0 中断为高优先级；0＝定时器 T0 中断为低优先级。

5）PX0：外部中断INT0优先级控制位。

1＝外部中断 0 中断为高优先级；0＝外部中断 0 为低优先级。

用户可根据需要对 IE 中相应的位置 "1" 或清 "0"，来允许或禁止各中断源的中断申请。欲使某中断源允许中断，必须同时使 EA＝1，首先使 CPU 开放中断。所以 EA 相当于中断允许的 "总开关"。至于中断优先级寄存器 IP，复位时将清 "0"，会把各个中断源置为低优先级中断，同样，用户也可对相应位置 "1" 或清 "0"，来改变各中断源的中断优先级。整个中断系统结构如图 7-2 所示。

8051 单片机对中断优先级的处理原则如下。

1）不同级的中断源同时申请中断时，先高后低。

2）处理低级中断又收到高级中断请求时，停低转高。

3）处理高级中断却收到低级中断请求时，高不睬低。

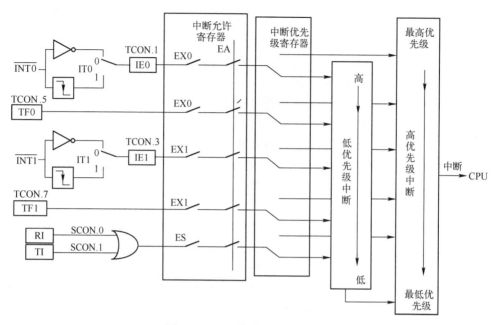

图 7-2　8051 单片机的中断系统

4）同一级的中断源同时申请中断时，按事先规定。

8051 单片机复位后，默认的中断源优先级顺序见表 7-2。

表 7-2　8051 单片机复位后各中断源的优先级顺序

中 断 源	中 断 标 志	优先级顺序
外部中断 INT0	IE0	最高优先级
定时/计数器 T0 溢出中断	TF0	
外部中断 INT1	IE1	
定时/计数器 T1 溢出中断	TF1	最低优先级
串行口中断	RI 或 TI	

7.2.2　单片机中断处理过程

下面介绍 8051 单片机响应中断的条件、响应过程以及中断服务程序的编写要点。

1. 中断响应的条件及过程

当中断源向 CPU 发出中断请求时，如果中断的条件满足，CPU 将进入中断响应周期。单片机响应中断的条件如下。

1）中断源有请求。

2）中断允许寄存器 IE 相应位置 "1"。

3）CPU 中断开放（EA=1）。

在每个机器周期的 S5P2 期间，CPU 对各中断源采样，并设置相应的中断标志位。CPU 在下一个机器周期 S6 期间按优先级顺序查询各中断标志，如查到某个中断标志为 1，则将在下一个机器周期 S1 期间按优先级的高低顺序进行处理。

CPU 响应中断时，将相应的优先级状态触发器置"1"，然后由硬件自动产生一个长调用指令 LCALL，此指令首先把断点地址压入堆栈保护，再将中断服务程序的入口地址送入程序计数器 PC，使程序转向相应的中断服务程序。8051 各个中断源所对应的中断服务程序入口地址见表 7-3。

表 7-3　8051 单片机各个中断服务程序入口地址

中　断　源	入　口　地　址	中　断　号
外部中断INT0	0003H	0
定时/计数器 T0 溢出中断	000BH	1
外部中断INT1	0013H	2
定时/计数器 T1 溢出中断	001BH	3
串行口中断	0023H	4

其中，中断号是在 C 语言程序中编写中断函数时使用的。从表 7-3 中可以看出，每个入口地址之间只相隔 8 个单元，如果中断服务程序的长度少于 8 字节，可以直接存放到入口地址开始的存储区中。但是一般中断服务程序的长度都超过 8 字节，这时可以将中断服务程序存放到存储器的其他区域，然后在中断入口处安排一条转移指令 LJMP，转向中断服务程序。例如：

```
        ORG      0003H           ;外部中断 0 入口地址
        LJMP     INT0_ISR
        …                        ;其他程序代码
INT0_ISR:                        ;外部中断 0 服务程序
        …
        RETI
```

这样，当 CPU 响应外部中断 0 的中断请求时，进入 0003H 单元，执行 LJMP INT0_ISR 指令后，转入执行程序存储器的 INT0_ISR 标号处的外部中断 0 服务程序。

在程序的运行过程中，并不是任何时刻都可以响应中断请求。对于 8051 单片机，当出现下列情况时，CPU 不会响应中断请求。

1) 中断允许总控制位 EA=0 或发出中断请求的中断所对应的中断允许控制位为 0。

2) CPU 正在执行一个同级或高一级的中断服务程序。

3) 当前执行的机器周期不是指令周期的最后一个机器周期。

4) 正在执行的指令是中断返回指令 RETI 或者是访问专用寄存器 IE 或 IP 的指令时，CPU 至少要再执行一条指令才能响应中断请求。

2. 中断服务

中断服务程序从入口地址开始执行，直到执行返回指令 RETI 为止。RETI 指令表示中断服务程序的结束，CPU 执行该指令，一方面清除中断响应时所置位的优先级有效触发器，一方面由栈顶弹出断点地址送程序计数器 PC，从而返回主程序。中断服务程序由 4 个部分组成，即保护现场、中断服务、恢复现场以及中断返回。

由于在主程序中一般都会用到累加器 A 和程序状态字寄存器 PSW，所以在现场保护时一般都需要保护 A 和 PSW，其他寄存器根据使用情况决定是否需要保护。

在编写中断服务程序时应注意以下两点。

1) 8051 单片机响应中断后，不会自动关闭中断系统。如果用户程序不希望出现中断嵌套，则必须在中断服务程序的开始处关闭中断，从而禁止更高优先级的中断请求中断当前的服务程序。

2) 为了保证保护现场和恢复现场能够连续进行，在保护现场和恢复现场之前应先关中断，当现场保护或现场恢复结束后，再根据实际需要决定是否开中断。

7.2.3 中断请求的撤除

中断源向 CPU 发出中断请求后，中断请求被锁存在特殊功能寄存器 TCON 和 SCON 中，当某个中断源的请求被 CPU 响应后，应将相应的中断请求标志清除，否则 CPU 会再一次响应该中断源的请求，这将使 CPU 进入死循环。对于不同的中断源，清除中断请求的方法不同。

1. 定时器/计数器 T0、T1 中断请求的撤除

当 CPU 响应 T0 或 T1 的中断请求后，由硬件自动清除中断相应的中断请求标志 TF0 或 TF1。由于定时器/计数器的中断请求由硬件自动清除，所以在处理定时器/计数器的中断时，用户无须关心清除中断请求标志的问题。

2. 外部中断请求的撤除

外部中断请求有两种触发方式，对于边沿触发方式，CPU 响应中断后，由硬件自动清除中断请求标志 IE0 或 IE1；在电平触发方式下，外部中断标志 IE0 或 IE1 是依靠 CPU 检测 $\overline{INT0}$ 或 $\overline{INT1}$ 上的低电平而设置的。尽管 CPU 响应中断请求后，可以由硬件自动清除中断请求标志，但是如果外部中断源不能及时撤除它在 $\overline{INT0}$ 或 $\overline{INT1}$ 上的低电平，在下一个机器周期，CPU 检测外部中断输入 $\overline{INT0}$ 或 $\overline{INT1}$ 时，就又会使 IE0 或 IE1 置 "1"，再次产生中断请求。因此，在电平触发方式下，当 CPU 响应中断请求后，必须使外部中断请求输入端 $\overline{INT0}$ 或 $\overline{INT1}$ 由 0 变为 1。撤除电平触发方式的中断请求应由软件和外部硬件电路共同完成。

3. 串行口中断请求的撤除

CPU 响应串行口中断后，不能由硬件自动清除串行口中断标志 TI 或 RI。由于串行口的发送中断和接收中断使用相同的入口地址，CPU 响应串行中断后，首先应检测这两个中断标志位，以判断是发送中断还是接收中断。当检测结束后，应通过软件将串行口中断标志 TI 或 RI 清 "0"。

7.2.4 关于外部中断

外部中断是单片机能够及时响应外部事件的重要手段。下面介绍外部中断的触发方式及响应时间。

1. 外部中断的触发方式

由 TCON 寄存器中的 IT1 和 IT0 位的 0、1 状态可决定外部中断源是电平触发方式还是边沿触发方式。

若 $ITx = 0$ （$x = 0$ 或 1，下同），外部中断为电平触发方式。单片机在每一个机器周期的 S5P2 期间采样中断输入信号 $\overline{INTx}$ 的状态，若为低电平，即可直接触发外部中断，这就使得 CPU 对来自外部申请能及时响应。在这一触发方式中，中断源必须持续请求，一直到中断实际产生为止。在中断服务程序返回之前，必须撤销中断请求信号，否则，单片机将认为又发生另一次中断请求。所以电平触发方式适合于外部中断输入为低电平，且在中断服务程序中能清除该中断源申请信号的情况。

若 ITx=1，外部中断为边沿触发方式（下跳沿触发）。在这种方式中，如果在 $\overline{\text{INT}x}$ 端连续采样到一个周期的高电平和紧接着一个周期的低电平，则在 TCON 寄存器中的中断请求标志位 IEx 就被置位，由 IEx 标志位请求中断。显然，这种方式的中断请求即使 CPU 暂时不能响应，中断申请标志由于被保存也不会丢失，而一旦 CPU 响应中断，进入中断服务程序时，IEx 会被 CPU 自动清除。所以该方式适合于以负脉冲形式输入的外部中断请求。

由于外中断源在每个机器周期被采样一次，所以输入的高电平或低电平必须至少保持 12 个振荡周期，以保证能被采样到。

2. 外部中断的响应时间

外中断申请信号 $\overline{\text{INT}x}$，在每个机器周期的 S5P2 期间被采样并锁存，但须等到下一个机器周期才被查询并被确定是否有效，若中断被激活，并且满足响应条件，则转去执行中断服务程序。这样，从产生外部中断申请到得到 CPU 确认，需一个机器周期，而 CPU 保护断点，自动转入中断处理程序需两个机器周期，所以外部中断响应时间至少需要 3 个机器周期。

如果已经在执行另一个同级或更高级的中断，附加的等待时间取决于正在执行的中断服务程序的长短，以及是否还有更高级的中断源存在。若正处理指令未执行到最后的机器周期，所需的额外等待时间不会超过 3 个周期。考虑极限情况，所执行指令为 RETI 或者存取 IE 或 IP 的指令，其下相邻指令为 MUL 或 DIV，则前者需 1 个机器周期，后者需 4 个机器周期，这时额外的等待时间不会多于 5 个机器周期。所以，在一个单一中断源的情况下，中断响应时间一般在 3~8 个机器周期之间。

7.3 STC8A8K64S4A12 单片机的中断系统及其管理

7.3.1 中断源及中断系统构成

STC8A8K64S4A12 单片机共有 22 个中断源，它们分别是：外部中断 0 中断（INT0），定时器 0 中断（Timer0），外部中断 1 中断（INT1），定时器 1 中断（Timer1），串口 1 中断（UART1），A/D 转换中断（ADC），低压检测中断（LVD），捕获中断（CCP/PCA/PWM），串口 2 中断（UART2），串行外设接口中断（SPI），外部中断 2 中断（INT2），外部中断 3 中断（INT3），定时器 2 中断（Timer2），外部中断 4 中断（INT4），串口 3 中断（UART3），串口 4 中断（UART4），定时器 3 中断（Timer3），定时器 4 中断（Timer4），比较器中断（CMP），增强型 PWM 中断，PWM 异常检测中断（PWMFD），I²C 总线中断。除外部中断 2、外部中断 3、串口 3 中断、串口 4 中断、定时器 2 中断、定时器 3 中断、定时器 4 中断固定是最低优先级中断外，其他的中断都具有 4 个中断优先级可以设置。

STC8A8K64S4A12 的中断系统结构如图 7-3 所示，图中说明了中断源、中断控制、中断允许及中断优先级管理之间的关系。

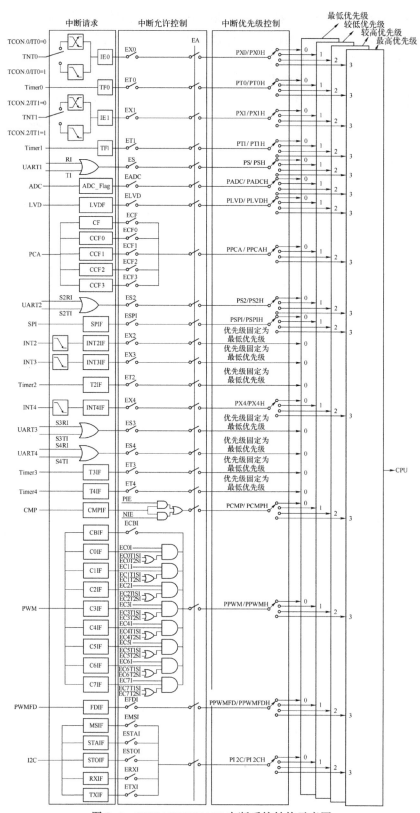

图 7-3 STC8A8K64S4A12 中断系统结构示意图

外部中断 0（INT0）和外部中断 1（INT1）既可双边沿触发（即上升沿和下降沿都可以触发），也可以只有下降沿触发。这两个外部中断的请求标志位分别是寄存器 TCON 中的 IE0/TCON.1 和 IE1/TCON.3。当外部中断服务程序被响应后，中断标志位 IE0 和 IE1 会自动清"0"。TCON 寄存器中的 IT0/TCON.0 和 IT1/TCON.2 决定了外部中断 0 和 1 是双边沿触发还是下降沿触发。如果 ITx = 0（x = 0，1，下同），那么单片机在 INTx 引脚探测到上升沿或下降沿后均可产生外部中断（请注意这一点和传统 8051 单片机不同）。如果 ITx = 1，那么单片机只有在 INTx 引脚探测到下降沿后才可产生外部中断。外部中断 0（INT0）和外部中断 1（INT1）还可以用于将单片机从掉电模式唤醒。

外部中断 2（INT2）、外部中断 3（INT3）及外部中断 4（INT4）只能下降沿触发。外部中断 2~4 的中断请求标志位分别是寄存器 AUXINTIF 中的 INT2IF、INT3IF、INT4IF，当外部中断服务程序被响应后，相应的中断标志位需要软件清"0"。外部中断 2（INT2）、外部中断 3（INT3）及外部中断 4（INT4）也可以用于将单片机从掉电模式唤醒。

定时器 0 和 1 的中断请求标志位是 TF0 和 TF1。当定时器寄存器 THx/TLx 溢出时，溢出标志位 TFx 被置位，定时器中断发生。当单片机转去执行该定时器中断服务程序时，定时器的溢出标志位 TFx 被硬件清"0"。

定时器 2、定时器 3 和定时器 4 的中断请求标志位是寄存器 AUXINTIF 中 T2IF、T3IF、T4IF。当相应的中断服务程序执行后，相应的中断标志位需要软件清"0"。

当串行口 1 接收中断请求标志位 RI 和串行口 1 发送中断请求标志位 TI 中的任何一个被置为"1"后，串口 1 中断都会产生。标志位 RI 和 TI 都需要软件清"0"。

当串行口 2 接收中断请求标志位 S2RI 和串行口 2 发送中断请求标志位 S2TI 中的任何一个被置为"1"后，串口 2 中断都会产生。标志位 S2RI 和 S2TI 都需要软件清"0"。

当串行口 3 接收中断请求标志位 S3RI 和串行口 3 发送中断请求标志位 S3TI 中的任何一个被置为"1"后，串口 3 中断都会产生。标志位 S3RI 和 S3TI 都需要软件清"0"。

当串行口 4 接收中断请求标志位 S4RI 和串行口 4 发送中断请求标志位 S4TI 中的任何一个被置为"1"后，串口 4 中断都会产生。标志位 S4RI 和 S4TI 都需要软件清"0"。

当 SPI 传输完成时，SPIF 置位，SPI 会产生中断。SPIF 需要用软件清"0"。

ADC 模块的中断请求标志是 ADC_FLAG，该位需用软件清"0"。

低压检测（LVD）中断请求标志是 LVDF，该位需用软件清"0"。

比较器中断标志位 CMPIF =（CMPIF_p || CMPIF_n），其中 CMPIF_p 是内置的标志比较器上升沿中断的寄存器，CMPIF_n 是内置的标志比较器下降沿中断的寄存器；当 CPU 去读取 CMPIF 的数值时会读到（CMPIF_p || CMPIF_n）；当 CPU 对 CMPIF 写"0"后 CMPIF_p 及 CMPIF_n 会被自动设置为"0"。因此，当比较器的比较结果由 LOW 变成 HIGH 时，那么内置的标志比较器上升沿中断的寄存器 CMPIF_p 会被设置成 1，即比较器中断标志位 CMPIF 也会被设置成 1，如果比较器上升沿中断已被允许，即 PIE 已被设置成 1，则向 CPU 请求中断，单片机转去执行该比较器上升沿中断；同理，当比较器的比较结果由 HIGH 变成 LOW 时，那么内置的标志比较器下降沿中断的寄存器 CMPIF_n 会被设置成 1，即比较器中断标志位 CMPIF 也会被设置成 1，如果比较器下降沿中断已被允许，即 NIE 已被设置成 1，则向 CPU 请求中断，单片机转去执行该比较器下降沿中断。中断响应完成后，比较器中断标志位 CMPIF 不会自动被清"0"，用户需通过软件向其写入"0"。

7.3.2 中断控制寄存器

下面介绍 STC8A8K64S4A12 的中断控制寄存器。各个中断控制寄存器的具体使用方法将分散到后续章节各功能模块的介绍中。读者可以先进行浏览学习，有一个总体印象，在学习具体功能模块的时候，再结合应用学习，以加深理解。

1. 中断使能寄存器（IE、IE2、INTCLKO）

STC8A8K64S4A12 单片机对中断源的开放和禁止由两级控制组成，即总控制和对每个中断源的分别控制。总控制用于决定整个中断系统是开放还是关闭，当整个中断系统关闭时，CPU 不响应任何中断请求。对于每个中断源的分别控制是在中断系统开放的前提下，决定某一个中断源是开放还是禁止。

（1）中断使能寄存器 IE

中断使能寄存器 IE 的各位定义如下：

地址	b7	b6	b5	b4	b3	b2	b1	b0	复位值
A8H	EA	ELVD	EADC	ES	ET1	EX1	ET0	EX0	00H

其中，除了 ELVD 和 EADC 外，其他各位的定义与标准 8051 单片机的 IE 的定义相同。

1）ELVD：低压检测中断允许位。

0：禁止低压检测中断；1：允许低压检测中断。

2）EADC：A/D 转换中断允许位。

0：禁止 A/D 转换中断；1：允许 A/D 转换中断。

（2）中断使能寄存器 2（IE2）

中断使能寄存器 2（IE2）的各位定义如下：

地址	b7	b6	b5	b4	b3	b2	b1	b0	复位值
AFH	—	ET4	ET3	ES4	ES3	ET2	ESPI	ES2	00H

1）ET4：定时/计数器 T4 的溢出中断允许位。

0：禁止 T4 中断；1：允许 T4 中断。

2）ET3：定时/计数器 T3 的溢出中断允许位。

0：禁止 T3 中断；1：允许 T3 中断。

3）ES4：串行口 4 中断允许位。

0：禁止串行口 4 中断；1：允许串行口 4 中断。

4）ES3：串行口 3 中断允许位。

0：禁止串行口 3 中断；1：允许串行口 3 中断。

5）ET2：定时/计数器 T2 的溢出中断允许位。

0：禁止 T2 中断；1：允许 T2 中断。

6）ESPI：SPI 中断允许位。

0：禁止 SPI 中断；1：允许 SPI 中断。

7）ES2：串行口 2 中断允许位。

0：禁止串行口 2 中断；1：允许串行口 2 中断。

（3）外部中断与时钟输出控制寄存器 INTCLKO

外部中断与时钟输出控制寄存器 INTCLKO 的各位定义如下：

地址	b7	b6	b5	b4	b3	b2	b1	b0	复位值
8FH	—	EX4	EX3	EX2	—	T2CLKO	T1CLKO	T0CLKO	x000,x000

1) EX4：外部中断 4 中断允许位。

0：禁止 INT4 中断；1：允许 INT4 中断。

2) EX3：外部中断 3 中断允许位。

0：禁止 INT3 中断；1：允许 INT3 中断。

3) EX2：外部中断 2 中断允许位。

0：禁止 INT2 中断；1：允许 INT2 中断。

其他位与中断无关，在此不做介绍。

（4）PCA/CCP/PWM 中断控制寄存器

CMOD 和 CCAPM0~CCAPM3 寄存器的各位定义如下：

符号	地址	b7	b6	b5	b4	b3	b2	b1	b0
CMOD	D9H	CIDL	—	—	—	CPS[2:0]			ECF
CCAPM0	DAH	—	ECOM0	CCAPP0	CCAPN0	MAT0	TOG0	PWM0	ECCF0
CCAPM1	DBH	—	ECOM1	CCAPP1	CCAPN1	MAT1	TOG1	PWM1	ECCF1
CCAPM2	DCH	—	ECOM2	CCAPP2	CCAPN2	MAT2	TOG2	PWM2	ECCF2
CCAPM3	DDH	—	ECOM3	CCAPP3	CCAPN3	MAT3	TOG3	PWM3	ECCF3

与中断使能有关的位如下。

1) ECF：PCA 计数器中断允许位。

0：禁止 PCA 计数器中断；1：允许 PCA 计数器中断。

2) ECCF0~ECCF3 分别是 PCA 模块 0~PCA 模块 3 的中断允许位。

0：禁止 PCA 模块 0 中断；1：允许 PCA 模块 0 中断。

（5）CMPCR1（比较器控制寄存器 1）

比较器控制寄存器 1 的各位定义如下：

符号	地址	b7	b6	b5	b4	b3	b2	b1	b0
CMPCR1	E6H	CMPEN	CMPIF	PIE	NIE	PIS	NIS	CMPOE	CMPRES

与中断使能有关的位如下。

1) PIE：比较器上升沿中断允许位。

0：禁止比较器上升沿中断；1：允许比较器上升沿中断。

2) NIE：比较器下降沿中断允许位。

0：禁止比较器下降沿中断；1：允许比较器下降沿中断。

（6）PWM 控制寄存器 PWMCR

PWM 控制寄存器 PWMCR 的各位定义如下：

符号	地址	b7	b6	b5	b4	b3	b2	b1	b0
PWMCR	FEH	ENPWM	ECBI	—	—	—	—	—	—

与中断使能有关的位如下。

ECBI：增强 PWM 计数器中断允许位。

0：禁止 PWM 计数器中断；1：允许 PWM 计数器中断。

（7）PWM 异常检测控制寄存器 PWMFDCR

PWM 异常检测控制寄存器 PWMFDCR 的各位定义如下：

符号	地址	b7	b6	b5	b4	b3	b2	b1	b0
PWMFDCR	F7H	INVCMP	INVIO	ENFD	FLTFLIO	EFDI	FDCMP	FDIO	FDIF

与中断有关的位如下。

EFDI：PWM 外部异常事件中断允许位。

0：禁止 PWM 外部异常事件中断；1：允许 PWM 外部异常事件中断。

（8）增强型 PWM 控制寄存器

增强型 PWM 控制寄存器的各位定义如下：

符号	地址	b7	b6	b5	b4	b3	b2	b1	b0
PWM0CR	FF04H	ENC0O	C0INI	—	C0_S[1:0]		EC0I	EC0T2SI	EC0T1SI
PWM1CR	FF14H	ENC1O	C1INI	—	C1_S[1:0]		EC1I	EC1T2SI	EC1T1SI
PWM2CR	FF24H	ENC2O	C2INI	—	C2_S[1:0]		EC2I	EC2T2SI	EC2T1SI
PWM3CR	FF34H	ENC3O	C3INI	—	C3_S[1:0]		EC3I	EC3T2SI	EC3T1SI
PWM4CR	FF44H	ENC4O	C4INI	—	C4_S[1:0]		EC4I	EC4T2SI	EC4T1SI
PWM5CR	FF54H	ENC5O	C5INI	—	C5_S[1:0]		EC5I	EC5T2SI	EC5T1SI
PWM6CR	FF64H	ENC6O	C6INI	—	C6_S[1:0]		EC6I	EC6T2SI	EC6T1SI
PWM7CR	FF74H	ENC7O	C7INI	—	C7_S[1:0]		EC7I	EC7T2SI	EC7T1SI

与中断使能有关的位如下。

1）ECnI：PWM 通道 n 电平翻转中断允许位。

0：禁止第 n 通道 PWM 中断；1=允许第 n 通道 PWM 中断。

2）ECnT2SI：PWM 通道 n 第 2 个翻转点中断允许位。

0：禁止第 n 通道 PWM 的第 2 个翻转点中断；1：允许第 n 通道 PWM 的第 2 个翻转点中断。

3）ECnT1SI：PWM 通道 n 第 1 个翻转点中断允许位。

0：禁止第 n 通道 PWM 的第 1 个翻转点中断；1：允许第 n 通道 PWM 的第 1 个翻转点中断。

（9）I^2C 控制寄存器

I^2C 控制寄存器的各位定义如下：

符号	地址	b7	b6	b5	b4	b3	b2	b1	b0
I2CMSCR	FE81H	EMSI	—	—	—	—	MSCMD[2:0]		
I2CSLCR	FE83H	—	ESTAI	ERXI	ETXI	ESTOI	—	—	SLRST

与中断使能有关的位如下。

1）EMSI：I²C 主机模式中断允许位。

0：禁止 I²C 主机模式中断；1：允许 I²C 主机模式中断。

2）ESTAI：I²C 从机接收 START 事件中断允许位。

0：禁止 I²C 从机接收 START 事件中断；1：允许 I²C 从机接收 START 事件中断。

3）ERXI：I²C 从机接收数据完成事件中断允许位。

0：禁止 I²C 从机接收数据完成事件中断；1：允许 I²C 从机接收数据完成事件中断。

4）ETXI：I²C 从机发送数据完成事件中断允许位。

0：禁止 I²C 从机发送数据完成事件中断；1：允许 I²C 从机发送数据完成事件中断。

5）ESTOI：I²C 从机接收 STOP 事件中断允许位。

0：禁止 I²C 从机接收 STOP 事件中断；1：允许 I²C 从机接收 STOP 事件中断。

2. 中断请求寄存器

STC8A8K64S4A12 的中断请求信号（中断源）分别锁存在特殊功能寄存器 TCON、AUXINTIF、SCON、S2CON、S3CON、S4CON、PCON、CCON、ADC_CONTR、SPSTAT 中，下面分别进行介绍。

（1）定时器寄存器（TCON）

定时器寄存器 TCON 的各位定义与标准 8051 相同。

（2）中断标志辅助寄存器（AUXINTIF）

中断标志辅助寄存器 AUXINTIF 中锁存了 INT2~INT4、T2~T4 的中断请求标志，各位定义如下：

地址	b7	b6	b5	b4	b3	b2	b1	b0	复位值
EFH	—	INT4IF	INT3IF	INT2IF	—	T4IF	T3IF	T2IF	x000,x000

1）INT4IF：外部中断 4 中断请求标志。需要软件清 "0"。

2）INT3IF：外部中断 3 中断请求标志。需要软件清 "0"。

3）INT2IF：外部中断 2 中断请求标志。需要软件清 "0"。

4）T4IF：定时器 4 溢出中断标志。需要软件清 "0"。

5）T3IF：定时器 3 溢出中断标志。需要软件清 "0"。

6）T2IF：定时器 2 溢出中断标志。需要软件清 "0"。

（3）串口 1 控制寄存器（SCON）

用于对串口 1 的工作方式进行控制，其最低两位锁存串口 1 串行发送中断标志 TI 和串行接收中断标志 RI。SCON 的各位定义与标准 8051 相同。

（4）串口 2 控制寄存器（S2CON）

寄存器 S2CON 用于确定串口 2 的操作方式和控制串口 2 的某些功能，并设有接收和发送中断标志（S2RI 及 S2TI）位。S2CON 的各位定义如下：

地址	b7	b6	b5	b4	b3	b2	b1	b0	复位值
9AH	S2SM0	—	S2SM2	S2REN	S2TB8	S2RB8	S2TI	S2RI	40H

其中，S2RI 和 S2TI 是串口 2 的接收中断标志和发送中断标志，与寄存器 SCON 对应位的含义和功能类似，在此不再详细描述。

（5）串口 3 控制寄存器（S3CON）

寄存器 S3CON 用于确定串口 3 的操作方式和控制串口 3 的某些功能，并设有接收和发送中断标志（S3RI 及 S3TI）位。S3CON 的各位定义如下：

地址	b7	b6	b5	b4	b3	b2	b1	b0	复位值
ACH	S3SM0	S3ST3	S3SM2	S3REN	S3TB8	S3RB8	S3TI	S3RI	00H

其中，S3RI 和 S3TI 是串口 3 的接收中断标志和发送中断标志，与寄存器 SCON 对应位的含义和功能类似，在此不再详细描述。

（6）串口 4 控制寄存器（S4CON）

寄存器 S4CON 用于确定串口 4 的操作方式和控制串口 4 的某些功能，并设有接收和发送中断标志（S4RI 及 S4TI）位。S4CON 的各位定义如下：

地址	b7	b6	b5	b4	b3	b2	b1	b0	复位值
84H	S4SM0	S4ST4	S4SM2	S4REN	S4TB8	S4RB8	S4TI	S4RI	00H

其中，S4RI 和 S4TI 是串口 4 的接收中断标志和发送中断标志，与寄存器 SCON 对应位的含义和功能类似，在此不再详细描述。

（7）电源管理寄存器（PCON）

电源管理寄存器 PCON 的各位定义如下：

地址	b7	b6	b5	b4	b3	b2	b1	b0	复位值
87H	SMOD	SMOD0	LVDF	POF	GF1	GF0	PD	IDL	30H

与中断有关的位是 LVDF。LVDF 是低电压检测标志位，同时也是低电压检测中断请求标志位。在正常工作和空闲工作状态时，如果内部工作电压 V_{cc} 低于低电压检测门槛电压，低电压中断请求标志位（LVDF/PCON.5）自动置"1"，与低电压检测中断是否被允许无关。即在内部工作电压 V_{cc} 低于低电压检测门槛电压时，不管有没有允许低电压检测中断，LVDF/PCON.5 都自动为"1"。该位要用软件清"0"，清"0"后，如内部工作电压 V_{cc} 低于低电压检测门槛电压，该位又被自动设置为"1"。

在进入掉电工作状态前，如果低电压检测电路未被允许可产生中断，则在进入掉电模式后，该低电压检测电路不工作以降低功耗。如果被允许可产生低电压检测中断（相应的中断允许位是 ELVD/IE.6，中断请求标志位是 LVDF/PCON.5），则在进入掉电模式后，该低电压检测电路继续工作，在内部工作电压 V_{cc} 低于低电压检测门槛电压后，产生低电压检测中断，可将 MCU 从掉电状态唤醒。

（8）PCA 控制寄存器（CCON）

CCON 各位的定义如下：

地址	b7	b6	b5	b4	b3	b2	b1	b0	复位值
D8H	CF	CR	—	—	CCF3	CCF2	CCF1	CCF0	00xx,0000B

1）CF：PCA 计数器中断请求标志。当 PCA 计数器溢出时，CF 由硬件置位。如果 CMOD 寄存器的 ECF 位置位，CF 标志可用来产生中断。CF 位可通过硬件或软件置位，但只能通过软件清"0"。

2）CCF3/CCF2/CCF1/CCF0：PCA 各个模块的标志。其中，CCF0 对应模块 0，CCF1 对应模块 1，CCF2 对应模块 2，CCF3 对应模块 3。

当发生匹配或比较时由硬件置位相应的标志位。这些标志只能通过软件清除。在中断服务程序中，通过判断各个标志来确定是哪个模块产生了中断。

（9）ADC 控制寄存器（ADC_CONTR）

ADC 控制寄存器的各位定义如下：

地址	b7	b6	b5	b4	b3	b2	b1	b0	复位值
BCH	ADC_POWER	ADC_START	ADC_FLAG	—		ADC_CHS[3:0]			000x,0000

与中断相关的位是 A/D 转换结束标志位 ADC_FLAG。当 ADC 完成一次转换后，硬件会自动将此位置"1"。若允许 ADC 转换中断（EADC=1，EA=1），则由该位申请产生中断。也可以由软件查询该标志位判断 A/D 转换是否结束。不管是 A/D 转换完成后由该位申请产生中断，还是由软件查询该标志位 A/D 转换是否结束，当 A/D 转换完成后，ADC_FLAG=1，一定要由软件将其清"0"。

（10）SPI 状态寄存器（SPSTAT）

SPI 状态寄存器的各位定义如下：

地址	b7	b6	b5	b4	b3	b2	b1	b0	复位值
CDH	SPIF	WCOL	—	—	—	—	—	—	00xx,xxxx

SPIF 是 SPI 中断标志位。当发送/接收完成 1 字节的数据后，硬件自动将此位置"1"，并向 CPU 提出中断请求。当 SSIG 位被设置为"0"时，由于 SS 引脚电平的变化而使得设备的主/从模式发生改变时，此标志位也会被硬件自动置"1"，以标志设备模式发生变化。此标志位必须用户通过软件方式向此位写"1"进行清"0"。

（11）I²C 状态寄存器（I²CMSST、I²CSLST）

I²C 状态寄存器各位的定义如下：

符号	地址	b7	b6	b5	b4	b3	b2	b1	b0	复位值
I²CMSST	FE82H	MSBUSY	MSIF	—	—	—	—	MSACKI	MSACKO	00xx,xx00
I²CSLST	FE84H	SLBUSY	STAIF	RXIF	TXIF	STOIF	TXING	SLACKI	SLACKO	0000,0000

1）MSIF：I²C 主机模式中断请求标志。需要软件清"0"。

2）STAIF：I²C 从机接收 START 事件中断请求标志。需要软件清"0"。

3）RXIF：I²C 从机接收数据完成事件中断请求标志。需要软件清"0"。

4）TXIF：I²C 从机发送数据完成事件中断请求标志。需要软件清"0"。

5）STOIF：I²C 从机接收 STOP 事件中断请求标志。需要软件清"0"。

除了上述寄存器外，还有比较器控制寄存器 1（CMPCR1，用于比较器模块的中断控制)、PWM 控制寄存器（PWMCFG，用于设置 PWM 计数器中断）、PWM 中断标志寄存器（PWMIF，保存 0~7 通道的中断标志）、PWM 异常检测控制寄存器（PWMFDCR，用于 PWM 异常检测中断使能控制和保存 PWM 异常检测中断标志），PWM0~7 的控制寄存器（PWM0CR~PWM7CR）。详细内容请参考产品手册。

3. 中断优先级寄存器（IP、IPH、IP2、IP2H）

除外部中断 2、外部中断 3、串口 3 中断、串口 4 中断、定时器 2 中断、定时器 3 中断、定时器 4 中断固定是最低优先级中断外，通过设置特殊功能寄存器（IP、IPH、IP2、IP2H）中的相应位，STC8A8K64S4A12 单片机的其他所有中断请求源的中断优先级可设为 4 级，实现 4 级中断嵌套。STC8A8K64S4A12 单片机对中断优先级的处理原则与 8051 单片机相同。下面介绍各中断优先级寄存器。

中断优先级控制寄存器定义如下：

符号	地址	b7	b6	b5	b4	b3	b2	b1	b0	复位值
IP	B8H	PPCA	PLVD	PADC	PS	PT1	PX1	PT0	PX0	00H
IPH	B7H	PPCAH	PLVDH	PADCH	PSH	PT1H	PX1H	PT0H	PX0H	00H
IP2	B5H	—	PI2C	PCMP	PX4	PPWMFD	PPWM	PSPI	PS2	x000,0000
IP2H	B6H	—	PI2CH	PCMPH	PX4H	PPWMFDH	PPWMH	PSPIH	PS2H	x000,0000

1）PX0H，PX0：外部中断 0 中断优先级控制位。

00：INT0 中断优先级为 0 级（最低级）。01：INT0 中断优先级为 1 级（较低级）。

10：INT0 中断优先级为 2 级（较高级）。11：INT0 中断优先级为 3 级（最高级）。

2）PT0H，PT0：定时器 0 中断优先级控制位。

00：T0 中断优先级为 0 级（最低级）。01：T0 中断优先级为 1 级（较低级）。

10：T0 中断优先级为 2 级（较高级）。11：T0 中断优先级为 3 级（最高级）。

3）PX1H，PX1：外部中断 1 中断优先级控制位。

00：INT1 中断优先级为 0 级（最低级）。01：INT1 中断优先级为 1 级（较低级）。

10：INT1 中断优先级为 2 级（较高级）。11：INT1 中断优先级为 3 级（最高级）。

4）PT1H，PT1：定时器 1 中断优先级控制位。

00：T1 中断优先级为 0 级（最低级）。01：T1 中断优先级为 1 级（较低级）。

10：T1 中断优先级为 2 级（较高级）。11：T1 中断优先级为 3 级（最高级）。

5）PSH，PS：串口 1 中断优先级控制位。

00：串口 1 中断优先级为 0 级（最低级）。01：串口 1 中断优先级为 1 级（较低级）。

10：串口 1 中断优先级为 2 级（较高级）。11：串口 1 中断优先级为 3 级（最高级）。

6）PADCH，PADC：ADC 中断优先级控制位。

00：ADC 中断优先级为 0 级（最低级）。01：ADC 中断优先级为 1 级（较低级）。

10：ADC 中断优先级为 2 级（较高级）。11：ADC 中断优先级为 3 级（最高级）。

7）PLVDH，PLVD：低压检测中断优先级控制位。

00：LVD 中断优先级为 0 级（最低级）。01：LVD 中断优先级为 1 级（较低级）。

10：LVD 中断优先级为 2 级（较高级）。11：LVD 中断优先级为 3 级（最高级）。

8）PPCAH，PPCA：CCP/PCA 中断优先级控制位。

00：CCP/PCA 中断优先级为 0 级（最低级）。

01：CCP/PCA 中断优先级为 1 级（较低级）。

10：CCP/PCA 中断优先级为 2 级（较高级）。

11：CCP/PCA 中断优先级为 3 级（最高级）。

9）PS2H，PS2：串口 2 中断优先级控制位。

00：串口 2 中断优先级为 0 级（最低级）。01：串口 2 中断优先级为 1 级（较低级）。

10：串口 2 中断优先级为 2 级（较高级）。11：串口 2 中断优先级为 3 级（最高级）。

10）PSPIH，PSPI：SPI 中断优先级控制位。

00：SPI 中断优先级为 0 级（最低级）。01：SPI 中断优先级为 1 级（较低级）。

10：SPI 中断优先级为 2 级（较高级）。11：SPI 中断优先级为 3 级（最高级）。

11）PPWMH，PPWM：增强型 PWM 中断优先级控制位。

00：增强型 PWM 中断优先级为 0 级（最低级）。

01：增强型 PWM 中断优先级为 1 级（较低级）。

10：增强型 PWM 中断优先级为 2 级（较高级）。

11：增强型 PWM 中断优先级为 3 级（最高级）。

12）PPWMFDH，PPWMFD：增强型 PWM 异常检测中断优先级控制位。

00：PWMFD 中断优先级为 0 级（最低级）。

01：PWMFD 中断优先级为 1 级（较低级）。

10：PWMFD 中断优先级为 2 级（较高级）。

11：PWMFD 中断优先级为 3 级（最高级）。

13）PX4H，PX4：外部中断 4 中断优先级控制位。

00：INT4 中断优先级为 0 级（最低级）。01：INT4 中断优先级为 1 级（较低级）。

10：INT4 中断优先级为 2 级（较高级）。11：INT4 中断优先级为 3 级（最高级）。

14）PCMPH，PCMP：比较器中断优先级控制位。

00：CMP 中断优先级为 0 级（最低级）。01：CMP 中断优先级为 1 级（较低级）。

10：CMP 中断优先级为 2 级（较高级）。11：CMP 中断优先级为 3 级（最高级）。

15）PI2CH，PI2C：I^{2}C 中断优先级控制位。

00：I^{2}C 中断优先级为 0 级（最低级）。01：I^{2}C 中断优先级为 1 级（较低级）。

10：I^{2}C 中断优先级为 2 级（较高级）。11：I^{2}C 中断优先级为 3 级（最高级）。

IP、IPH、IP2 和 IP2H 一起确定 STC8A8K64S4A12 单片机的 4 个中断优先级。STC8A8K64S4A12 单片机的中断源及其相关控制见表 7-4。

表 7-4　STC8A8K64S4A12 的中断源及其相关控制

中断源	中断入口地址	中断号	优先级设置	优先级	中断请求位	中断允许位
INT0	0003H	0	PX0,PX0H	0/1/2/3	IE0	EX0
Timer0	000BH	1	PT0,PT0H	0/1/2/3	TF0	ET0
INT1	0013H	2	PX1,PX1H	0/1/2/3	IE1	EX1
Timer1	001BH	3	PT1,PT1H	0/1/2/3	TF1	ET1

中断源	中断入口地址	中断号	优先级设置	优先级	中断请求位	中断允许位
UART1	0023H	4	PS,PSH	0/1/2/3	RI/TI	ES
ADC	002BH	5	PADC,PADCH	0/1/2/3	ADC_FLAG	EADC
LVD	0033H	6	PLVD,PLVDH	0/1/2/3	LVDF	ELVD
PCA	003BH	7	PPCA,PPCAH	0/1/2/3	CF	ECF
					CCF0	ECCF0
					CCF1	ECCF1
					CCF2	ECCF2
					CCF3	ECCF3
UART2	0043H	8	PS2,PS2H	0/1/2/3	S2RI/S2TI	ES2
SPI	004BH	9	PSPI,PSPIH	0/1/2/3	SPIF	ESPI
INT2	0053H	10		0	INT2IF	EX2
INT3	005BH	11		0	INT3IF	EX3
Timer2	0063H	12		0	T2IF	ET2
INT4	0083H	16	PX4,PX4H	0/1/2/3	INT4IF	EX4
UART3	008BH	17		0	S3RI/S3TI	ES3
UART4	0093H	18		0	S4RI/S4TI	ES4
Timer3	009BH	19		0	T3IF	ET3
Timer4	00A3H	20		0	T4IF	ET4
CMP	00ABH	21	PCMP,PCMPH	0/1/2/3	CMPIF	PIE|NIE
PWM	00B3H	22	PPWM,PPWMH	0/1/2/3	CBIF	ECBI
					C0IF	EC0I && EC0T1SI
						EC0I && EC0T2SI
					C1IF	EC1I && EC1T1SI
						EC1I && EC1T2SI
					C2IF	EC2I && EC2T1SI
						EC2I && EC2T2SI
					C3IF	EC3I && EC3T1SI
						EC3I && EC3T2SI
					C4IF	EC4I && EC4T1SI
						EC4I && EC4T2SI
					C5IF	EC5I && EC5T1SI
						EC5I && EC5T2SI
					C6IF	EC6I && EC6T1SI
						EC6I && EC6T2SI
					C7IF	EC7I && EC7T1SI
						EC7I && EC7T2SI

中断源	中断入口地址	中断号	优先级设置	优先级	中断请求位	中断允许位
PWMFD	00BBH	23	PPWMFD,PPWMFDH	0/1/2/3	FDIF	EFDI
I²C	00C3H	24	PI2C,PI2CH	0/1/2/3	MSIF	EMSI
					STAIF	ESTAI
					RXIF	ERXI
					TXIF	ETXI
					STOIF	ESTOI

中断优先级控制寄存器的各位都可由用户程序置 "1" 或清 "0"。表 7-4 中的中断号即为默认中断优先级次序号，在使用 C 语言编写中断函数时会用到。

7.4 中断应用开发举例

7.4.1 中断使用过程中需要注意的问题

在嵌入式系统中，中断是一种很有效的事件处理方式。但是，如果使用不当，往往会产生一些意想不到的结果。为了获得正确的结果可能要花费大量的调试时间，而且中断服务子程序的错误是比较难以被发现和纠正的。为了避免出现类似的问题，下面介绍中断使用过程中需要注意的问题。

1. 寄存器保护

在主程序的执行过程中，在任何地方都有可能进入中断程序，因此，必须保证在任何时候都要做好中断现场的保护工作。例如：

```
CLR    C
MOV    A,#25H
ADDC   A,#10H
```

经过以上的处理，累加器将会得到 35H。然而，如果在 MOV 指令后发生一个中断将出现什么状况呢。在这个中断期间，进位标志被置位，累加器的值变为 40H，当中断结束时，控制权重新交给主程序，ADDC 将把 10H 加到 40H 上，由于进位标志的置位，再加上一个附加的 01H，那么累加器在执行结束时将得到 51H。

如果这样，累加器似乎得到了一个错误的结果，25H 加上 10H 怎么会等于 51H 呢，这显然是不合理的。实际上，如果中断使用了累加器，那么必须保证在中断结束时累加器的值不发生变化。所以，必须在中断开始时和中断结束时使用 PUSH 和 POP 指令进行现场的保护和恢复。例如，在中断服务程序中可以书写类似于下面的代码：

```
PUSH   ACC
PUSH   PSW
MOV    A,#0FFH
ADD    A,#02H
POP    PSW
```

```
POP        ACC
```

可以看到，中断处理子程序的核心是 MOV 指令和 ADD 指令。显然，MOV 指令修改了累加器，ADD 指令修改了进位标志位。为了确保在程序运行期间寄存器的值不被改变，所以通过使用 PUSH 指令将中断执行前的值压入堆栈。一旦中断处理结束，再通过 POP 指令将中断执行前的值送回寄存器。当中断结束时，因为寄存器的值与中断执行之前的值相同，那么主程序就不会有什么不同，也就不会产生错误的结果。

通常情况下，在中断服务子程序中，需要保护那些在主程序中用到而不想被中断服务子程序修改内容的寄存器。例如，如果在主程序中用到 DPTR，并且不想被别的子程序修改内容，在中断服务程序中也用到 DPTR，此时，就应该在中断服务子程序中使用 PUSH 和 POP 指令对 DPTR 加以保护和恢复。即在中断服务程序中加入类似于下面的代码：

```
PUSH      DPH
PUSH      DPL
;其他代码
POP       DPL
POP       DPH
RETI
```

如果用 C 语言编写中断处理程序，通常开发环境本身会自动进行寄存器保护，因此用户不必再编写现场保护代码。

2. 使用中断常出现的问题

如果使用了中断，而程序又不能正确的执行或不能达到预期的目标，可以检查下面与中断有关的内容。

1）寄存器保护。保证所有前面提及的寄存器被保护。如果忘记保护主程序使用的寄存器，可能会产生错误结果。如果寄存器未按预期的愿望改变其中的值或者出现错误的值，这很可能是因为寄存器没有被保护。

2）忘记恢复被保护的值。中断结束后忘记将保护数据从堆栈中弹出。例如将 ACC、B、和 PSW 压入堆栈进行保护，随后在中断结束后忘记恢复 B 中的值，因此将在堆栈中留下一个特殊的值。在使用 RETI 指令的时候，8051 将使用那个错误的值作为返回地址，其后果是无法预料的。

3）中断服务子程序返回时使用了 RET 指令而不是 RETI。中断的返回应使用 RETI 指令，而有时错用了 RET 指令，而 RET 指令不能结束中断。通常情况下，使用 RET 指令代替 RETI 指令会引起主程序的混乱。若发现中断仅仅执行了一次，那么可以检查子程序是否使用了 RETI 指令。

4）中断程序尽量短小。中断服务子程序应该尽量短小，这样其执行速度更快。例如，一个接收串行中断应该从 SBUF 中读一个字节，并且将其复制到用户定义的临时缓冲区中，然后退出中断程序，由主程序来处理在缓冲区中的数据。中断的时间消耗越少，那么在中断发生时就可以越快的处理中断。

5）注意中断标志的清除问题。某些中断的中断标志不是在响应相应中断时由硬件自动清除的，用户需要在中断服务程序返回前，使用指令将标志位清 "0"，否则，中断返回后，还将产生一次新的中断。例如外部中断2~5、定时/计数器2、串行通信中断以及所有的辅助中断。

7.4.2 中断应用开发举例

下面以具体实例说明中断的应用开发方法。

【例7-1】利用$\overline{INT0}$引入单脉冲,每来一个负脉冲,将连接到P6口的发光二极管循环点亮(假设输出点亮LED采用灌电流方式,即输出低电平时LED亮,高电平时LED灭)。

解: 利用$\overline{INT0}$的下降沿触发中断。

汇编语言程序如下:

```
        $INCLUDE (STC8. INC)
        ORG     0000H
        LJMP    MAIN
        ORG     0003H
        LJMP    INT0_ISR
        ORG     0100H
MAIN:
        MOV     SP,#60H
        MOV     P6M1,#00H
        MOV     P6M0,#00H
        MOV     A,#01H
        MOV     P6,#0FFH
        SETB    IT0              ;设置下降沿触发中断
        SETB    EX0              ;开放外部中断1
        SETB    EA               ;开放总中断
        SJMP    $                ;等待,本条指令相当于"HERE: LJMP  HERE"
INT0_ISR:
        CPL     A
        MOV     P6,A
        RL      A
        RETI
        END
```

对应的C语言版本如下:

```
#include "stc8. h"              //包含单片机寄存器定义头文件
void INT0_ISR(void) interrupt 0
{
    static unsigned char i=0x01;

    i<<=1;
    if (i==0) i=1;              //移位8次后,i将变为0,因此需要重新赋值
    P6=~i;
}
void main(void)
```

```
{
    P6M1 = 0;
    P6M0 = 0;                        //将整个P6口所有口线设置为准双向口模式
    P6 = 0xff;
    IT0 = 1;
    EX0 = 1;
    EA = 1;
    while(1);                        //循环等待
}
```

由以上例子可以发现 C 语言程序与汇编语言程序的对应关系。

【例 7-2】外部中断源扩展。当外部中断源多于两个时，可采用硬件申请与软件查询结合的方法，把多个中断源通过硬件"线或"或经或非门引入外中断源输入端（$\overline{INT0}$ 或 $\overline{INT1}$），同时又连到某 I/O 口。这样，每个源都可能引起中断，在中断服务程序中通过软件查询便可确定哪一个是正在申请的中断源，其查询的次序则由中断源优先级决定，这就可实现多个外部中断源的扩展。

如图 7-4 所示的中断线路可实现系统的故障显示，当系统的各部分工作正常时，4 个故障源输入端全为低电平，指示灯全熄灭。若某部分出现故障，则对应的输入线由低电平变为高电平，从而引起 8051 中断，试设计判定故障源的程序，并进行相应的灯光显示。

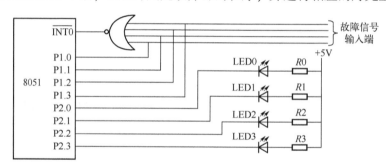

图 7-4 利用中断线路显示系统故障

解：通过或非门，将上升沿转换为下降沿，利用下降沿中断方式实现。

汇编语言程序如下：

```
            ORG     0000H
            LJMP    MAIN                ;转主程序
            ORG     0003H
            LJMP    INT0_ISR            ;转中断服务程序
            ORG     0100H
MAIN：      MOV     SP,#60H
            MOV     P2,#0FFH            ;指示灯全熄灭
            SETB    IT0                 ;INT0为沿触发中断方式
            SETB    EX0                 ;允许INT0中断
            SETB    EA                  ;CPU开中断
            SJMP    $                   ;等待中断
```

```
INT0_ISR:
        MOV        A,P1                    ;对应关系:LED0→P2.0→P1.0,其他类推
        CPL        A
        ANL        A,#0FH
        MOV        P2,A
        RETI
        END
```

对应的 C 语言版程序:

```
#include "reg51.h"                //包含寄存器定义头文件
void INT0_ISR (void) interrupt 0  //外部中断函数
{
    P2 = ~P1;
}
void main (void)
{
    P2 = 0x0f;                    //熄灭所有的指示灯
    IT0 = 1;                      //外部中断 0 为边沿触发方式
    EX0 = 1;                      //允许外部中断 0
    EA  = 1;                      //允许总的中断
    while(1);                     //等待中断
}
```

【例 7-3】 利用 $\overline{INT2}$ 引入单脉冲,实现每来一个负脉冲,将连接到 P6 口的发光二极管循环点亮。

解:利用 $\overline{INT2}$ 的下降沿触发中断。

汇编语言程序如下:

```
        $ INCLUDE (STC8.INC)
        ORG        0000H
        LJMP       MAIN
        ORG        0053H
        LJMP       INT2_ISR
        ORG        0100H
MAIN:
        MOV        SP,#60H
        MOV        A,#01H
        MOV        P6M1,#00H
        MOV        P6M0,#00H        ;设置 P6 口的工作方式为准双向口
        MOV        P6,#0FFH
        ORL        INTCLKO,#10H     ;开放外部中断 2
        SETB       EA               ;开放总中断
        SJMP       $                ;等待,本条指令相当于"HERE:LJMP   HERE"
INT2_ISR:
```

```
            ANL       AUXINTIF,#0EFH        ;清除外部中断 2 的中断标志
            CPL       A
            MOV       P6,A
            RL        A
            RETI
            END
```

对应的 C 语言版本如下：

```
#include "stc8. h"                //包含 STC8A8K64S4A12 单片机寄存器定义头文件
void INT2_isr(void) interrupt 10
{
    static unsigned char i = 0x01;
    AUXINTIF& = 0xef;          //清除外部中断 2 的中断标志
    i<<=1;
    if (i = =0) i = 1;         //移位 8 次后,i 将变为 0,因此需要重新赋值
    P6 = ~i;
}
void main(void)
{
    P6M1 = 0;
    P6M0 = 0;
    P6 = 0xff;
    INTCLKO| = 0x10;
    EA = 1;
    while(1);                   //循环等待
}
```

7.5 习题

1. 什么是中断？比较中断与子程序调用的区别。

2. 简述 8051 单片机的 5 种中断源。8051 单片机的外部触发有几种中断触发方式？如何选择中断源的触发方式？简述 STC8A8K64S4A12 单片机的中断源及中断源的触发方式。

3. 简述 STC8A8K64S4A12 单片机的中断响应条件及过程。

4. 编写中断程序：将 T0 置为方式 2 计数，计数初值 0H，计数输入端 P3.4，当发生一次跳变，计数器开始加 1 计数，当计数器溢出产生中断时，中断处理程序让计数器清 "0"。

5. 设计一故障检测系统，当出现故障 1 时，线路 1 上出现上升沿；当出现故障 2 时，线路 2 上出现下降沿；当出现故障 3 时，线路 3 出现上升沿。没有故障时，线路 1 和线路 3 为低电平，线路 2 为高电平。出现故障时，相应的指示灯变亮。故障消失后，指示灯熄灭。试用 STC8A8K64S4A12 单片机和必要的数字逻辑电路实现该故障检测功能，画出电路原理图，并写出相应程序。

6. 编写中断服务程序时，应该注意哪些事项？

第8章 定时/计数器

学习目标:

◇ 学习 STC8A8K64S4A12 的定时/计数器、可编程时钟和可编程计数器阵列（PCA）的原理及应用。

学习重点与难点:

◇ STC8A8K64S4A12 单片机定时/计数器的特点及应用。

在自动检测和控制系统中，常常需要定时（或延时）控制或者对外界事件进行计数。在单片机应用系统中，可供选择的定时方法有以下几种。

（1）软件定时

软件定时靠执行一个循环程序来实现。软件定时要完全占用 CPU，增加 CPU 开销，因此软件定时的时间不宜太长。

（2）硬件定时

对于时间较长的定时，常使用硬件实现。硬件定时的特点是定时功能全部由硬件电路完成，不占用 CPU 时间，但需要通过改变电路的元件参数来调节定时时间，在使用控制上不够方便，同时增加了开发成本。

（3）可编程定时器定时

这种定时方法是通过对系统时钟脉冲的计数来实现，由单片机内部的定时模块单元完成。

STC8A8K64S4A12 单片机内部集成了下面与定时功能有关的模块。

1）5 个 16 位的通用定时/计数器 T0、T1、T2、T3 和 T4，不仅可以方便地用于定时控制，而且还可以用作分频器和用于事件记录。

2）可编程时钟输出功能，可用于给外部器件提供时钟。

3）4 路可编程计数器阵列（Programmable Counter Array，PCA）。可用于软件定时器、外部脉冲的捕捉、高速脉冲输出以及脉宽调制（Pulse Width Modulation，PWM）输出。

由于 STC8A8K64S4A12 单片机的定时/计数器完全能够替代传统 8051 单片机的定时/计数器所有的功能，因此，本章直接介绍 STC8A8K64S4A12 单片机的定时/计数器、可编程时钟和可编程计数器阵列的原理、特点及应用。

8.1 STC8A8K64S4A12 单片机的定时/计数器

8.1.1 定时/计数器的结构及工作原理

单片机定时/计数器的一般结构框图如图 8-1 所示。

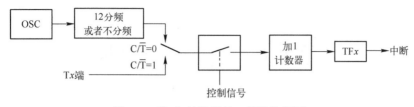

图 8-1　定时/计数器的一般结构框图

由图 8-1 可见，定时/计数器的核心是一个加 1 计数器，加 1 计数器的脉冲有两个来源，一个是外部脉冲源 Tx，另一个是系统的时钟振荡器 OSC。计数器对两个脉冲源之一进行输入计数，每输入一个脉冲，计数值加 1。当计数到计数器为全 1 时，再输入一个脉冲就使计数值回零，同时从最高位溢出一个脉冲使溢出标志位 TFx 置"1"，该位同时作为计数器的溢出中断标志。如果定时/计数器工作于定时状态，则表示定时的时间到；若工作于计数状态，则表示计数回零。所以，加 1 计数器的基本功能是对输入脉冲进行计数，至于其工作于定时还是计数状态，则取决于外接什么样的脉冲源。当脉冲源为定时时钟振荡器 OSC（等间隔脉冲序列）时，由于计数脉冲为一时间基准，所以脉冲数乘以脉冲间隔时间就是定时时间，因此为定时功能。当脉冲源为间隔不等的外部脉冲发生器时，在 Tx 端有一个 1→0 的跳变时加 1，就是外部事件的计数器，因此为计数功能。

图 8-1 中有两个模拟的位开关，前者决定定时/计数器工作方式：是定时还是计数。当开关与振荡器连接时为定时，与 Tx 端相接则为计数。后一个开关受控制信号的控制，它实际上决定了脉冲源是否加到计数器输入端，即决定了加 1 计数器的开启与运行。在实际结构中，起这两个开关作用的是相关特殊功能寄存器的相应位。这些相关特殊功能寄存器是专门用于定时/计数器的控制寄存器，用户可用指令对其各位进行写入或更改操作，从而选择不同的工作方式（计数或定时）或启动计数，并可设置相应的控制条件。换句话说，定时/计数器是可编程的。

5 个 16 位的通用定时/计数器 T0、T1、T2、T3 和 T4 分别由两个 8 位的特殊功能寄存器 THn 和 TLn 组成（$n=0$、1、2、3、4）。图 8-2 给出了单片机中的微处理器与定时器相关特殊功能寄存器之间的关系框图，它反映了定时/计数器在单片机中的位置和总体结构。

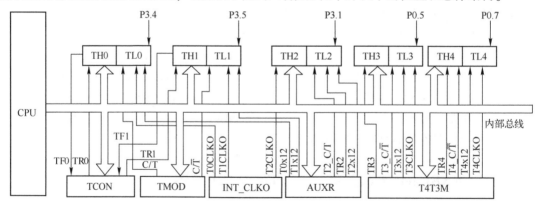

图 8-2　单片机中的微处理器与定时器相关特殊寄存器的关系框图

作为定时器使用时，STC8A8K64S4A12 的定时/计数器脉冲源可以选择是否 12 分频，定时器/计数器 T0、T1 及 T2 分别由辅助寄存器 AUXR 中的 T0x12、T1x12 和 T2x12 三个控制位进行设置，定时器/计数器 T3、T4 由特殊功能寄存器 T4T3M 中的 T3x12 和 T4x12 两个控制位进行设置。例如，对于 T0 来说，当 T0x12 = 0 时，使用 12 分频（与传统 8051 单片机兼容）；当 T0x12 = 1 时，直接使用振荡器时钟（即不分频）。当定时器/计数器工作在计数模式时，计数器对外部事件计数。计数脉冲来自外部输入引脚。STC8A8K64S4A12 对外部脉冲计数不分频，当外部输入引脚发生 "1→0" 的负跳变时，计数器加 1。

8.1.2 定时/计数器的工作方式

STC8A8K64S4A12 的定时器/计数器 T0 有 4 种工作模式：模式 0（16 位自动重装载模式）、模式 1（16 位不可重装载模式）、模式 2（8 位自动重装模式）和模式 3（不可屏蔽中断的 16 位自动重装载模式）。定时器/计数器 T1 除模式 3 外，其他工作模式与定时器/计数器 0 相同。T1 在模式 3 时无效，停止计数。定时器 T2、T3 和 T4 的工作模式固定为 16 位自动重装载模式，它们可以当定时器使用，也可以当串口的波特率发生器和可编程时钟输出。为了便于与定时器 0 和 1 统一描述，将产品手册中的 T2L 和 T2H 分别用 TL2 和 TH2 表示，T3L 和 T3H 分别用 TL3 和 TH3 表示，T4L 和 T4H 分别用 TL4 和 TH4 表示。在 STC8.INC 和 stc8.h 文件中分别进行了声明，读者可直接使用。

定时器 T0 和 T1 的工作方式可通过 TMOD 中的 M1、M0 设置。T0 的工作方式 3 和工作方式 0 除了在中断处理不同外，其他方面都相同。在实际应用中，T0 和 T1 的工作方式 0 完全可以满足需求，因此，对于 T0 和 T1，在此只介绍工作方式 0，其他工作方式可参阅产品手册。

T0 和 T1 工作方式 0 的原理图如图 8-3 所示。

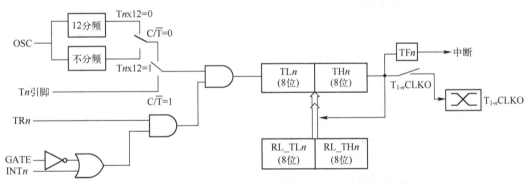

图 8-3　T0 和 T1 工作方式 0 的原理图（$n = 0,1$）

当 GATE = 0 时，如 TRn = 1，则定时器计数。GATE = 1 时，允许由外部输入 INTn 控制定时器 0，这样可实现脉宽测量。

当 C/$\overline{\text{T}}$ = 0 时，多路开关连接到系统时钟的分频输出，Tn 对内部系统时钟计数，Tn 工作在定时方式。当 C/$\overline{\text{T}}$ = 1 时，多路开关连接到外部脉冲输入，Tn 对外部脉冲计数，即 Tn 工作在计数方式。

STC8A8K64S4A12 单片机的定时器有两种计数速率：一种是 12T 模式，每 12 个时钟加 1（称为 "12 分频"），速度与传统 8051 单片机相同；另一种是 1T 模式，每 1 个时钟加 1（称为 "不分频"），速度是传统 8051 单片机的 12 倍。T0 和 T1 的速率分别由辅助寄存器 AUXR 中的 T0x12 和 T1x12 两个控制位决定，如果 T0x12 = 0，T0 则工作在 12T 模式；如果 T0x12 =

1，T0 则工作在 1T 模式。如果 T1x12＝0，则 T1 工作在 12T 模式；如果 T1x12＝1，则 T1 工作在 1T 模式。

当定时器工作在模式 0 时，[TLn,THn]的溢出不仅置位 TFn，而且会自动将时间常数重新装入[TLn,THn]。

当 T0CLKO＝1 时，T1/P3.5 引脚配置为定时器 0 的时钟输出 T0CLKO。

当 T1CLKO＝1 时，T0/P3.4 引脚配置为定时器 1 的时钟输出 T1CLKO。

定时器 T2 的原理图如图 8-4 所示，T3 和 T4 的原理图与 T2 类似。

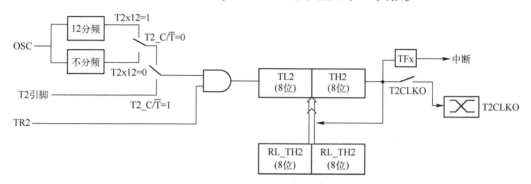

图 8-4　定时器 T2 的原理图

T2、T3 和 T4 的工作方式与 T0 的工作方式 0 类似，读者可参考 T2 的原理图以及上述内容自行学习。

8.1.3　定时/计数器的功能寄存器

定时/计数器是一种可编程器部件，在开始工作之前，CPU 必须将一些命令（称为控制字）写入定时/计数器。将控制字写入定时/计数器的过程称为定时/计数器初始化。在初始化过程中，要将工作方式控制字写入方式寄存器，赋定时/计数初值，启动或停止定时器。与定时/计数器相关的特殊功能寄存器有 TMOD、TCON、AUXR、INTCLKO、T4T3M。其中，TMOD 用于控制定时/计数器的工作方式；TCON 用于控制 T0、T1 的启动和停止，并包含了定时器的状态；AUXR 用于设置定时器 T0、T1、T2 的速度，以及 T2 的功能选择和启动/停止控制；T4T3M 用于设置 T4 和 T3 的功能、速度和启动/停止控制。

1. 定时器工作方式控制寄存器（TMOD）

定时器工作方式控制寄存器 TMOD（地址为 89H，复位值为 00H）的各位定义如下：

位号	b7	b6	b5	b4	b3	b2	b1	b0
位名称	定时器 1				定时器 0			
	GATE	C/$\overline{\text{T}}$	M1	M0	GATE	C/$\overline{\text{T}}$	M1	M0

1）M1 和 M0：方式选择控制位。定时器 T0、T1 的方式选择见表 8-1。

表 8-1　定时器 T0、T1 的方式选择

M1　M0	工作方式	功　能　说　明
0　　0	0	16 位自动重载模式

M1 M0	工作方式	功能说明
0 1	1	16 位不自动重载模式
1 0	2	8 位自动重载模式
1 1	3	定时器 0：16 位自动重载模式，产生不可屏蔽中断 定时器 1：停止工作

当 T0 工作于方式 3（不可屏蔽中断的 16 位自动重装载模式）时，不需要 EA = 1，只需 ET0 = 1 就能打开 T0 的中断。此模式下，T0 中断与总中断使能位 EA 无关，一旦 T0 中断被允许后，T0 中断的优先级就是最高的，它不能被其他任何中断所打断，而且该中断允许后既不受 EA 的控制也不再受 ET0 控制，清零 EA 或 ET0 都不能关闭 T0 的中断。工作于该方式的 T0 可用于实时操作系统的节拍定时器。

2）$C/\overline{T}$：功能选择位。$C/\overline{T}$用于"计数器"或"定时器"功能的选择。

1：计数器功能（对 T0 或 T1 端的负跳变进行计数）。

0：定时器功能。

3）GATE：门控位。GATE 用于选通控制。

GATE = 1 时，$\overline{\text{INT}n}$为高电平且 TRn 置位时，启动定时器工作。

GATE = 0 时，当 TRn 置位时，就启动定时器工作。

2. 定时器控制寄存器（TCON）

TCON 寄存器（地址为 88H，复位值为 00H）的格式如下：

位号	b7	b6	b5	b4	b3	b2	b1	b0
位名称	TF1	TR1	TF0	TR0	IE1	IT1	IE0	IT0

1）TF1：定时器 1 溢出中断标志。当定时器 1 溢出时，由内部硬件置位，当单片机转向中断服务程序时，由内部硬件清除。

2）TR1：定时器 1 运行控制位。

1：启动定时器 1；0：停止定时器 1。

3）TF0：定时器 0 溢出中断标志。当定时器 0 溢出时由内部硬件置位，当单片机进入中断服务程序时，由内部硬件清除。

4）TR0：定时器 0 运行控制位。

1：启动定时器 0；0：停止定时器 0。

TCON 的 0~3 位与外部中断有关。

3. 辅助寄存器（AUXR）

AUXR 主要用来设置 T0 和 T1 的速度、T2 的功能以及串口 UART 的波特率控制等。STC8A8K64S4A12 单片机是 1T 的 8051 单片机，为了兼容传统 8051 单片机，定时器 0 和定时器 1 复位后是传统 8051 的速度，即 12 分频，但此时指令执行速度仍然是 1T 的速度。通过设置特殊功能寄存器 AUXR 中相关的位，定时器也可不进行 12 分频，实现真正的 1T 速度。

辅助寄存器 AUXR（地址为 8EH，复位值为 01H）各位定义如下：

地址	b7	b6	b5	b4	b3	b2	b1	b0
8EH	T0x12	T1x12	UART_M0x6	T2R	T2_C/T	T2x12	EXTRAM	S1ST2

1）T0x12：T0 速度控制位。

0：T0 的计数速率为 12T 模式，即 CPU 时钟 12 分频（FOSC/12）；

1：T0 的计数速率为 1T 模式，即 CPU 时钟不分频（FOSC）。

2）T1x12：T1 速度控制位。

0：T1 的计数速率为 12T 模式，即 CPU 时钟 12 分频（FOSC/12）；

1：T1 的计数速率为 1T 模式，即 CPU 时钟不分频（FOSC）。

如果 UART 串口用 T1 作为波特率发生器，T1x12 位决定 UART 串口是 12T 还是 1T。

3）TR2：定时器 2 的运行控制位。

0：定时器 2 停止计数；1：定时器 2 开始计数。

4）T2_C/T：控制 T2 用作定时器或计数器。

0：T2 用作定时器（对内部系统时钟进行计数）；

1：T2 用作计数器（对引脚 T2/P1.2 外部脉冲进行计数）。

5）T2x12：T2 速度控制位。

0：T2 每 12 个时钟计数一次；1：T2 每 1 个时钟计数一次。

T2 除了作为一般定时器使用外，主要用于串行口的波特率发生器。如果 UART 串口用 T2 作为波特率发生器，T2x12 位决定 UART 串口是 12T 还是 1T。

UART_M0x6 用于控制 UART 串口的速度。S1ST2 为串口 1 波特率发生器选择位。具体内容请参见第 9 章。

EXTRAM 用于设置是否允许使用内部 8192B 的扩展 RAM。

4. 中断与时钟输出控制寄存器（INTCLKO）

中断与时钟输出控制寄存器 INTCLKO（地址为 8FH，复位值为 x000x000B）的各位定义如下：

地址	b7	b6	b5	b4	b3	b2	b1	b0
8FH	—	EX4	EX3	EX2	—	T2CLKO	T1CLKO	T0CLKO

1）T2CLKO：定时器 2 时钟输出控制。

0：关闭 T2 时钟输出；

1：使能 T2 时钟输出功能。当 T2 计数发生溢出时，P1.3 口的电平自动发生翻转。

2）T1CLKO：定时器 1 时钟输出控制。

0：关闭 T1 时钟输出；

1：使能 T1 时钟输出功能。当 T1 计数发生溢出时，P3.4 口的电平自动发生翻转。

3）T0CLKO：定时器 0 时钟输出控制。

0：关闭 T0 时钟输出；

1：使能 T0 时钟输出功能。当 T0 计数发生溢出时，P3.5 口的电平自动发生翻转。

5. T4/T3 控制寄存器（T4T3M）

定时器 4/3 控制寄存器 T4T3M（地址为 0D1H，复位值为 00H）用于设置 T4 和 T3 的功能和速度。各位定义如下：

地址	b7	b6	b5	b4	b3	b2	b1	b0
D1H	T4R	T4_C/T	T4x12	T4CLKO	T3R	T3_C/T	T3x12	T3CLKO

1）T4R：T4 的运行控制位。

0：T4 停止计数；1：允许 T4 计数。

2）T4_C/T：控制 T4 用作定时器或计数器。

0：T4 用作定时器（对内部系统时钟进行计数）；

1：T4 用作计数器（对引脚 T4/P0.6 外部脉冲进行计数）。

3）T4x12：定时器 4 速度控制位。

0：T4 定时器的计数速率为 12T 模式，即 CPU 时钟 12 分频（FOSC/12）；

1：T4 定时器的计数速率为 1T 模式，即 CPU 时钟不分频（FOSC）。

4）T4CLKO：T4 时钟输出控制。

0：关闭 T4 时钟输出；

1：使能 T4 时钟输出功能。当 T4 计数发生溢出时，P0.7 口的电平自动发生翻转。

5）T3R：T3 的运行控制位。

0：T3 停止计数；1：允许 T3 计数。

6）T3_C/T：控制 T3 用作定时器或计数器。

0：T3 用作定时器（对内部系统时钟进行计数）；

1：T3 用作计数器（对引脚 T3/P0.4 外部脉冲进行计数）。

7）T3x12：定时器 3 速度控制位。

0：定时器 T3 的计数速率为 12T 模式，即 CPU 时钟 12 分频（FOSC/12）；

1：定时器 T3 的计数速率为 1T 模式，即 CPU 时钟不分频（FOSC）。

8）T3CLKO：T3 时钟输出控制。

0：关闭 T3 时钟输出；

1：使能 T3 时钟输出功能。当 T3 计数发生溢出时，P0.5 口的电平自动发生翻转。

除了上述特殊功能寄存器外，还有各个定时器的重装载寄存器，这些寄存器复位值均为 00H，包括 T0 重装值寄存器高字节 TH0（地址为 8CH）、T0 重装值寄存器低字节 TL0（地址为 8AH）、T1 重装值寄存器高字节 TH1（地址为 8DH）、T1 重装值寄存器低字节 TL1（地址为 8BH）、T2 重装值寄存器高字节 TH2（地址为 D6H）、T2 重装值寄存器低字节 TL2（地址为 D7H）、T3 重装值寄存器高字节 TH3（地址为 D4H）、T3 重装值寄存器低字节 TL3（地址为 D5H）、T4 重装值寄存器高字节 TH4（地址为 D2H）、T4 重装值寄存器低字节 TL4（地址为 D3H）。

与定时器中断相关的寄存器在第 7 章中已有详细描述，在此不再赘述。

8.1.4 定时/计数器量程的扩展

单片机中提供的定时/计数器可以让用户很方便地实现定时和对外部事件计数。但是在实际应用中，需要的定时时间或计数值可能超过定时/计数器的定时或计数能力，特别是单片机的系统时钟频率较高时，定时能力就更为有限。为了满足需要，有时需要对单片机的定时计数能力进行扩展。定时能力和计数能力扩展的方法相同，在此主要对定时能力的扩展进行讨论，计数能力的扩展可参考定时能力扩展的方法进行。

1. 定时器的最大定时能力

当工作于定时状态时，定时/计数器的计数脉冲是对系统振荡器时钟 OSC 或者 OSC/12。若晶振频率为 11.0592 MHz，12 分频，则

$$1 \text{ 个计数周期} = \frac{12}{\text{晶振频率}} = \frac{12}{11059200} \text{s} \approx 1 \text{ μs}$$

定时时间为：$T_C = XT_P$。其中，T_P 为计数周期，T_C 为定时时间。则应装入计数/定时器的初值为

$$N = M - \frac{T_c}{T_p} (\text{注：} M = 2^n, n \text{ 为定时器的位数})$$

例如：若 $T_p = 1$ μs，要求定时 $T_C = 1$ ms，则 $\dfrac{T_c}{T_p} = \dfrac{1 \text{ ms}}{1 \text{ μs}} = 1000$

对 16 位的定时器，应装入的时间常数为：$2^{16} - 1000 = 64536$。

通过前面的介绍可知，设系统时钟频率为 11.0592 MHz，则定时器的最大定时能力为

$$T = (2^{16} - 0) \times 12000000/11059200 \text{ μs} \approx 71111 \text{ μs} = 71.111 \text{ ms}$$

2. 定时器定时量程的扩展

定时器定时量程的扩展可分为软件扩展和硬件扩展两种方法。

（1）软件扩展方法

软件扩展方法是在定时器中断服务程序中对定时器中断请求进行计数，当中断请求的次数达到要求的值时才进行相应的处理。例如，某事件的处理周期为 1 s，由于受到最大定时时间的限制，无法一次完成定时，此时可以将定时器的定时时间设为以 10 ms 为一个单位，启动定时器后的每一次定时器溢出中断产生 10 ms 的定时，进入中断服务程序后，对定时器的中断次数进行统计，每 100 次定时器溢出中断进行一次事件的处理，然后再以同样的方式进入下一个周期的事件处理。

（2）硬件扩展方法

硬件扩展方法可以使用外接通用定时器芯片对单片机的定时能力进行扩展，如使用定时/计数器芯片 8253，也可以利用单片机两个定时器串联起来实现对定时能力进行扩展。具体方法，请读者自行思考。

采用硬件扩展方法时，占用较多的硬件或者 CPU 资源，因此，在工程应用中通常采用软件扩展的方法。

8.1.5 定时/计数器编程举例

定时/计数器的应用编程主要有两点：一是能正确初始化，包括写入控制字，进行时间常数的计算并装入；二是中断服务程序的编写，即在中断服务程序中编写实现需要定时完成的任务代码。一般情况下，定时/计数器初始化部分的步骤大致如下。

1）设置工作方式，将控制字写入方式寄存器。

2）把定时/计数初值装入 TLn、THn 寄存器。

3）置位 TRn 以启动定时/计数。

4）置位 ETn 允许定时/计数器中断（如果需要）。

5）置位 EA 使 CPU 开放中断。

【例 8-1】 设计利用定时/计数器 T0 端作为外部中断源输入线进行外部中断源扩充的程序。

解： 为了扩充外部中断源，可以利用定时/计数器工作于计数状态时，T0（P3.4）或 T1（P3.5）引脚上发生负跳变，计数器增 1 这一特性，把 P3.4、P3.5 作为外部中断源请求输入线，使计数器的计数值为-1（即 0FFFH），则外部 T0、T1 输入一个脉冲即计数溢出，从而置位相应的中断请求标志，以此来申请中断，则相当于扩充了一根INT线。这里以 T0 输入为例介绍。

编程时，将 T0 置为方式 0 计数，计数初值 0FFFFH，计数输入端 T0（P3.4）发生一次负跳变，计数器加 1 并产生溢出标志向 CPU 申请中断，中断处理程序使累加器 A 内容减 1，送 P2 口，然后返回主程序。汇编语言程序清单如下（此处演示了 T0 的用法，T1 的用法与此类似）：

```
        ORG     0000H
        LJMP    MAIN              ;转主程序
        ORG     000BH             ;定时器 T0 中断服务程序入口地址
        LJMP    T0_ISR            ;转中断服务程序
        ORG     0100H             ;主程序的存放起始地址
MAIN：  MOV     SP,#60H           ;给栈指针赋初值
        MOV     A,#0FFH
        MOV     TMOD,#04H         ;定时器 T0 工作于计数方式 0
        MOV     TL0,#0FFH         ;送时间常数
        MOV     TH0,#0FFH
        SETB    TR0               ;启动 T0 计数器
        SETB    ET0               ;允许 T0 中断
        SETB    EA                ;CPU 开中断
HERE：  LJMP    HERE              ;等待
T0_ISR：DEC     A                 ;T0 中断服务程序
        MOV     P2,A              ;累加器 A 内容减 1 送 P2 口
        RETI
        END
```

对应的 C 语言版程序如下：

```
#include "stc8. h"
unsigned char cnt;
void main( void)
{
    cnt = 0xff;
    TMOD = 0x04;                //定时器 0 工作于计数方式 0
    TL0 = 0xff;
    TH0 = 0xff;
    TR0 = 1;
```

```
            ET0 = 1;
            EA  = 1;
            while(1);                        //等待中断
    }
    void T0_ISR（void）interrupt 1
    {   //T0 中断函数
            cnt = cnt--;        //在 C 语言程序中,使用变量 cnt 代替汇编语言中的累加器 A
            P2 = cnt;
    }
```

【例 8-2】 设系统时钟频率为 11.0592 MHz, 利用定时器 T0 定时, 每隔 0.5 s 将 P2.0 的状态取反。

解: 由于所要求的定时时间 0.5 s 远远超过了定时器的定时能力 (16 位定时器的最长定时时间约为 71.111 ms), 所以无法采用定时器直接实现 0.5 s 的定时。这时可以将定时器的定时时间设为 50 ms, 在中断服务程序中对定时器溢出中断请求进行计数, 当计够 10 次时, 将 P2.0 的状态取反, 否则直接返回主程序。

选择定时器 T0 的工作方式: 软件启动、定时方式、16 位定时器, 方式字为 00H。系统时钟频率为 11.0592 MHz, 定时器 T0 的装入初值为

$$X = M - \frac{T_c}{T_p} = 2^{16} - (50 \times 10^{-3})/(12000000/11059200 \times 10^{-6})$$

$$= 65536 - 46080 = 19456 = 4C00H$$

为了便于计算初值, STC-ISP 软件中集成了定时器计算器, 可直接生成定时器初始化程序, 如图 8-5 所示。

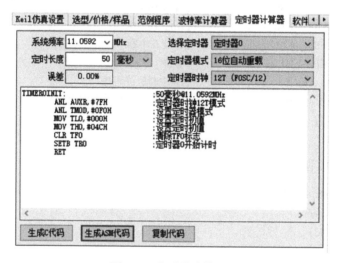

图 8-5 定时器计算器

汇编语言程序代码如下:

```
            ORG         0000H
            LJMP        MAIN                    ;转主程序
```

```
        ORG         000BH           ;T0 中断服务程序入口地址
        LJMP        T0_ISR
        ORG         0100H
MAIN: MOV           SP,#60H         ;设置堆栈指针
        LCALL       TIMER0INIT      ;调用 T0 初始化子程序
        MOV         A,#10           ;累加器 A 置 10
        SETB        ET0             ;允许 T0 中断
        SETB        EA              ;CPU 开中断
        SJMP        $               ;等待
TIMER0INIT:                         ;50 毫秒@ 11.0592 MHz
        ANL         AUXR,#7FH       ;定时器时钟 12T 模式
        ANL         TMOD,#0F0H      ;设置定时器模式
        MOV         TL0,#000H       ;设置定时初值
        MOV         TH0,#04CH       ;设置定时初值
        CLR         TF0             ;清除 TF0 标志
        SETB        TR0             ;定时器 0 开始计时
        RET
T0_ISR:
        DEC         A               ;累加器 A 内容减 1
        JNZ         EXIT
        CPL         P2.0
        MOV         A,#10           ;累加器 A 重载 10
EXIT:   RETI
        END
```

程序中的符号"$"表示"本条指令地址",指令"SJMP $"相当于"HERE: LJMP HERE"。

对应的 C 语言版程序如下:

```
#include "stc8.h"             //包含 stc8 单片机的头文件
unsigned char i;              //声明计数变量。在 C 语言程序中,不要使用 ACC
void Timer0Init(void);        //定时器 0 初始化函数
void main (void)
{
    Timer0Init();
    i=10;                     //计数变量赋初值
    ET0=1;                    //允许 T0 中断
    EA = 1;                   //开放总的中断
    while(1);                 //等待中断
}
void Timer0Init(void)         //50 毫秒@ 11.0592 MHz
{
    AUXR &= 0x7F;             //定时器时钟 12T 模式
    TMOD &= 0xF0;             //设置定时器模式
```

```
        TL0 = 0x00;                     //设置定时初值
        TH0 = 0x4C;                     //设置定时初值
        TF0 = 0;                        //清除 TF0 标志
        TR0 = 1;                        //定时器 0 开始计时
    }
    void T0_ISR ( void) interrupt 1     //定时器 T0 中断函数
    {
        i--;                            //计数变量减 1
        if( i==0) {                     //若减到 0,则将 P2.0 取反
            P20 = ~P20;
            i = 10;                     //重新给计数变量赋值
        }
    }
```

【例 8-3】 当 GATE=1，TRn=1，只有 $\overline{INTn}$ 引脚输入高电平时，Tn 才被允许计数，利用这一特点，可测量 $\overline{INTn}$ 引脚上正脉冲的宽度，如图 8-6 所示。

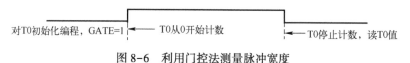

对T0初始化编程，GATE=1 ← T0从0开始计数 → ← T0停止计数，读T0值

图 8-6 利用门控法测量脉冲宽度

解： 以 T0 为例，下面列出实现这一方法的关键代码，完整的程序请读者自行编写。

```
    MOV     TMOD,#09H       ; T0 初始化,T0 工作于方式 1,定时,GATE 置"1"
    MOV     TL0,#00H
    MOV     TH0,#00H
    JNB     P3.2,$          ;等待INT0升高
    SETB    TR0
    JB      P3.2,$          ;等待INT0下降
    CLR     TR0             ;关 T0
    MOV     A,TL0           ;T0 内容高 8 位送 B,低 8 位送 A
    MOV     B,TH0
    ……                     ;计算脉宽或送显示器显示
```

定时器 2、3、4 的使用方法与定时器 0 和 1 类似，唯一需要注意的是大多寄存器不能使用位寻址，设置或修改内容时，请使用相关的字节操作方式。请读者自行进行学习。

8.2 STC8A8K64S4A12 的可编程计数器阵列模块

STC8A8K64S4A12 单片机集成了 4 组可编程计数器阵列（PCA）模块，可用于软件定时器、外部脉冲的捕捉、高速脉冲输出以及 PWM 脉宽调制输出。

8.2.1 PCA 模块的结构

PCA 内部含有一个特殊的 16 位计数器，4 组 PCA 模块均与之相连接，如图 8-7 所示。

4组PCA模块可以通过设置P_SW1寄存器以组为单位（［ECI/CCP0/CCP1/CCP2/CCP3］为一组），在［P1.2/P1.7/P1.6/P1.5/P1.4］、［P2.2/P2.3/P2.4/P2.5/P2.6］、［P7.4/P7.0/P7.1/P7.2/P7.3］、［P3.5/P3.3/P3.2/P3.1/P3.0］这4组之间进行任意切换。

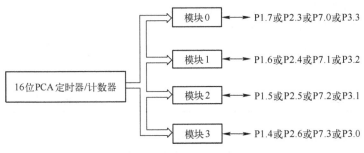

图8-7　PCA模块结构

16位PCA定时器/计数器是4个模块的公共时间基准，其结构如图8-8所示。

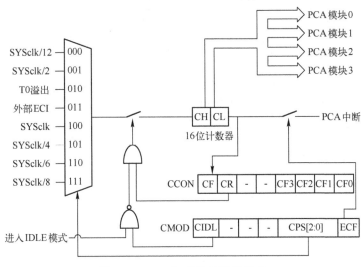

图8-8　PCA定时器/计数器结构

寄存器CH和CL的内容是自动递增计数的16位PCA定时器的值。PCA定时器的时钟源有以下几种：1/12振荡频率、1/8振荡频率、1/6振荡频率、1/4振荡频率、1/2振荡频率、振荡频率、定时器0溢出或ECI脚的输入。定时器的计数源通过设置特殊功能寄存器CMOD的CPS2、CPS1和CPS0位选择其中一种。

CMOD中的CIDL位用于控制空闲模式下是否允许停止PCA；CMOD中的ECF位用于中断控制，置位时，使能PCA中断。当PCA定时器溢出时，PCA计数溢出标志CF置位。

CCON中的CR位是PCA的运行控制位。CR=1时，运行PCA。CR=0时，关闭PCA。

CCON中还包含PCA定时器标志（CF）以及各个模块的标志（CCF3/CCF2/CCF1/CCF0）。当PCA计数器溢出时，CF位置位，如果CMOD寄存器的ECF位置位，就产生中断。CF位只能通过软件清除。CCON寄存器中的CCF0是PCA模块0的标志，CCF1是模块1的标志，CCF2是PCA模块2的标志，CCF3是模块3的标志。当发生匹配或比较时由硬件置位。这些标志也只能通过软件清除。所有模块共用一个中断向量，可以在中断服务程序中判断 CCF0、CCF1、CCF2 和 CCF3，以确定到底是哪个模块产生了中断。

8.2.2 PCA 模块的特殊功能寄存器

下面介绍与 PCA 模块有关的特殊功能寄存器。

1. PCA 工作模式寄存器（CMOD）

PCA 工作模式寄存器 CMOD（地址为 0D9H，复位值为 0xxx0000B）各位的定义如下：

位　号	b7	b6	b5	b4	b3	b2	b1	b0
位 名 称	CIDL	—	—		CPS2	CPS1	CPS0	ECF

1）CIDL：空闲模式下是否停止 PCA 计数的控制位。CIDL=0 时，空闲模式下 PCA 计数器继续计数；CIDL=1 时，空闲模式下 PCA 计数器停止计数。

2）CPS2、CPS1、CPS0：PCA 计数脉冲源选择控制位。PCA 计数脉冲源选择见表 8-2。

表 8-2　PCA 计数脉冲源选择

CPS2	CPS1	CPS0	PCA 时钟源输入选择
0	0	0	系统时钟/12，$F_{OSC}/12$
0	0	1	系统时钟/2，$F_{OSC}/2$
0	1	0	定时器 0 溢出脉冲。由于定时器 0 可以工作在 1T 方式，所以可以达到计一个时钟就溢出，从而达到最高频率 CPU 工作时钟 F_{OSC}，通过改变定时器 0 的溢出率，可以实现可调频率的 PWM 输出
0	1	1	ECI/P1.2（或 P2.2 或 P7.4 或 P3.5）脚输入的外部时钟（最大速率 = CPU 工作时钟/2）
1	0	0	系统时钟，F_{OSC}
1	0	1	系统时钟/4，$F_{OSC}/4$
1	1	0	系统时钟/6，$F_{OSC}/6$
1	1	1	系统时钟/8，$F_{OSC}/8$

例如，CPS2/CPS1/CPS0=$(100)_2$ 时，PCA/PWM 的时钟源是 F_{OSC}，不用定时器 0。

如果要使用系统时钟/3 作为 PCA 的时钟源，应让 T0 工作在 1T 模式，计数 3 个脉冲即产生溢出。用 T0 的溢出可对系统时钟进行 1~65536 级分频（T0 工作在 16 位重装载模式）。

3）ECF：PCA 计数器溢出中断使能位。ECF=1 时，允许寄存器 CCON 中 CF 位的中断。ECF=0 时，禁止寄存器 CCON 中 CF 位的中断。

2. PCA 控制寄存器（CCON）

PCA 控制寄存器 CCON（地址为 0D8H，复位值为 00xx0000B）各位的定义如下：

位　号	b7	b6	b5	b4	b3	b2	b1	b0
位 名 称	CF	CR	—	—	CCF3	CCF2	CCF1	CCF0

1）CF：PCA 计数器溢出标志位。当 PCA 计数器溢出时，CF 位由硬件置位。如果 CMOD 寄存器的 ECF 位置位，CF 标志可用来产生中断。CF 位可通过硬件或软件置位，但只能通过软件清 "0"。

2）CR：PCA 计数器的运行控制位。置位 CR 位时，启动 PCA 计数器计数；清零 CR 位时，关闭 PCA 计数器。

3）CCFn（$n=0,1,2,3$）：PCA 模块的中断标志（CCF0 对应模块 0，CCF1 对应模块 1，CCF2 对应模块 2，CCF3 对应模块 3）。当发生匹配或捕获时由硬件置位。这些标志位必须通过软件清除。

3. PCA 比较/捕获寄存器 CCAPMn

PCA 比较/捕获寄存器 CCAPMn（$n=0$，1，2，3，下同。地址分别对应 0DAH、0DBH、0DCH、0DDH，复位值均为 x0000000B），各位的定义如下：

位　号	b7	b6	b5	b4	b3	b2	b1	b0
位 名 称	—	ECOMn	CAPPn	CAPNn	MATn	TOGn	PWMn	ECCFn

1）ECOMn：允许比较器功能控制位。ECOM$n=1$ 时，允许比较器功能。

2）CAPPn：正捕获控制位。CAPP$n=1$ 时，允许上升沿捕获。

3）CAPNn：负捕获控制位。CAPN$n=1$ 时，允许下降沿捕获。如果 CAPP$n=1$，同时 CAPN$n=1$，则允许上升沿和下降沿都捕获。

4）MATn：匹配控制位。如果 MAT$n=1$，则 PCA 计数值与模块的比较/捕获寄存器的值匹配时，将置位 CCON 寄存器的中断标志位 CCFn。

5）TOGn：翻转控制位。当 TOG$n=1$ 时，PCA 工作于高速输出模式，PCA 计数器的值与模块的比较/捕获寄存器的值匹配时，将使 CCPn 脚翻转。

6）PWMn：脉宽调制模式。当 PWM$n=1$ 时，CCPn 脚用作脉宽调制输出。

7）ECCFn：使能 CCFn 中断。使能寄存器 CCON 的比较/捕获标志 CCFn，用来产生中断。

4. PCA 模块 PWM 寄存器 PCA_PWMn

其中，$n=0$，1，2，3，分别对应模块 0、模块 1、模块 2 和模块 3，地址分别为 0F2H、0F3H、0F4H 和 0F5H，复位值均为 00H，各位的定义如下：

位　号	b7	b6	b5	b4	b3	b2	b1	b0
位 名 称	EBSn[1:0]		XCCAPnH[1:0]		XCCAPnL[1:0]		EPCnH	EPCnL

1）EBSn [1：0]：PCA 模块 n 的 PWM 位数控制。见表 8-3。

表 8-3　PCA 模块的 PWM 位数控制

EBSn[1:0]	PWM 位数	重　载　值	比　较　值
00	8 位 PWM	{EPCnH,CCAPnH[7:0]}	{EPCnL,CCAPnL[7:0]}
01	7 位 PWM	{EPCnH,CCAPnH[6:0]}	{EPCnL,CCAPnL[6:0]}
10	6 位 PWM	{EPCnH,CCAPnH[5:0]}	{EPCnL,CCAPnL[5:0]}
11	10 位 PWM	{EPCnH,XCCAPnH[1:0],CCAPnH[7:0]}	{EPCnL,XCCAPnL[1:0],CCAPnL[7:0]}

2）XCCAPnH[1:0]：10 位 PWM 的第 9 位和第 10 位的重载值。

3）XCCAPnL[1:0]：10 位 PWM 的第 9 位和第 10 位的比较值。

4）EPCnH：在 PWM 模式下，重载值的最高位（8 位 PWM 的第 9 位，7 位 PWM 的第 8 位，6 位 PWM 的第 7 位，10 位 PWM 的第 11 位）。

5）EPCnL：在 PWM 模式下，比较值的最高位（8 位 PWM 的第 9 位，7 位 PWM 的第 8 位，6 位 PWM 的第 7 位，10 位 PWM 的第 11 位）。

注意：在更新 10 位 PWM 的重载值时，必须先写高两位 XCCAPnH[1:0]，再写低 8 位 CCAPnH[7:0]。

5. PCA 的 16 位计数器

低 8 位 CL 和高 8 位 CH（地址分别为 0E9H 和 0F9H，复位值均为 00H）。它们用于保存 PCA 的装载值。

6. PCA 捕捉/比较寄存器

CCAPnL（低位字节）和 CCAPnH（高位字节），其中，n＝0，1，2，3。

当 PCA 模块捕获功能使能时，CCAPnL 和 CCAPnH 用于保存发生捕获时的 PCA 的计数值（CL 和 CH）；当 PCA 模块比较功能使能时，PCA 控制器会将当前 CL 和 CH 中的计数值与保存在 CCAPnL 和 CCAPnH 中的值进行比较，并给出比较结果；当 PCA 模块匹配功能使能时，PCA 控制器会将当前 CL 和 CH 中的计数值与保存在 CCAPnL 和 CCAPnH 中的值进行比较，看是否匹配（相等），并给出匹配结果。

7. PCA 模块引脚切换寄存器 P_SW1

PCA 模块引脚切换寄存器 P_SW1（地址为 0A2H，复位值为 nn00000xB）用于选择 CCP 输出、SPI 和串口 1 所用的引脚在单片机的位置，各位的定义请参见第 3 章。

8.2.3　PCA 模块的工作模式

通过设置 PCA 比较/捕获寄存器 CCAPMn，PCA 模块的工作模式设定见表 8-4。

表 8-4　PCA 模块的工作模式设定

ECOMn	CAPPn	CAPNn	MATn	TOGn	PWMn	ECCFn	可设数值	模 块 功 能
0	0	0	0	0	0	0	00H	无此操作
1	0	0	0	0	1	0	42H	PWM 模式，无中断
1	1	0	0	0	1	1	63H	PWM 模式，产生上升沿中断
1	0	1	0	0	1	1	53H	PWM 模式，产生下降沿中断
1	1	1	0	0	1	1	73H	PWM 模式，上升沿和下降沿均可产生中断
0	1	0	0	0	0	X	21H	16 位上升沿捕获模式，由 CCPn 的上升沿触发
0	0	1	0	0	0	X	11H	16 位下降沿捕获模式，由 CCPn 的下降沿触发
0	1	1	0	0	0	X	31H	16 位边沿捕获模式，由 CCPn 的跳变触发
1	0	0	1	0	0	X	49H	16 位软件定时器
1	0	0	1	1	0	X	4DH	16 位高速脉冲输出

1. 捕获模式

要使一个 PCA 模块工作在捕获模式，寄存器 CCAPMn 中的 CAPNn 和 CAPPn 至少有一位必须置 "1"（也可两位都置 "1"），ECOMn 为 0。PCA 模块工作于捕获模式时，对模块的外部引脚 CCP0/CCP1/CCP2/CCP3 的输入跳变进行采样。当采样到有效跳变时,PCA 控制器立即将 PCA 计数器 CH 和 CL 中的计数值装载到模块的捕获寄存器 CCAPnL 和 CCAPnH 中,同时将 CCON 寄存器中相应的 CCFn 置"1"。若 CCAPMn 中的 ECCFn 位被设置为"1",将产生中断。由于所有 PCA 模块的中断入口地址是共享的,所以需要在中断服务程序中判断是哪一个模块产生了中断,并注意需要用软件清"0"中断标志位。PCA 模块工作于捕获模式的结构图如图 8-9 所示。

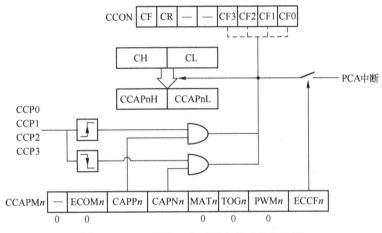

图 8-9 PCA 模块工作于捕获模式的结构图

2. 16 位软件定时器模式

通过置位 CCAPMn 寄存器的 ECOMn 和 MATn 位,可使 PCA 模块用作软件定时器。PCA 的计数器值 CL 和 CH 与模块捕获寄存器的值 CCAPnL 和 CCAPnH 相比较,当两者相等时,CCON 中的 CCFn 会被置"1",若 CCAPMn 中的 ECCFn 被设置为"1"时将产生中断。CCFn 标志位需要用软件清"0"。

PCA 模块工作于软件定时器模式的结构图如图 8-10 所示。

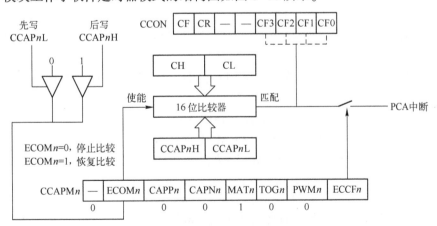

图 8-10 PCA 模块工作于软件定时器模式的结构图

[CH,CL] 每隔一定的时间自动加 1,时间间隔取决于选择的时钟源。例如,当选择的时钟源为 $F_{osc}/12$ 时,每 12 个时钟周期 [CH,CL] 加 1;当 [CH,CL] 增加到等于

［CCAPnH，CCAPnL］时，CCFn=1，产生中断请求。如果每次 PCA 模块中断后，在中断服务程序中给［CCAPnH，CCAPnL］增加一个相同的数值，那么下一次中断来临的间隔时间 T 也是相同的，从而实现了定时功能。定时时间的长短，取决于时钟源的选择以及 PCA 计数器计数值的设置。下面举例说明 PCA 计数器计数值的计算方法。

假设，时钟频率 F_{OSC}=11.0592 MHz，选择的时钟源为 F_{OSC}/12，定时时间 T 为 5 ms，则 PCA 计数器计数值为

$$PCA 计数器的计数值 = T/((1/F_{OSC})×12) = 0.005/((1/11059200)×12)$$
$$= 4608(十进制数) = 1200H(十六进制数)$$

也就是说，PCA 计数器计数 1200H 次，定时时间才是 5 ms。这也就是每次给［CCAPnH，CCAPnL］增加的数值（步长）。

3. 高速输出模式

PCA 模块的高速输出模式结构图如图 8-11 所示。

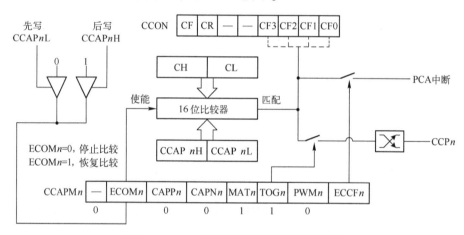

图 8-11　PCA 模块的高速输出模式结构图

该模式中，当 PCA 计数器的计数值与模块捕获寄存器的值相匹配时，PCA 模块的输出 CCPn 将发生翻转。要激活高速输出模式，CCAPMn 寄存器的 TOGn、MATn 和 ECOMn 位必须都置位。

CCAPnL 中的值决定了 PCA 模块 n 输出脉冲的频率。当 PCA 时钟源是 F_{OSC}/2 时，输出脉冲的频率 f 为

$$f = F_{OSC}/(4×CCAP nL)$$

其中，F_{OSC} 为晶振频率。由此，可以得到 CCAPnL 的值

$$CCAPnL = F_{OSC}/(4×f)$$

如果计算出的结果不是整数，则进行四舍五入取整，即

$$CCAPnL = INT(F_{OSC}/(4×f)+0.5)$$

其中，INT( ) 为取整数运算，直接去掉小数。例如，假设 F_{OSC}=11.0592 MHz，要求 PCA 高速脉冲输出 125 kHz 的方波，则 CCAPnL 中的值应为

$$CCAPnL = INT(11059200/4/125000+0.5) = INT(22+0.5) = 22 = 16H$$

4. 脉宽调节模式

脉宽调制（Pulse Width Modulation，PWM）是一种使用程序来控制波形占空比、周期、

相位波形的技术，在三相电机驱动、D/A 转换等场合有广泛的应用。STC8 系列单片机的 PCA 模块可以通过设定各自的 PCA_PWMn 寄存器使其工作于 8 位 PWM、7 位 PWM、6 位 PWM 或 10 位 PWM 模式。要使能 PCA 模块的 PWM 功能，模块寄存器 CCAPMn 的 PWMn 和 ECOMn 位必须置 "1"。当 PCA 模块工作于 PWM 模式时，由于所有模块共用一个 PCA 计数器，所有它们的输出频率相同。为了节约篇幅，在此仅介绍 8 位和 10 位 PWM 模式，其他两种模式请读者自行参阅产品手册。

（1）8 位 PWM 模式

PCA_PWMn 寄存器中的 EBSn[1:0] 设置为 00 时，PCA 模块 n 工作于 8 位 PWM 输出模式，结构图如图 8-12 所示。此时将 {0,CL[7:0]} 与捕获寄存器 {EPCnL,CCAPnL[7:0]} 进行比较。

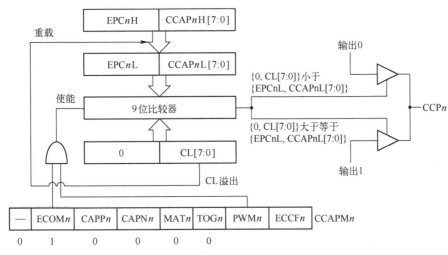

图 8-12　PCA 模块 n 工作于 8 位的 PWM 输出模式结构图

当 PCA 模块工作于 8 位 PWM 模式时，各个模块的输出占空比使用寄存器 {EPCnL,CCAPnL[7:0]} 进行设置。当 {0,CL[7:0]} 的值小于 {EPCnL,CCAPnL[7:0]} 时，输出为低电平；当 {0,CL[7:0]} 的值等于或大于 {EPCnL,CCAPnL[7:0]} 时，输出为高电平。当 CL[7:0] 的值由 FF 变为 00 溢出时，{EPCnH,CCAPnH[7:0]} 的内容重新装载到 {EPCnL,CCAPnL[7:0]} 中。这样就可实现无干扰地更新 PWM。

在 8 位 PWM 模式下，PWM 的频率由下式确定：

$$PWM\ 频率 = \frac{PCA\ 时钟输入源频率}{256}$$

（2）10 位 PWM 模式

PCA_PWMn 寄存器中的 EBSn[1:0] 设置为 11 时，PCA 模块 n 工作于 10 位 PWM 输出模式，如图 8-13 所示。此时将 {CH[1:0],CL[7:0]} 与捕获寄存器 {EPCnL,XCCAPnL[1:0],CCAPnL[7:0]} 进行比较。

当 PCA 模块工作于 10 位 PWM 模式时，各个模块的输出占空比使用寄存器 {EPCnL,XCCAPnL[1:0],CCAPnL[7:0]} 进行设置。当 {CH[1:0],CL[7:0]} 的值小于 {EPCnL,XCCAPnL[1:0],CCAPnL[7:0]} 时，输出为低电平；当 {CH[1:0],CL[7:0]} 的值等于或大于

$\{\text{EPC}n\text{L}, \text{XCCAP}n\text{L}[1:0], \text{CCAP}n\text{L}[7:0]\}$ 时，输出为高电平。当$\{\text{CH}[1:0], \text{CL}[7:0]\}$的值由 3FF 变为 00 溢出时，$\{\text{EPC}n\text{H}, \text{XCCAP}n\text{H}[1:0], \text{CCAP}n\text{H}[7:0]\}$的内容重新装载到$\{\text{EPC}n\text{L}, \text{XCCAP}n\text{L}[1:0], \text{CCAP}n\text{L}[7:0]\}$中。这样就可实现无干扰地更新 PWM。

在 10 位 PWM 模式下，PWM 的频率由下式确定：

$$PWM\ 频率 = \frac{PCA\ 时钟输入源频率}{1024}$$

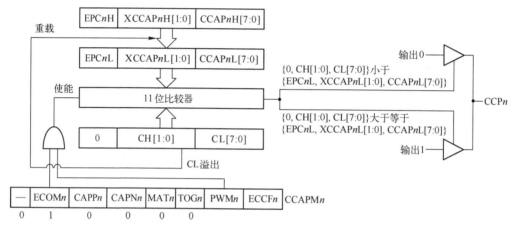

图 8-13　PCA 模块 n 工作于 10 位的 PWM 输出模式结构图

如果要实现可调频率的 PWM 输出，可选择定时器 0 的溢出或者 ECI 脚的输入作为 PCA 的时钟输入源。

当 $\text{EPC}n\text{L}=0$ 且 $\text{CCAP}n\text{L}=00\text{H}$ 时，PWM 固定输出高。

当 $\text{EPC}n\text{L}=1$ 且 $\text{CCAP}n\text{L}=0\text{FFH}$ 时，PWM 固定输出低。

当某个 I/O 口作为 PWM 使用时，该口的状态见表 8-5。

表 8-5　I/O 口作为 PWM 使用时的状态

PWM 之前的状态	PWM 输出时的状态
弱上拉/准双向口	强推挽输出/强上拉输出，要加输出限流电阻 $1\sim10\,\text{k}\Omega$
强推挽输出/强上拉输出	强推挽输出/强上拉输出，要加输出限流电阻 $1\sim10\,\text{k}\Omega$
仅为输入/高阻	PWM 无效
开漏	开漏

PWM 的一个典型应用就是用于 D/A 输出，典型电路如图 8-14 所示。

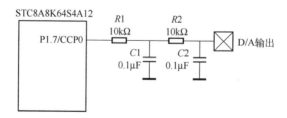

图 8-14　PWM 用于 D/A 输出时的典型电路

其中，$R1$、$C1$ 和 $R2$、$C2$ 构成滤波电路，对单片机输出的 PWM 波形进行平滑滤波，从而在 D/A 输出端得到稳定的电压。

8.2.4　PCA 模块的应用举例

与定时器的使用方法类似，PCA 模块的应用编程主要有两点：一是正确初始化，包括写入控制字、捕捉常数的设置等；二是中断服务程序的编写，在中断服务程序中编写需要完成的任务代码，注意中断请求标志的清"0"。PCA 模块的初始化部分大致如下。

1）设置 PCA 模块的工作方式，将控制字写入 CMOD、CCON 和 CCAPMn 寄存器。

2）设置捕捉寄存器 CCAPnL（低位字节）和 CCAPnH（高位字节）初值。

3）根据需要，开放 PCA 中断，将 ECF 置"1"，并将 EA 置"1"。

4）启动 PCA 计数器（CH，CL）计数（使 CR=1）。

【例 8-4】利用 PCA 模块扩展外部中断。将 P1.7（PCA 模块 0 的外部输入）扩展为下降沿触发的外部中断，将 P1.6（PCA 模块 1 的外部输入）扩展为上升沿/下降沿都可触发的外部中断。当 P1.7 出现下降沿时产生中断，对 P6.0 取反；当 P1.6 出现下降沿或上升沿时都产生中断，对 P6.1 取反。（P6.0 和 P6.1 可连接 LED 指示灯指示状态。）

解：当 PCA 模块工作在捕获模式时，对外部输入 CCPn 的跳变进行采样。当采样到有效跳变时，PCA 硬件将 PCA 计数器阵列寄存器（CH 和 CL）的值装载到捕获寄存器（CCAPnH 和 CCAPnL）中。如果 CCON 中的 CCFn 位和 CCAPMn 中的 ECCFn 位被置位，将产生中断。由此，可以将 PCA 模块作为扩展外部中断使用。按照要求，设置控制字时，PCA 模块 0 应设为下降沿捕获（即 CAPP0=0 并且 CAPN0=1），PCA 模块 1 应设为上升沿和下降沿都能捕获的方式（即 CAPP1=1 并且 CAPN1=1）。

汇编语言程序清单如下：

```
          $INCLUDE (STC8. INC)            ;包含 STC8 寄存器定义文件
          LED_PCA0 EQU P6. 0
          LED_PCA1 EQU P6. 1
                  ORG    0000H
                  LJMP   MAIN            ;转主程序
                  ORG    003BH           ;PCA 中断
                  LJMP   PCA_ISR
                  ORG    0050H
          MAIN:   MOV    SP, #70H
                  ;初始化 PCA
                  MOV    P_SW1,#00H
                  MOV    CMOD,#10000000B ;空闲模式下停止 PCA 计数器工作
                                         ;PCA 时钟源为 FOSC/12,禁止 PCA 计数器溢出时中断
                  MOV    CCON, #00H      ;PCA 计数器溢出中断请求标志位 CF 清"0"
                                         ;CR = 0, 不允许 PCA 计数器计数;PCA 各模块中断请求标志位 CCFn 清"0"
                  MOV    CL, #00H        ;PCA 计数器清"0"
                  MOV    CH, #00H
                  MOV    CCAPM0, #11H    ;设置 PCA 模块 0 下降沿触发捕捉功能,ECCF0=1
```

```
        MOV     CCAPM1, #31H        ;模块 1 上升/下降沿均可触发捕捉功能, ECCF1 = 1
        SETB    EA                  ;使能 CPU 中断
        SETB    CR                  ;启动 PCA 计数器(CH,CL)计数
        SJMP    $                   ;循环等待中断
;-------------- PCA 中断服务程序------------------------
PCA_ISR:
        JNB     CCF0, Not_PCA0      ;如果 CCF0 不等于 1,则不是 PCA 模块 0 中断
                                    ;转去判断是否是 PCA 模块 1 中断
        ;PCA 模块 0 中断服务程序
        CPL     LED_PCA0            ;LED_PCA0 取反,表示 PCA 模块 0 发生了一次中断
        CLR     CCF0                ;清 PCA 模块 0 中断标志
        LJMP    PCA_Exit
Not_PCA0:
        JNB     CCF1, PCA_Exit      ;CCF1 不等于 1,不是 PCA 模块 1 中断,直接退出
        ;PCA 模块 1 中断服务程序
        CPL     LED_PCA1            ;LED_PCA1 取反, 表示 PCA 模块 1 发生了一次中断
        CLR     CCF1                ;清 PCA 模块 1 中断标志
PCA_Exit:
        RETI
        END
```

C 语言版本的程序如下:

```c
#include "stc8.h"                //包含 STC8 寄存器定义文件
sbit LED_PCA0 = P6^0;
sbit LED_PCA1 = P6^1;
void main (void)
{
    P_SW1 = 0x00;
    CMOD = 0x80;                 //空闲模式下停止 PCA 计数器工作
                                 //PCA 时钟源为 FOSC/12,禁止 PCA 计数器溢出时中断
    CCON = 0;                    //PCA 计数器溢出中断请求标志位 CF 清"0"
        //CR = 0, 不允许 PCA 计数器计数;PCA 各模块中断请求标志位 CCFn 清"0"
    CL = 0;                      //PCA 计数器清"0"
    CH = 0;
    CCAPM0 = 0x11;               //设置 PCA 模块 0 下降沿触发捕捉功能
    CCAPM1 = 0x31;               //设置 PCA 模块 1 上升/下降沿均可触发捕捉功能
    EA = 1;                      //使能 CPU 中断
    CR = 1;                      //启动 PCA 计数器(CH,CL)计数
    while(1);                    //等待中断
}
void PCA_ISR(void) interrupt 7   //PCA 中断服务程序
{
    if(CCF0)                     //PCA 模块 0 中断服务程序
```

```
        {
            LED_PCA0 = ! LED_PCA0;          // LED_PCA0 取反,表示 PCA 模块 0 发生了中断
            CCF0 = 0;                        //清 PCA 模块 0 中断标志
        }
        else if( CCF1)                       //PCA 模块 1 中断服务程序
        {
            LED_PCA1 = !LED_PCA1;           // LED_PCA1 取反, 表示 PCA 模块 1 发生了中断
            CCF1 = 0;                        //清 PCA 模块 1 中断标志
        }
    }
```

【**例 8-5**】 利用 PCA 模块做定时器使用。利用 PCA 模块的软件定时功能,实现在 P6.1 输出脉冲宽度为 1 s 的方波。假设晶振频率 F_{OSC} = 11.0592 MHz。

解:在此选择 PCA 模块 0 实现定时功能。通过置位 CCAPM0 寄存器的 ECOM 位和 MAT 位,使 PCA 模块 0 工作于软件定时器模式。定时时间的长短,取决于时钟源的选择以及 PCA 计数器计数值的设置。本例中,时钟频率 F_{OSC} = 11.0592 MHz,可以选择 PCA 模块的时钟源为 F_{OSC}/12,基本定时时间单位 T 为 5 ms,对 5 ms 计数 200 次以后,即可实现 1 s 的定时。通过计算,PCA 计数器计数值为 1200H,可在中断服务程序中,将该值赋给 [CCAP0H,CCAP0L]。

汇编语言程序清单如下:

```
        $INCLUDE (STC8.inc)         ;包含 STC8 寄存器定义文件
        COUNTER EQU 30H             ;声明一个计数器,用来计数中断的次数
        LED_1s EQU P6.1
            ORG     0000H
            LJMP    MAIN            ;转主程序
            ORG     003BH           ;PCA 中断入口地址
            LJMP    PCA_ISR
            ORG     0050H
MAIN: MOV     SP, #70H
            MOV     COUNTER, #200   ;设置 COUNTER 计数器初值
        ;初始化 PCA 模块
            MOV     CMOD, #10000000B ;空闲模式下停止 PCA 计数器工作
                                     ;选择 PCA 的时钟源为 FOSC/12,禁止 PCA 计数器溢出时中断
            MOV     CCON, #00H      ;PCA 计数器溢出中断请求标志位 CF 清"0"
              ;CR = 0, 不允许 PCA 计数器计数;PCA 各模块中断请求标志位 CCFn 清"0"
            MOV     CL, #00H        ;PCA 计数器清"0"
            MOV     CH, #00H
            MOV     CCAP0L, #00H    ;给 PCA 模块 0 的 CCAP0L 置初值
            MOV     CCAP0H, #12H    ;给 PCA 模块 0 的 CCAP0H 置初值
            MOV     CCAPM0, #49H    ;设置 PCA 模块 0 为 16 位软件定时器
                                    ;ECCF0=1 允许 PCA 模块 0 中断
        ;当[CH,CL]=[CCAP0H,CCAP0L]时,产生中断请求,CCF0=1,请求中断
```

```
        SETB    EA              ;使能 CPU 中断
        SETB    CR              ;启动 PCA 计数器(CH,CL)计数
        SJMP    $               ;循环等待中断
PCA_ISR:                        ;PCA 中断服务程序
        PUSH    ACC             ;保护现场
        PUSH    PSW
        CLR     CCF0            ;清 PCA 模块 0 中断标志
                                ;每 5 ms 中断一次
        MOV     A,#00H          ;给[CCAP0H,CCAP0L]增加一个数值
        ADD     A,CCAP0L
        MOV     CCAP0L,A
        MOV     A,#12H
        ADDC    A,CCAP0H
        MOV     CCAP0H,A
        DJNZ    COUNTER,PCA_EXIT;中断计数没有减到 0,直接退出
        MOV     COUNTER,#200    ;恢复中断计数初值
        CPL     LED_1s          ;LED_1S 输出脉冲宽度为 1 s 的方波
PCA_EXIT:
        POP     PSW             ;恢复现场
        POP     ACC
        RETI
        END
```

对应的 C 语言程序如下：

```
#include "stc8. h"             //包含 STC8 寄存器定义文件
sbit LED_1s=P6^1;
unsigned char cnt;             //中断计数变量
void main (void)
{
    cnt=200;                   //设置 COUNTER 计数器初值
    CMOD=0x80;                 //#10000000B 空闲模式下停止 PCA 计数器工作
        //选择 PCA 时钟源为 FOSC/12,禁止 PCA 计数器溢出时中断
    CCON=0;                    //PCA 计数器溢出中断请求标志位 CF 清"0"
        //CR = 0, 不允许 PCA 计数器计数;PCA 各模块中断请求标志位 CCFn 清"0"
    CL=0;                      //PCA 计数器清"0"
    CH=0;
    CCAP0L=0x00;               //给 PCA 模块 0 的 CCAP0L 置初值
    CCAP0H=0x12;               //给 PCA 模块 0 的 CCAP0H 置初值
    CCAPM0=0x49;               //设置 PCA 模块 0 为 16 位软件定时器
                               //ECCF0=1 允许 PCA 模块 0 中断
    //当[CH,CL]=[CCAP0H,CCAP0L]时,CCF0=1,产生中断请求
    EA=1;                      //开整个单片机所有中断共享的总中断控制位
    CR=1;                      //启动 PCA 计数器(CH,CL)计数
```

170

```
        while(1);                    //等待中断
    }
    void PCA_ISR(void) interrupt 7    //PCA 中断服务程序
    {
        union{                       //定义一个联合,以进行 16 位加法
            unsigned int num;
            struct{                  //在联合中定义一个结构
                unsigned char Hi,Lo;
            }Result;
        }temp;
        CCF0 = 0;                    //清 PCA 模块 0 中断标志
        //每 5 ms 中断一次
        temp.num = (unsigned int)(CCAP0H<<8)+CCAP0L+0x1200;
        CCAP0L=temp.Result.Lo;       //取计算结果的低 8 位
        CCAP0H=temp.Result.Hi;       //取计算结果的高 8 位
        cnt--;                       //修改中断计数
        if (cnt==0)
        {
            cnt=200;                 //恢复中断计数初值
            LED_1s =!LED_1s;         //在 P6.1 输出脉冲宽度为 1 s 的方波
        }
    }
```

【例 8-6】利用 PCA 模块进行 PWM 输出。PWM 脉冲由 P1.7 输出。假设晶振频率 F_{osc} = 11.0592 MHz。

解:在此选择定时器 0 实现中断功能。在定时器 0 中断函数中改变 CCAP0L 和 CCAP0H 的值,若 P1.7 连接 LED,则可实现 PWM 控制灯的亮度。

```
        #include "stc8.h"
        void timer0_isr(void)interrupt 1
        {
            static unsigned char i=0;
            static unsigned int cnt=0;

            cnt++;
            if(cnt==1000)
            {
                cnt=0;
                CCAP0L=i;
                CCAP0H=i;
                if(i<255)
                    i=i+5;
                else
                    i=0;
```

```
            }
        }
    void Timer0Init(void)                      //100 微秒@11.0592 MHz
    {
        AUXR &= 0x7F;                          //定时器时钟 12T 模式
        TMOD &= 0xF0;                          //设置定时器模式
        TL0 = 0xA4;                            //设置定时初值
        TH0 = 0xFF;                            //设置定时初值
        TF0 = 0;                               //清除 TF0 标志
        TR0 = 1;                               //定时器 0 开始计时
    }
    void main(void)
    {
        Timer0Init();
        CMOD = 0x80;                           //空闲模式下停止 PCA 计数器工作
                                               //PCA 时钟源为 FOSC/12,禁止 PCA 计数器溢出时中断
        CCON = 0;                              //PCA 计数器溢出中断请求标志位 CF 清"0"
                                               //CR = 0,不允许 PCA 计数器计数;PCA 各模块中断请求标
                                               //志位 CCFn 清"0"
        CL = 0;
        CH = 0;
        CCAPM0 = 0x42;                         //PCA 模块 0 为 PWM 工作模式
        PCA_PWM0 = 0x00;                       //PCA 模块 0 输出 8 位 PWM
        CCAP0L = 0x50;
        CCAP0H = 0x50;
        CR = 1;
        ET0 = 1;
        EA = 1;
        while(1);
    }
```

【例 8-7】 利用 PCA 模块 0 进行高速输出。假设晶振频率 F_{OSC} = 11.0592 MHz。从 P1.7 脚输出 125.0 kHz 的方波脉冲。

解: 可利用 PCA 模块实现高速输出功能。要激活高速输出模式,CCAPM1 寄存器的 TOG、MAT 和 ECOM 位必须都置位。通过计算,CCAP0L 中的值应设为 16H。

C 语言程序如下:

```
    #include "stc8.h"
    unsigned int value;
    void PCA_ISR(void)interrupt 7
    {
        CCF0 = 0;
        CCAP0L = value;                        //给模块 0 置初值
```

```
        CCAP0H = value>>8;              //给模块 0 置初值
        value+ = 0x16;
    }
    void main( void)
    {
        CCON = 0x00;
        CMOD = 0x02;                     //CIDL = 0,PCA 计数器在空闲模式下继续工作
                                          //PCA 计数器计数脉冲来源为系统时钟源 FOSC/2
        CH = 0;
        CL = 0;
        CCAPM0 = 0x4D;                   // PCA 模块 0 为高速脉冲输出模式,允许触发中断
        value = 0x16;
        CCAP0L = value;                  //给模块 0 置初值
        CCAP0H = value>>8;               //给模块 0 置初值
        value+ = 0x60;
        CR = 1;
        EA = 1;
        while(1);
    }
```

8.3 习题

1. 单片机应用中，定时方法有哪几种？
2. 简述 STC8A8K64S4A12 单片机的定时/计数器各自工作方式的特点。
3. STC8A8K64S4A12 的定时/计数器作为定时器和计数器使用时有何区别？
4. 如何对定时器的定时范围进行扩展？
5. 简述 STC8A8K64S4A12 的定时/计数器的增强功能。
6. STC8A8K64S4A12 的通用定时器中的定时器 0 和定时器 1 如何进行定时时钟选择？
7. 简述各种系统定时器的功能。
8. 简述 STC8A8K64S4A12 的 PCA 模块的功能特点和使用过程。
9. 设计程序，从 P1.1 输出周期为 2 s 的方波。
10. 使用定时器 T0，在 P1.1 引脚上输出 10 ms 的方波，输出 500 个方波后停止。
11. 用 STC8A8K64S4A12 单片机的定时/计数器，设计程序，实现 24 小时制的钟表功能，并实现闹钟功能：每天 9 点钟，在 P1.0 输出周期为 500 ms 的高低电平比为 1:1 的方波，输出 5 个方波后停止输出，在 P1.0 保持为高电平。假设使用的晶振频率为 12 MHz。
12. 某十字路口，东西方向车流量较小，南北方向车流量较大。东西方向上绿灯亮 30 s，南北方向上绿灯亮 40 s，绿灯向红灯转换中间黄灯亮 5 s 且闪烁，红灯在最后 5 s 闪烁。图 8-15 为十字路口红绿灯示意图。虽然十字路口有 12 只红绿灯，但同一个方向上的同色灯（如灯 1 与灯 7）同时动作，应作为一个输出，所以共有 6 个输出。由于一个方向上亮绿灯或黄灯时，另一个方向上肯定亮红灯，所以亮红灯可不作为一个单独的时间状态。根据所

述功能要求，画出电路原理图，并设计十字路口交通灯控制程序。

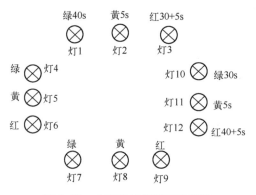

图 8-15　十字路口交通灯示意图

13. 系统时钟频率为 11.0592 MHz，试编程用 T0 方式 1 定时，每隔 1 s 在 P1.0 上输出宽度为 100 ms 的高电平脉冲。

第9章 串行通信

学习目标:

◇ 掌握 STC8A8K64S4A12 的 UART 和 SPI 的特点、功能和使用方法。

学习重点与难点:

◇ STC8A8K64S4A12 的 UART 和 SPI 的应用。

随着计算机测控系统和计算机网络的发展,通信功能显得越来越重要。在计算机系统中,计算机与外界的信息交换称为通信。由于串行通信是在一根传输线上一位一位地传送信息,所用的传输线少,并且可以借助现有的电话网进行信息传送,因此,特别适合于远距离传输。本章主要介绍串行通信的相关问题。由于 STC8A8K64S4A12 完全兼容传统 8051 单片机,因此,本章不再介绍传统 8051 单片机的串行接口,直接介绍 STC8A8K64S4A12 的 UART 和 SPI 的结构及应用。

9.1 通信的一般概念

在实际应用中,计算机的 CPU 与外部设备之间常常要进行信息的交换,计算机之间也需要交换信息,所有这些信息的交换均称为通信。通信又分为并行通信和串行通信。

9.1.1 并行通信与串行通信

通信的基本方式可分为并行通信和串行通信两种,如图 9-1 所示。

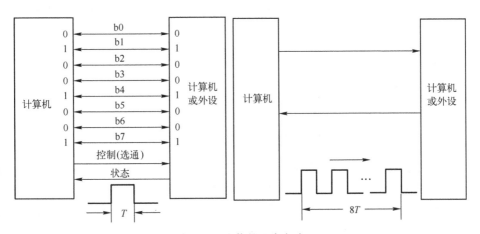

图 9-1 通信的基本方式

a)并行通信 b)串行通信

在并行通信中，数据的各位同时进行传送。其特点是传输速度快，但当距离较远、位数多时，通信线路复杂且成本高，如图9-1a所示。串行通信是指外设和计算机之间使用一根或几根数据信号线相连，同一时刻，数据在一根数据信号线上一位一位地顺序传送的通信方式，每一位数据都占据一个固定的时间长度。其特点是通信线路简单，只要一对传输线就可以实现通信，并可以利用电话线进行通信，从而大大降低了成本，特别适用于远距离通信，但传送速度慢，如图9-1b所示。

9.1.2 串行通信的基本方式及数据传送方向

串行通信本身又分为异步传送和同步传送两种基本方式。

1. 异步传送

在这种通信方式中，接收器和发送器有各自的时钟，它们的工作是非同步的。在异步传送中，每一个字符要用起始位和停止位作为字符开始和结束的标志，以字符为单位一个个地发送和接收。典型异步通信的格式如图9-2所示。

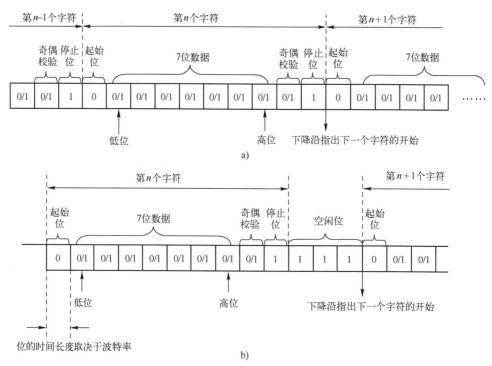

图9-2 典型异步通信的格式

a）数据字为7位ASCII码时的通信格式 b）有空闲位时的通信格式

异步传送时，每个字符的组成格式如下：首先是一个起始位表示字符的开始；后面紧跟着的是字符的数据字，数据字可以是7或8位数据，在数据字中可根据需要加入奇偶校验位；最后是停止位，其长度可以是1位或2位。串行传送的数据字节加上成帧信号起始位和停止位就形成一个字符串行传送的帧。起始位用逻辑"0"低电平表示，停止位用逻辑"1"高电平表示。图9-2a所示为数据字为7位的ASCII码，第8位是奇偶校验位。加上起始位、停止位，一个字符由10位组成。这样形成帧信号后，字符便可以一个接一个地传送了。

在异步传送中，字符间隔不固定，在停止位后可以加空闲位，空闲位用高电平表示，用于等待发送。这样，接收和发送可以随时或间断地进行，而不受时间的限制。图9-2b为有空闲位的情况。

在异步数据传送中，CPU与外设之间必须约定好两项事宜。

1）字符格式。双方要约定好字符的编码形式、奇偶校验形式以及起始位和停止位的规定。

2）波特率（Baud rate）。波特率是衡量数据传送速率的指标，单位是bit/s（位/秒）。要求发送方和接收方都要以相同的数据传送速率工作。

假设数据串行的速率是120字符/s，而每一个字符的传送需要10 bit二进制数，则其传送的波特率为：10 bit/字符×120字符/s＝1200 bit/s。

简而言之，"波特率"就是每秒传送多少位。例如，波特率为1200 bit/s时，意味着每秒可以传送1200 bit。而每一位的传送时间T_d就是波特率的倒数。在上例中，每一位的传送时间为

$$T_d = \frac{1}{1200}s \approx 0.833 \text{ ms}$$

2. 同步传送

所谓同步传送就是去掉异步传送时每个字符的起始位和停止位的成帧标志信号，仅在数据块开始处用同步字符来指示，如图9-3所示。显然，同步传送的有效数据位传送速率高于异步传送，可达5×10^4 bit/s。其缺点是硬件设备较为复杂，因为它要求使用时钟来实现发送端和接收端之间的严格同步，而且对时钟脉冲信号的相位一致性要求非常严格，为此通常还要采用"锁相器"等措施来保证。

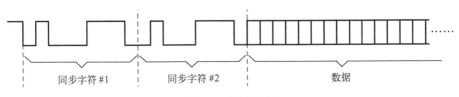

图9-3 同步传送

3. 串行通信中数据的传送方向

一般情况下，串行数据传送是在两个通信端之间进行的。其通信方式有如图9-4所示的几种情况。图9-4a为单工通信方式，A端为发送站，B端为接收站，数据仅能从A站发至B站。图9-4b为半双工通信方式，数据可以从A发送到B，也可以由B发送到A。不过同一时间只能做一个方向的传送，其传送方式由收发控制开关K来控制。图9-4c为全双工通信方式，每个站（A、B）既可同时发送，又可同时接收。

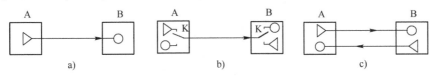

图9-4 串行通信方式

a）单工通信方式 b）半双工通信方式 b）全双工通信方式

图 9-4 所示的通信方式都是在两个站之间进行的，所以也称为点—点通信方式。

图 9-5 所示为主从多终端通信方式。A 可以向多个终端（B、C、D）发出信息。在 A 允许的条件下，可以控制管理 B、C、D 等在不同的时间向 A 发出信息。根据数据传送的方向又分为多终端半双工通信和多终端全双工通信。

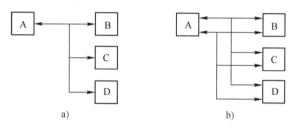

图 9-5　主从多终端通信方式

a）多终端双工通信方式　b）多终端全双工通信方式

9.1.3　通用的异步接收器/发送器 UART

在串行传送中，数据是一位一位按顺序进行传送的，而计算机内部的数据是并行传送的。因此当计算机向外发送数据时，必须将并行的数据转换为串行的数据再行传送。反之，又必须将串行数据转换为并行数据输入计算机中。上述并→串或串→并的转换既可以用软件实现，也可用硬件实现。但由于用软件实现会使 CPU 的负担增加，降低了其利用率，故目前往往用硬件完成这种转换。通用的异步接收器/发送器（Universal Asynchronous Receiver/Transmitter，UART）是串行接口的核心部件。硬件 UART 的结构如图 9-6 所示。

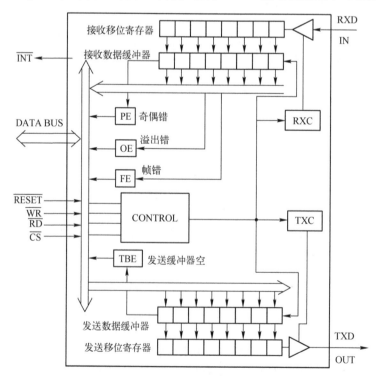

图 9-6　硬件 UART 的结构

硬件 UART 既能发送（实现并行→串行输出），又能接收（实现串行→并行输入）。对每一方来说都是一个双缓冲器结构。当 UART 接收数据时，串行数据先经 RXD 端进入移位寄存器，再经移位寄存器输出并行数据到缓冲器，最后通过数据总线送到 CPU；当 UART 发送信息时，先由 CPU 经数据总线将并行数据送给缓冲器，再由并行缓冲器送给移位寄存器，最后逐位由 TXD 端输出。所有这些工作都是在时钟信号和其他控制信号作用下完成的。

在 UART 中设置有出错标志，一般有以下 3 种。

（1）奇偶错误（Parity error）

为了检测传送中可能发生的错误，UART 在发送时会检查每个要传送的字符中的"1"的个数，自动在奇偶校验位上添加"1"或"0"，使得"1"的总和（包括奇偶校验位）在偶校验时为偶数，奇校验时为奇数。UART 在接收时会检查字符中的每一位（包括奇偶校验位），计算其"1"的总和是否符合奇偶检验的要求，以确定是否发生传送错误。

（2）帧错误（Frame error），表示字符格式不符合规定

虽然接收端和发送端的时钟没有直接的联系，但是因为接收端总是在每个字符的起始位处进行一次重新定位，因此，必须要保证每次采样对应一个数据位。只有当接收时钟和发送时钟的频率相差太大，从而引起在起始位之后刚采样几次就造成错位时，才出现采样造成的接收错误。如果遇到这种情况，就会出现停止位（按规定停止位应为高电平）为低电平（此情况下，未必每个停止位都是低电平），从而引起信息帧格式错误，帧错误标志 FE 置位。

（3）溢出（丢失）错误（Overrun error）

UART 是一种双缓冲器结构。UART 接收端在接收到第一个字符后便放入接收数据缓冲器，然后就继续从 RXD 线上接收第二个字符，并等待 CPU 从接收数据缓冲器中取走第一个字符。如果 CPU 很忙，一直没有机会取走第一个字符，以致接收到的第二字符进入接收数据缓冲器而造成第一个字符被丢失，于是产生了溢出错误，UART 自动使溢出错误标志 OE 置位。

一旦传送中出现上述错误，会发出出错信息。

UART 是用外部时钟的方法与数据进行同步的。外部的时钟周期 T_c 和数据中每一位数据所占的时间 T_d 有如下关系：

$$T_c = \frac{T_d}{K}$$

式中，$K=16$ 或 64。若 $K=16$，在每一个时钟脉冲的上升沿采样接收数据线，当发现了第一个"0"（即起始位的开始），以后又连续采样 8 个"0"，则确定它为起始位（不是干扰信号），然后开始读出接收数据的每个数位值，如图 9-7 所示。

由于每个数据位时间 T_d 为外部时钟的 16 倍，所以每 16 个外部时钟脉冲读一次数据位，如图 9-8 所示。从图 9-8 中可以看出，取样时间正好在数据位时间的中间时刻，这就避开了信号在上升或下降时可能产生的不稳定状态，保证了采样数值的正确。

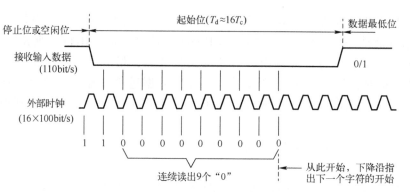

图 9-7　外部时钟与接收数据的起始位同步

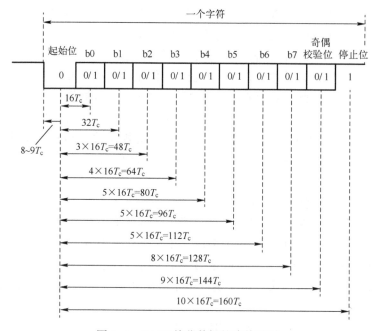

图 9-8　UART 接收数据的读数时刻

9.2　STC8A8K64S4A12 单片机的串行接口

STC8A8K64S4A12 单片机具有 4 个采用 UART 工作方式的全双工串行通信接口（串口1、串口2、串口3、串口4）。每个串口由 2 个数据缓冲器、1 个移位寄存器、1 个串行控制寄存器和 1 个波特率发生器等组成。每个串口的数据缓冲器由接收缓冲器和发送缓冲器构成，它们在物理上是独立的，既可以接收数据也可以发送数据，还可以同时发送和接收数据。接收缓冲器只能读出，不能写入，而发送缓冲器则只能写入，不能读出。它们共用 1 个地址号。STC8A8K64S4A12 的串行口既可以用于串行异步通信，也可以构成同步移位寄存器。如果在串行口的输入/输出引脚上加上电平转换器，可以方便地构成标准的 RS232 接口。串口 1 与传统 8051 单片机的串口完全兼容。串口 2~4 的结构、工作原理与串口 1 类似。

9.2.1　串行接口的工作方式

STC8A8K64S4A12 单片机的串口 1 有 4 种工作方式，可通过对寄存器 SCON 中 SM0、SM1 位的设置进行选择，其中两种工作方式的波特率可变，另外两种是固定的；串口 2/串口 3/串口 4 都只有两种工作模式，可通过对寄存器 S2CON 中 S2SM0、S3SM0 和 S4SM0 位的设置进行选择，两种工作模式的波特率都是可变的。用户可用软件设置不同的波特率和选择不同的工作方式。主机可通过查询或中断方式对接收/发送进行程序处理，使用十分灵活。

串口 1、串口 2、串口 3、串口 4 的引脚均可以通过特殊功能寄存器 P_SW1/ P_SW2 在多个引脚之间切换（请参见第 3 章）。功能引脚的切换功能不仅可以使得电路板的布线更加合理，而且还可以将一个通信接口分时复用为多个通信接口。

1. 串口 1 的工作方式

（1）串口 1 工作方式 0

当软件设置 SCON 的 SM0、SM1 为 "00" 时，串口 1 工作于方式 0，串行通信接口工作在同步移位寄存器模式，RxD 为串行通信的数据口，TxD 为同步移位脉冲输出脚，发送、接收的是 8 位数据，低位在先。该方式下，必须清 "0" 多机通信控制位 SM2，使之不影响 TB8 位和 RB8 位。

串口 1 工作方式 0 时的波特率计算方法是，当 UART_M0x6 = 0 时，波特率为 SYSclk/12；当 UART_M0x6 = 1 时，波特率为 SYSclk/2。其中，SYSclk 为系统工作频率。

方式 0 的发送过程：当主机执行将数据写入发送缓冲器 SBUF 指令时启动发送，串行口即将 8 位数据从 RxD 引脚输出（从低位到高位），发送完中断标志 TI 置 "1"，TxD 引脚输出同步移位脉冲信号。当写信号有效后，相隔一个时钟，发送控制端 SEND 有效（高电平），允许 RxD 发送数据，同时允许 TxD 输出同步移位脉冲。一帧（8 位）数据发送完毕时，各控制端均恢复原状态，只有 TI 保持高电平，呈中断申请状态。在再次发送数据前，必须用软件将 TI 清 "0"。串口 1 工作方式 0 的发送数据时序图如图 9-9 所示。

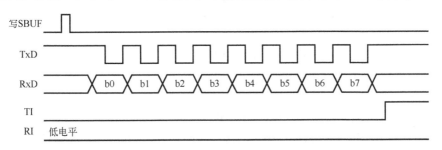

图 9-9　串口 1 工作方式 0 发送数据时序图

方式 0 的接收过程：首先将接收中断请求标志 RI 清 "0"，并置位允许接收控制位 REN 时启动模式 0 接收过程。启动接收过程后，RxD 为串行数据输入端，TxD 为同步脉冲输出端。当接收完成一帧数据（8 位）后，控制信号复位，中断标志 RI 被置 "1"，呈中断申请状态。当再次接收时，必须通过软件将 RI 清 "0"。串口 1 工作方式 0 的接收数据时序图如图 9-10 所示。

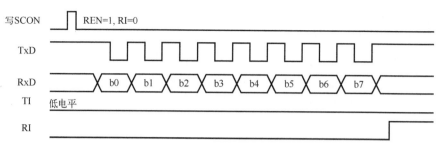

写SCON   REN=1, RI=0

图 9-10 串口 1 工作方式 0 接收数据时序图

（2）串口 1 工作方式 1

当软件设置 SCON 寄存器的 SM0、SM1 为 "01" 时，串行口 1 工作于方式 1。此方式为 8 位 UART 格式，一帧信息为 10 位，包括 1 位起始位、8 位数据位（低位在先）和 1 位停止位。起始位和停止位是在发送时自动插入的。接收时，停止位进入 SCON 的 RB8 位。波特率可变，即可根据需要设置波特率。TxD 为数据发送引脚，RxD 为数据接收引脚，方式 1 提供异步全双工通信，适合于点到点的通信。串口 1 工作方式 1 的帧格式如图 9-11 所示。

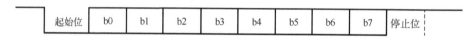

| 起始位 | b0 | b1 | b2 | b3 | b4 | b5 | b6 | b7 | 停止位 |

图 9-11 串口 1 工作方式 1 的帧格式

串口 1 工作方式 1 的功能结构图如图 9-12 所示，数据接收/发送时序图如图 9-13 所示。

方式 1 的发送过程：发送数据时，数据由串行发送端 TxD 输出。当单片机执行一条写 SBUF 的指令时，就启动串行通信的发送，写 SBUF 信号并把 1 装入发送移位寄存器的第 9 位，并通知 TX 控制器开始发送。发送各位的定时时间由 16 分频计数器同步。

移位寄存器将数据不断右移送往 TxD 端口发送，在数据的左边不断移入 0 作为补充。当数据的最高位移到移位寄存器的输出位置，紧跟其后的是第 9 位 "1"，在它的左边各位全为 "0"，这个状态条件，使 TX 控制器做最后一次移位输出，然后使允许发送信号 "SEND" 失效，完成一帧信息的发送，并置位中断请求位 TI，即 TI＝1，向 CPU 请求中断处理。

方式 1 的接收过程：当软件置位接收允许标志位 REN，即 REN＝1 时，接收器便以选定波特率的 16 分频的速率采样串行接收端口 RxD，当检测到 RxD 端口从 1→0 的负跳变时就启动接收器准备接收数据，并立即复位 16 分频计数器，将 1FFH 值装入移位寄存器。复位 16 分频计数器的目的是使它与输入位时间同步。

16 分频计数器的 16 个状态是将每位的接收时间均分为 16 等份，在每位时间的 7、8、9 状态由检测器对 RxD 端口进行采样，经 "三中取二" 后的值作为本次所接收的值，即 3 次采样至少两次相同的值，以此消除干扰影响，提高可靠性。在起始位，如果接收到的值不为 0（低电平），则起始位无效，复位接收电路，并重新检测 1→0 的跳变。如果接收到的起始位有效，则将它输入移位寄存器，并接收本帧的其余信息。

接收的数据从接收移位寄存器的右边移入，已装入的 1FFH 向左边移出，当起始位 0 移到移位寄存器的最左边时，使 RX 控制器做最后一次移位，完成一帧的接收。若同时满足以下两个条件。

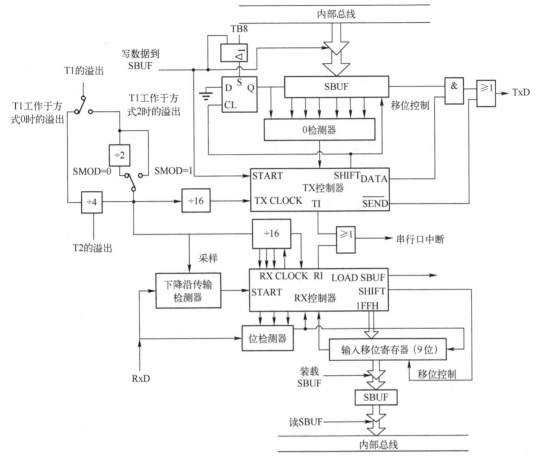

图 9-12　串行口 1 方式 1 的功能结构图

1）RI=0。

2）SM2=0 或接收到的停止位为 1。

此时接收到的数据有效，数据载入 SBUF，停止位进入 RB8，置位 RI，向 CPU 请求中断，若上述两条件不能同时满足，则接收到的数据作废并丢失，无论条件满足与否，接收器重新检测 RxD 端口上 1→0 的跳变，继续下一帧的接收。接收有效时，在响应中断后，必须由软件将 RI 清 "0"。通常情况下，串行口工作于方式 1 时，SM2 设置为 "0"。

串口 1 工作方式 1 的波特率是可变的，由 T1 或 T2 的溢出率和 SMOD 共同决定。

当串口 1 用 T1 作为波特率发生器且 T1 工作于模式 0（16 位自动重装模式），或串口 1 用 T2 作为波特率发生器时的波特率为

波特率=（T1 的溢出率或 T2 的溢出率）/4。

串口 1 用 T1 作为波特率发生器且 T1 工作于模式 2（8 位自动重装模式）的情况是传统 8051 单片机的方式，在实际应用中，仅考虑使用 T1 工作于方式 0 的波特率计算即可。

当一帧数据发送结束时，将串行控制寄存器 SCON 中的 TI 置 "1"，通知 CPU 数据发送已经结束，可以发送下一帧数据。

若 REN 处于允许接收状态，当一帧数据接收完毕后，将 SCON 中的 RI 置 "1"，通知

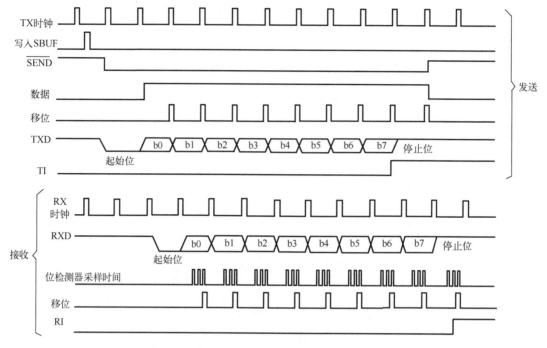

图 9-13 串口 1 工作方式 1 数据接收/发送时序图

CPU 从 SBUF 取走接收到的数据。

（3）串口 1 工作方式 2

串口 1 工作方式 2 为 9 位异步通信方式，但由于波特率无法使用定时器进行灵活控制，因此，很少使用。在此不做介绍。

（4）串口 1 工作方式 3

当软件设置 SCON 寄存器的 SM0、SM1 为 "11" 时，串行口 1 工作于方式 3。串行数据通过 TxD 发送，RxD 接收。每帧数据均为 11 位，包括 1 位起始位，8 位数据位，1 位可程控为 1 或 0 的第 9 位及 1 位停止位。串口 1 工作方式 3 的帧格式如图 9-14 所示。

图 9-14 串口 1 工作方式 3 的帧格式

工作方式 3 波特率的计算方法与方式 1 相同。

2. 串口 2 的工作方式

串口 2 只有两种工作方式，它们都是 UART 方式（即异步串行通信模式）。

（1）方式 0

10 位数据通过 RxD2/P1.0(RxD2_2/P4.0) 接收，通过 TxD2/P1.1(TxD2_2/P4.2) 发送。一帧数据包含一个起始位（0），8 个数据位和一个停止位（1）。接收时，停止位进入特殊功能寄存器 S2CON 的 S2RB8 位。波特率由定时器 T2 的溢出率决定。

当 T2 工作在 1T 模式（T2x12=1）时，T2 的溢出率=SYSclk/(65536−[RL_TH2, RL_TL2])。此时，串行口 2 的波特率=SYSclk/(65536 − [RL_TH2, RL_TL2])/4；当 T2 工作在 12T 模式

184

（T2x12＝0）时，T2 的溢出率＝SYSclk/12/（65536−[RL_TH2, RL_TL2]）。此时，串行口 2 的波特率＝SYSclk /12/（65536−[RL_TH2, RL_TL2]）/4。其中，RL_TH2 是 T2H 的重装载寄存器，RL_TL2 是 TL2 的重装载寄存器。使用时，直接给 TH2 和 TL2 进行赋值即可。

（2）方式 1

11 位数据通过 TxD2/P1.1（TxD2_2/P4.2）发送，通过 RxD2/P1.0（RxD2_2/P4.0）接收。一帧数据包含一个起始位（0）、8 个数据位、一个可编程的第 9 位和一个停止位（1）。发送时，第 9 位数据位来自特殊功能寄存器 S2CON 的 S2TB8 位。接收时，第 9 位进入特殊功能寄存器 S2CON 的 S2RB8 位。

波特率的计算方法与方式 0 相同，在此不再复述。

串口 3 和串口 4 的工作方式与串口 2 类似，请读者对比学习，在此不做详细叙述。

9.2.2 串行接口的寄存器

要正确使用串行接口，需要掌握与串口有关的寄存器。下面分别介绍。

1. 串口 1 控制寄存器 SCON

SCON 用于确定串口 1 的操作方式和控制串口 1 的某些功能，也可用于发送和接收第 9 个数据位（TB8、RB8），并设有接收和发送中断标志（RI 及 TI）位。SCON 各位的意义如下：

地　址	b7	b6	b5	b4	b3	b2	b1	b0	复位值
98H	SM0/FE	SM1	SM2	REN	TB8	RB8	TI	RI	0000, 0000

（1）SM0/FE

PCON 寄存器中的 SMOD0 位为 1 时，该位用于帧错误检测，当检测到一个无效停止位时，通过 UART 接收器设置该位。它必须由软件清 "0"。PCON 寄存器中的 SMOD0 为 0 时，该位和 SM1 一起指定串行通信的工作方式，见表 9-1（其中，f_{OSC} 为振荡器频率）。

表 9-1　串口 1 的工作方式

SM0	SM1	串口 1 工作方式	功能说明	波　特　率
0	0	方式 0	同步移位串行方式	当 UART_M0x6＝0 时，波特率为 $f_{OSC}/12$ 当 UART_M0x6＝1 时，波特率为 $f_{OSC}/2$
0	1	方式 1	可变波特率 8 位数据方式	串口 1 用定时器 1 作为其波特率发生器且定时器工作于模式 0（16 位自动重加载模式）或串行口用定时器 2 作为其波特率发生器时 波特率＝（定时器 1 的溢出率或定时器 2 的溢出率）/4 注意：此时波特率与 SMOD 位无关 当串口 1 用定时器作为其波特率发生器且定时器 1 工作于模式 2（8 位自动重加载模式）时，波特率＝$(2^{SMOD}/32)\times$（定时器 1 的溢出率）
1	0	方式 2	固定波特率 9 位数据方式	波特率＝$(2^{SMOD}/64)\times f_{OSC}$
1	1	方式 3	可变波特率 9 位数据方式	与方式 1 波特率的计算方法相同

（2）SM2

多机通信控制位。多机通信主要指单片机通信时工作于方式 2 和方式 3。SM2 位主要用于方式 2 和方式 3，是进行主-从多机通信的控制位。这种多机通信方式一般为 "一台主机，多台从机" 系统，主机发送的信息可被各从机接收，而从机只能与主机进行通信，从机间互相不能直接通信。

设有一个由主机（单片机或其他具有串行接口的设备）和 3 个 STC8A8K64S4A12 单片机组成的从机系统，则多机通信系统示意图如图 9-15 所示。

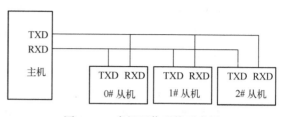

图 9-15　多机通信系统示意图

多个单片机可以利用串行口进行多机通信。在多机通信中要保证主机与所选择的从机实现可靠通信，必须保证串行口具有识别功能。控制寄存器 SCON 的 SM2 位就是为满足这一条而设置的多机通信控制位。多机通信的实现，主要靠主、从机之间正确地设置与判断多机通信控制位 SM2，以及发送或接收的第 9 数据位（b8）。

当进行主从式通信时，在初始化程序中将串行口置成工作方式 2 或 3，开始各个从机都应置 SM2=1，REN=1。主机发出的第一帧信息是地址帧信息（数据帧的第 9 数据位为 1），此时各个从机接收到地址帧信息后都能产生中断，并进入各自的中断服务程序。当各从机接收到主机发出的地址帧信息后，自动将第 9 数据位状态 "1" 送到 SCON 控制寄存器的 RB8 位，并将中断标志 RI 置 "1"，产生中断。各 CPU 响应中断后均进入中断服务程序，在服务程序中把主机送来的地址号与本从机的地址号相比较，若地址相等，则使本机的 SM2 置 "0"，为接收主机接着发送来的数据帧（第 9 数据位为 0）做准备。而地址号不符的其他从机仍然维持 SM2=1 的状态，对主机以后发出的数据帧信息不予理睬，不产生中断标志 RI，直到与主机发出的地址信息相符后，才可接收以后的数据信息，从而实现了主从一对一通信（点-点通信）。由此看出，在多机通信时，SM2 控制位起着极为重要的作用。

下面总结实现多机通信的过程。

1）主、从机均初始化为方式 2 或方式 3，置 SM2=1，允许中断。

2）主机置 TB8=1，发送要寻址的从机地址。

3）所有从机均接收主机发送的地址，并进行地址比较。

4）被寻址的从机确认地址后，置本机 SM2=0，此时可向主机返回地址，供主机核对。

5）核对无误后，主机向被寻址的从机发送命令，通知从机接收或发送数据。

6）通信只能在主、从机之间进行，两个从机之间的通信需通过主机做中介。

7）本次通信结束后，主、从机重置 SM2=1，主机可再对其他从机寻址。

在实际工程应用中，这种多机通信中的接口协议常用 RS485 标准。RS485 是一种多发送器的电路标准，它允许双导线上一个发送器驱动最多 256 个负载设备（不同的芯片数量不同）。RS485 为半双工通信，在某一时刻，一个发送另一个接收数据。在电路设计上，平衡连接电缆两端要有终端电阻。常用的 RS485 芯片是 MAX1487（目前也出现了很多与其兼容的芯片），其包含一个驱动器和一个接收器，适合于 RS485 通信标准的低功率收发器。详细信息及使用方法，请参见相关手册。

（3）REN

允许接收控制位。REN 用于控制允许和禁止数据接收。1=允许接收数据，可启动串行口的接收器 RXD，开始接收数据；0=禁止接收数据。

（4）TB8

在方式 2 和方式 3 时，它是要发送的第 9 个数据位，按需要由软件进行置位或清 "0"。

该位可用作数据的奇偶校验位，或在多机通信中用作地址帧/数据帧的标志位（TB8 = 1/0）。

若以 TB8 位作为奇偶校验位，处理方法为：在数据写入 SBUF 之前，先将数据的奇偶位写入 TB8。可以编程如下（假设使用工作寄存器区 2 的 R0 作为发送数据区地址指针）：

```
RIPTI:  PUSH    PSW              ;保护现场
        PUSH    ACC
        SETB    PSW.4
        CLR     PSW.3            ;选择工作寄存器区 2
        CLR     TI               ;发送中断标志 TI 清"0"
        MOV     A,@R0            ;取数据
        MOV     C,P
        MOV     TB8,C
        MOV     SBUF,A           ;数据写入到发送缓冲器,启动发送器
        INC     R0               ;数据指针加 1
        POP     ACC
        POP     PSW              ;恢复现场
        RETI
```

（5）RB8

在方式 2 和方式 3 时，它是接收到的第 9 位数据，作为奇偶校验位或地址帧/数据帧标志位。在方式 1 时，若 SM2 = 0，则 RB8 是接收到的停止位。在方式 0 时，不使用 RB8。

（6）TI

发送中断标志位。在方式 0 时，当串行发送数据字第 8 位结束时由内部硬件置位，向 CPU 申请发送中断。CPU 响应中断后，必须用软件清"0"，取消此中断标志。在其他方式时，它在停止位开始发送时由硬件置位。同样，必须用软件使其复位。

（7）RI

接收中断标志位。在方式 0 时，当串行接收到第 8 位结束时由内部硬件置位。在其他方式时，RI 在接收到停止位的中间时刻由硬件置位（例外情况见 SM2 说明）。RI 也必须用软件来复位。

SCON 的内容可由指令 MOV SCON,#data 来设定。例如，如果选择工作方式 0，可以使用指令 MOV SCON,#00H 设定。

当一串行数据帧发送完成时，发送中断标志 TI 被置位，接着发生串行口中断，进入串行口中断服务程序。但 CPU 事先并不能分辨是 TI 还是 RI 的中断请求，因此，必须在中断服务程序中用位测试指令加以判断。两个中断标志位 TI 及 RI 均不能自动复位，必须在中断服务程序中使用清中断标志位指令，撤销中断请求状态，否则原先的中断标志位状态又将表示有中断请求。

2. 串口 2 控制寄存器 S2CON

寄存器 S2CON 用于确定串口 2 的操作方式和控制串口 2 的某些功能，也可用于发送和接收第 9 个数据位（S2TB8、S2RB8），并设有接收和发送中断标志（S2RI 及 S2TI）位。S2CON 各位的意义如下：

地　址	b7	b6	b5	b4	b3	b2	b1	b0	复位值
9AH	S2SM0	—	S2SM2	S2REN	S2TB8	S2RB8	S2TI	S2RI	0100,0000

其中，S2SM0用于指定串口2的工作方式，具体见表9-2。

表 9-2 串口 2 的工作方式

S2SM0	串口 2 工作模式	功 能 说 明	波 特 率
0	模式 0	可变波特率 8 位数据方式	(T2 的溢出率)/4
1	模式 1	可变波特率 9 位数据方式	(T2 的溢出率)/4

寄存器 S2CON 的其他位和寄存器 SCON 各个位的功能类似，在此不再赘述。

3. 串口 3 控制寄存器 S3CON

寄存器 S3CON 用于确定串口 3 的操作方式和控制串口 3 的某些功能，也可用于发送和接收第 9 个数据位（S3TB8、S3RB8），并设有接收和发送中断标志（S3RI 及 S3TI）位。S3CON 各位的意义如下：

地 址	b7	b6	b5	b4	b3	b2	b1	b0	复位值
ACH	S3SM0	S3ST3	S3SM2	S3REN	S3TB8	S3RB8	S3TI	S3RI	0000, 0000

1）S3SM0 用于指定串口 3 的工作方式，具体见表9-3。

表 9-3 串口 3 的工作方式

S3SM0	串口 3 工作模式	功 能 说 明	波 特 率
0	模式 0	可变波特率 8 位数据方式	(T2 的溢出率)/4 或(T3 的溢出率)/4
1	模式 1	可变波特率 9 位数据方式	(T2 的溢出率)/4 或(T3 的溢出率)/4

2）S3ST3：用于串口 3 波特率发生器选择。S3ST3 = 1 时，选择 T3 作为串口 3 的波特率发生器。S3ST3 = 0 时，选择 T2 作为串口 3 的波特率发生器。

寄存器 S3CON 的其他位和寄存器 SCON 各个位的功能类似，在此不再赘述。

4. 串口 4 控制寄存器 S4CON

寄存器 S4CON 用于确定串口 4 的操作方式和控制串口 4 的某些功能，也可用于发送和接收第 9 个数据位（S4TB8、S4RB8），并设有接收和发送中断标志（S4RI 及 S4TI）位。S4CON 各位的意义如下：

地 址	b7	b6	b5	b4	b3	b2	b1	b0	复位值
84H	S4SM0	S4ST4	S4SM2	S4REN	S4TB8	S4RB8	S4TI	S4RI	0000, 0000

其中，S4SM0 用于指定串口 2 的工作方式，具体见表9-4。

表 9-4 串口 4 的工作方式

S4SM0	串口 4 工作模式	功 能 说 明	波 特 率
0	模式 0	可变波特率 8 位数据方式	(T2 的溢出率)/4 或(T4 的溢出率)/4
1	模式 1	可变波特率 9 位数据方式	(T2 的溢出率)/4 或(T4 的溢出率)/4

寄存器 S4CON 的其他位和寄存器 SCON 各个位的功能类似，在此不再赘述。

5. 掉电控制寄存器 PCON

PCON 中的 SMOD 用于设置串口 1 方式 1、方式 2 和方式 3 的波特率是否加倍，SMOD0

为帧错误检测有效控制位。各位的定义如下：

地　　址	b7	b6	b5	b4	b3	b2	b1	b0	复位值
87H	SMOD	SMOD0	LVDF	POF	GF1	GF0	PD	IDL	0011, 0000

其中，与串行通信相关的位是 SMOD 和 SMOD0。

1）SMOD：串行口波特率系数控制位。SMOD=1 时，串口 1 方式 1、方式 2 和方式 3 的波特率加倍。SMOD=0 时，串口 1 各工作方式的波特率均不加倍。

2）SMOD0：帧错误检测有效控制。SMOD0=1 时，使能帧错误检测功能。此时 SCON 的 SM0/FE 为 FE 功能，即为帧错误检测标志位。SMOD0=0 时，无帧错误检测功能。

6. 辅助寄存器 AUXR

前面已经介绍过辅助寄存器 AUXR，此处说明该寄存器中与串口 1 有关的比特位的含义，各位的定义如下：

地　　址	b7	b6	b5	b4	b3	b2	b1	b0	复位值
8EH	T0x12	T1x12	UART_M0x6	T2R	T2_C/T	T2x12	EXTRAM	S1ST2	01H

T0x12、T1x12 和 T2x12 用于设置定时器 0、定时器 1 和定时器 2 的速度，详见第 8 章的相关介绍。EXTRAM 用于设置是否允许使用内部扩展的 8192 字节扩展 RAM。

1）UART_M0x6：串口 1 模式 0 的通信速度设置位。UART_M0x6=0 时，串口 1 模式 0 的波特率不加倍，固定为 $F_{osc}/12$。UART_M0x6=1 时，串口 1 模式 0 的波特率 6 倍速，即固定为 $F_{osc}/12×6=F_{osc}/2$。

2）S1ST2：串口 1 波特率发射器选择位。S1ST2=1 时，选择定时器 2 作为波特率发生器；S1ST2=0 时，选择定时器 1 作为波特率发生器。

7. 辅助寄存器 AUXR2

辅助寄存器 AUXR2 的各位定义如下：

地　　址	b7	b6	b5	b4	b3	b2	b1	b0	复位值
97H	—	—	—	TXLNRX	—	—	—	—	xxxn, xxxx

TXLNRX：串口 1 中继广播方式控制位。TXLNRX=0 时，串口 1 为正常模式。TXLNRX=1 时，串口 1 为中继广播方式，即将 RxD 端口输入的电平状态实时输出在 TxD 外部引脚上，TxD 外部引脚可以对 RxD 引脚的输入信号进行实时整形放大输出。

8. 从机地址控制寄存器

为了方便多机通信，STC8A8K64S4A12 单片机设置了从机地址控制寄存器 SADEN 和 SADDR。其中，SADEN 是从机地址掩模寄存器（地址为 B9H，复位值为 00H），SADDR 是从机地址寄存器（地址为 A9H，复位值为 00H）。

9. 数据缓冲器

数据缓冲器用于保存要发送的数据或者从串口接收到的数据。串口 1 的数据缓冲器是 SBUF（地址是 99H），串口 2 的数据缓冲器是 S2BUF（地址是 9BH），串口 3 的数据缓冲器是 S3BUF（地址是 ADH），串口 4 的数据缓冲器是 S4BUF（地址是 85H）。

对于串口 1, SBUF 是用来存放发送和接收数据的两个独立的缓冲寄存器, CPU 执行给 SBUF 赋值的语句时, 触发串口 1 的发送, 串口 1 便一位一位地发送数据, 发送完成后标志 TI=1; 在 CPU 允许接收串行数据时, 外部串行数据经 RXD 送入 SBUF, 电路便自动启动接收, 第 9 位则装入 SCON 寄存器的 RB8 位, 直至完成一帧数据后将 RI 置 "1", 当串口接收缓冲器接收到一帧数据时, 可以执行读取 SBUF 内容的语句读取串口数据, 如 rxbuffer = SBUF。

对于串口 2、串口 3 和串口 4, 数据缓冲寄存器的功能与使用方法和串口 1 的 SBUF 相似, 读者可参考学习, 在此不做详细描述。

9.2.3 波特率设定

STC8A8K64S4A12 的 UART 的波特率选择与 8051 稍有不同。下面分别介绍 STC8A8K64S4A12 串口 1~串口 4 的波特率计算方法。

1. 串口 1 波特率的设定

(1) 方式 0 的波特率

当 UART_M0x6=0 时, 波特率为 $f_{osc}/12$; 当 UART_M0x6=1 时, 波特率为 $f_{osc}/2$。

(2) 方式 2 的波特率

串行口 1 工作于方式 2 时, 波特率有两种波特率可选, 取决于电源控制寄存器 PCON 中 SMOD 位的值, 当 SMOD=0 时, 波特率为 $f_{osc}/64$; 当 SMOD=1 时, 波特率为 $f_{osc}/32$。

(3) 方式 1 和 3 的波特率

串行口 1 工作于方式 1 和 3 时, 波特率是可变的, 可以通过编程改变定时器 1 的溢出率或者定时器 2 的溢出率来确定波特率。

编程时应注意, 当定时器作为波特率发生器使用时, 应禁止定时器产生中断 (ET1=0 或 ET2=0)。典型用法是将定时器设置工作在自动重装入时间常数的定时方式。设置完成后, 启动定时器 (TR1=1 或 TR2=1)。

STC8A8K64S4A12 单片机是一个 1T 的 8051 单片机, 选用定时器作为波特率发生器时, 应注意时钟分频的设置与波特率之间的关系, 1T 模式下的波特率是相同条件下 12T 模式的 12 倍。

假设 SYSclk 为系统时钟频率。串口 1 用 T1 作为波特率发生器, 且 T1 工作于模式 0 (16 位自动重装模式) 时的公式如下:

$$波特率=(T1\ 的溢出率)/4= SYSclk/12^{1-T2x12}/(65536-[RL\_TH1,RL\_TL1])/4$$

式中, 12T 模式时, T1x12=0; 1T 模式时, T1x12=1。

RL_TH1 是 TH1 的自动重装载寄存器, RL_TL1 是 TL1 的自动重装载寄存器。注意: 此时波特率与 SMOD 无关。

T2 只有一种工作方式, 即 16 位自动重装方式, 因此使用 T2 作为波特率发生器时的公式如下:

$$串口\ 1\ 的波特率= SYSclk/12^{1-T1x12}/(65536-[RL\_TH2,RL\_TL2])/4$$

式中, RL_TH2 是 TH2 的自动重装寄存器; RL_TL2 是 TL2 的自动重装寄存器。

在实际应用中, 一般选用串行方式 1 或串行方式 3。此时, 波特率的设置关键在于 T1 和 T2 的溢出率的计算。

2. 串口 2 波特率的设定

对于串口 2，只能通过编程改变 T2 的溢出率来确定波特率。串口 2 只有两种工作方式：S2SM0 = 0 时，为方式 0（8 位数据位的 UART 工作方式）；S2SM0 = 1 时，为方式 1（9 位数据位的 UART 工作方式）。它们的波特率计算方法相同，都是如下公式：

$$串口 2 的波特率 = SYSclk/12^{1-T2x12}/(65536-[RL\_TH2,RL\_TL2])/4$$

串口 3 和串口 4 波特率的设定方式与串口 2 类似，介绍从略。

常用的串口波特率、系统时钟、T1 工作于方式 0 时，以及使用定时器 T2、T3 和 T4 作为波特率发生器时的重装时间常数之间的关系见表 9-5。读者在设计系统时，可以直接从表中查得所需设置的时间常数。

表 9-5　常用波特率与系统时钟及重装时间常数之间的关系

时钟频率/MHz	分频模式	波特率/（bit/s）	时间常数高字节（THn）	时间常数低字节（TLn）
18.432	1T	19200	FFH	10H
		9600	FEH	20H
		4800	FCH	40H
18.432	12T	19200	FFH	ECH
		9600	FFH	D8H
		4800	FFH	B0H
11.0592	12T	19200	FFH	F4H
		9600	FFH	E8H
		4800	FFH	D0H

也可以使用宏晶科技提供的 ISP 软件中的波特率计算器工具进行计算。该工具的界面如图 9-16 所示。

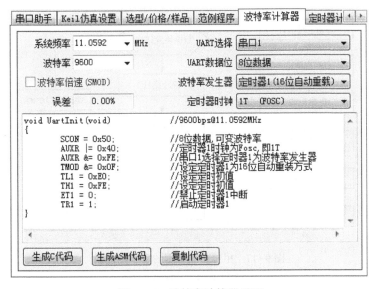

图 9-16　波特率计算器界面

在波特率计算器界面中，只要设置好系统频率、波特率以及作为波特率发生器的定时器及其工作方式，然后单击"生成 C 代码"按钮或"生成 ASM 代码"按钮，就会自动产生串口初始化代码，从中可以找到对应的时间常数。也可以单击"复制代码"按钮，将代码复制到粘贴板中，然后粘贴到用户程序中直接使用。

9.2.4 STC8A8K64S4A12 单片机串行接口应用举例

使用中断方式时，STC8A8K64S4A12 单片机串行通信程序的编程要点如下。

1）选定正确的控制字，以保证串行口功能的初始化（即设置 SCON、S2CON、S3CON 或 S4CON 寄存器的内容）。

2）选择合适的波特率，即设置定时器的工作方式和时间常数。

3）启动定时器。

4）开放串行口中断。

5）开放总的中断（使用 SETB EA 指令）。

6）编制串行中断服务程序，在串行中断服务程序中要设置清除中断标志指令。

【例 9-1】设有甲、乙两台单片机，编写程序，使两台单片机间实现如下串行通信功能。（假设系统时钟为 11.0592 MHz）。

甲机发送：将首址为 ADDRT 的 128 字节的外部 RAM 数据块顺序向乙机发送。

乙机接收：将接收的 128 字节数据，顺序存放在以首址为 ADDRR 的外部 RAM 中。

解：甲机发送数据的程序流程图如图 9-17 所示。

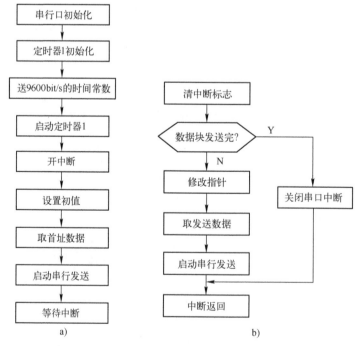

图 9-17 甲机发送数据的程序流程图

a）主程序 b）中断服务程序

汇编语言发送程序如下：

```
$INCLUDE (STC8.INC)              ;包含 STC8 单片机的寄存器定义文件
        ORG     0000H
        LJMP    MAINT            ;跳至主程序入口
        ORG     0023H
        LJMP    INTSE1           ;转至串行中断服务程序
        ORG     0100H
MAINT：  MOV     SP,#60H          ;设置堆栈指针
        MOV     SCON,#50H        ;8 位数据,可变波特率
        ANL     AUXR,#0FEH       ;串口 1 选择定时器 1 为波特率发生器
        ANL     TMOD,#0FH        ;设定定时器 1 为 16 位自动重装方式
        MOV     TL1,#0E8H        ;设定定时初值
        MOV     TH1,#0FFH        ;设定定时初值
        CLR     ET1              ;禁止定时器 1 中断
        SETB    TR1              ;启动定时器 1
        SETB    ES               ;串行口开中断
        SETB    EA               ;开中断
        MOV     DPTR,#ADDRT      ;ADDRT 是首址,可以使用 EQU 定义
        MOV     R0,#00H          ;传送字节数初值
        MOVX    A,@DPTR          ;取第一个发送字节
        MOV     SBUF,A           ;启动串行口发送
        SJMP    $                ;等待中断
        ;中断服务程序
INTSE1：CLR     TI               ;将中断标志清"0"
        CJNE    R0,#7FH,LOOPT    ;判断 128 字节是否发送完,若没完,则转 LOOPT
        CLR     ES               ;全部发送完毕,禁止串行口中断
        LJMP    ENDT             ;转中断返回
LOOPT：  INC     R0               ;修改字节数指针
        INC     DPTR             ;修改地址指针,继续取下一发送数据
        MOVX    A,@DPTR          ;取发送数据
        MOV     SBUF,A           ;启动串行口
ENDT：   RETI                     ;中断返回
        END
```

对应的 C 语言版程序如下：

```
#include "stc8.h"                    //包含单片机的寄存器定义头文件
unsigned char xdata ADDRT[128];      //在外部 RAM 区定义 128 个单元
unsigned char num=0;                 //声明计数变量
unsigned char *myp;                  //指向发送数据区的指针
void UART_ISR(void) interrupt 4      //中断号 4 是串行中断
{
    TI = 0;                          //清发送中断标志
```

```
    num++;                              //修改计数变量值
    if( num==0x7F) ES=0;                //判断是否发送完,若已完,则关中断
    else                               //否则,修改指针,发送下一个数据
    {
        myp++;
        SBUF= * myp;
    }
}
void main（void)                        //主程序,在 C 语言的主程序中可以不设置堆栈指针
{
    SCON = 0x50;                        //8 位数据,可变波特率
    AUXR &= 0xFE;                       //串口 1 选择定时器 1 为波特率发生器
    TMOD &= 0x0F;                       //设定定时器 1 为 16 位自动重装方式
    TL1 = 0xE8;                         //设定定时初值
    TH1 = 0xFF;                         //设定定时初值
    ET1 = 0;                            //禁止定时器 1 中断
    TR1 = 1;                            //启动定时器 1
    ES=1;                              //串行口开中断
    EA=1;                              //开中断
    myp=ADDRT;                          //设置发送数据缓冲区指针
    SBUF= * myp;                        //发送第一个数据
    while(1);                          //等待中断
}
```

通过上述程序中的注释,读者可以看出汇编语言与 C 语言之间的对应关系。
乙机接收数据的程序流程图如图 9-18 所示。

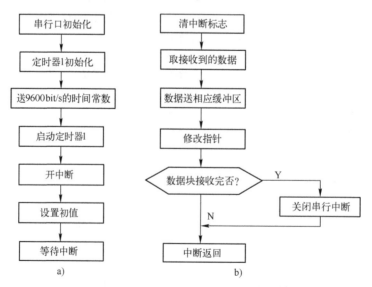

图 9-18　乙机接收数据的程序流程图
a) 主程序　b) 中断服务程序

194

注意，接收方的波特率必须和发送方的波特率相同。接收程序如下：

```
$INCLUDE (STC8.INC)
        ORG     0000H
        LJMP    MAINR          ;转主程序
        ORG     0023H
        LJMP    INTSE2         ;转串行口中断服务程序
        ORG     0100H
MAINR:  MOV     SP,#60H        ;设置堆栈指针
        MOV     SCON,#50H      ;8位数据,可变波特率,允许接收
        ANL     AUXR,#0FEH     ;串口1选择定时器1为波特率发生器
        ANL     TMOD,#0FH      ;设定定时器1为16位自动重装方式
        MOV     TL1,#0E8H      ;设定定时初值
        MOV     TH1,#0FFH      ;设定定时初值
        CLR     ET1            ;禁止定时器1中断
        SETB    TR1            ;启动定时器1
        SETB    ES             ;串行口开中断
        SETB    EA             ;开中断
        MOV     DPTR,#ADDRR    ;数据缓冲区首址送DPTR
        MOV     R0,#00H        ;置传送字节数初值
        SJMP    $              ;等待中断
;中断服务程序
INTSE2: CLR     RI             ;清接收中断标志
        MOV     A,SBUF         ;取接收的数据
        MOVX    @DPTR,A        ;接收的数据送缓冲区
        CJNE    R0,#7FH,LOOPR  ;判别接收完没有。若没有,转LOOPR继续接收
        CLR     ES             ;若接收完,则关串行口中断
        LJMP    ENDR
LOOPR:  INC     R0             ;修改计数指针
        INC     DPTR           ;修改地址指针
ENDR:   RETI                   ;中断返回
        END
```

对应的 C 语言版程序如下：

```
#include "stc8.h"
unsigned char xdata ADDRR[128];
unsigned char num=0;
unsigned char * myp;
void UART_ISR(void) interrupt 4
{
    RI = 0;
    num++;
    if(num==128)    ES=0;
```

```
            else
            {
                * myp = SBUF;
                myp++;
            }
    }
    void main (void)
    {
        SCON = 0x50;            //8 位数据,可变波特率
        AUXR &= 0xFE;           //串口 1 选择定时器 1 为波特率发生器
        TMOD &= 0x0F;           //设定定时器 1 为 16 位自动重装方式
        TL1 = 0xE8;             //设定定时初值
        TH1 = 0xFF;             //设定定时初值
        ET1 = 0;                //禁止定时器 1 中断
        TR1 = 1;
        ES = 1;
        EA = 1;
        myp = ADDRR;
        while(1);
    }
```

【例 9-2】设有甲、乙两台单片机,以工作方式 3 进行串行通信。每帧为 11 位,可程控的第 9 位数据为奇偶校验用的补偶位。编程实现如下所述的应答通信功能。

甲机取一数据,进行奇偶校验后发送。乙机对收到的数据进行奇偶校验,若补偶正确则乙机向甲机发出应答信息 "00H",代表 "数据发送正确",甲机接收到此信息后再发送下一个字节。若奇偶校验错误,则乙机向甲机发出应答信息 "0FFH",代表 "数据不正确",要求甲机再次发送原数据,直至数据发送正确。甲机发送 128 字节数据后停止发送。乙机接收 128 字节数据。

解:甲机与乙机串行通信的流程图如图 9-19 所示。

甲机主程序:

```
$INCLUDE (STC8. INC)
        ORG     0000H
        LJMP    MAINT           ;跳至主程序入口地址
        ORG     0023H           ;串行口中断服务程序入口
        LJMP    INTSET
        ORG     0100H
MAINT:  MOV     SP,#60H
        MOV     SCON,#0D0H      ;9 位数据,可变波特率,允许接收
        ANL     AUXR,#0FEH      ;串口 1 选择定时器 1 为波特率发生器
        ANL     TMOD,#0FH       ;设定定时器 1 为 16 位自动重装方式
        MOV     TL1,#0E8H       ;设定定时初值
```

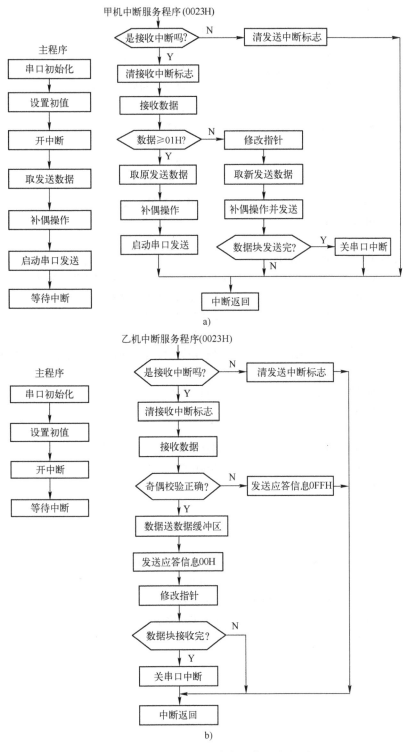

图 9-19 甲机与乙机串行通信的流程图

a) 甲机发送数据流程 b) 乙机接收数据流程

```asm
            MOV     TH1,#0FFH           ;设定定时初值
            CLR     ET1                 ;禁止定时器 1 中断
            SETB    TR1                 ;启动定时器 1
            MOV     DPTR,#ADDRT         ;设置数据块首址 ADDRT 的地址指针
            MOV     R0,#00H             ;设置发送字节初值
            SETB    ES                  ;允许串行口中断
            SETB    EA                  ;CPU 开中断
            MOVX    A,@DPTR             ;取第一个发送数据
            MOV     C,P                 ;数据补偶
            MOV     TB8,C
            MOV     SBUF,A              ;启动串行口,发送数据
            SJMP    $
;中断服务程序
INTSET: JB      RI,LOOPT1           ;判断是否接收中断,若 RI=1,则转接收乙机发送的应答信息
            CLR     TI                  ;因 RI=0,则 TI=1,表明是甲机发送数据的中断请求
            LJMP    ENDT                ;甲机发送一数据完毕跳至中断返回程序
LOOPT1: CLR     RI                  ;清接收中断标志
            MOV     A,SBUF              ;取乙机的应答数据
            SUBB    A,#01H              ;乙机应答信息为"00H",数据传送正确,转 LOOPT2
            JC      LOOPT2
            MOVX    A,@DPTR             ;乙机应答信息为"0FFH",数据传送不正确,重新发送
            MOV     C,P
            MOV     TB8,C
            MOV     SBUF,A              ;启动串行口,重发一次数据
            LJMP    ENDT                ;跳至中断返回程序
LOOPT2: INC     DPTR                ;修改地址指针
            INC     R0                  ;修改发送字节数计数值
            MOVX    A,@DPTR             ;下一个数据补偶
            MOV     C,P
            MOV     TB8,C               ;不能直接使用 MOV TB8,P
            MOV     SBUF,A              ;启动串行口,发送新的数据
            CJNE    R0,#80H,ENDT        ;判断数据是否发送完,若没完,则中断返回
            CLR     ES                  ;全部发送完毕,禁止串行口中断
ENDT：  RETI                        ;中断返回
            END
```

对应的 C 语言版程序如下:

```c
#include "stc8.h"
unsigned char xdata ADDRT[128];
unsigned char num=0,retval;
unsigned char * mypdata;
void UART_ISR(void) interrupt 4
{
```

```c
    if( RI)                     //若 RI=1,说明是接收中断
    {
        RI=0;                   //将中断标志清"0"
        retval = SBUF;          //将串行口缓冲器中的内容读到 retval 中
        if( retval!=0)          //如果 retval 不等于 0,重新发送原数据
        {
            ACC = * mypdata;
            TB8 = P;
            SBUF = ACC;
        }
        else
        {
            mypdata++;
            ACC = * mypdata;
            TB8 = P;
            SBUF = ACC;
            if( num++ = = 0x7F)       ES=0;
        }
    }
    else
        TI = 0;
}
void main (void)
{
    SCON = 0xD0;                //9 位数据,可变波特率
    AUXR & = 0xFE;             //串口 1 选择定时器 1 为波特率发生器
    TMOD & = 0x0F;            //设定定时器 1 为 16 位自动重装方式
    TL1 = 0xE8;                //设定定时初值
    TH1 = 0xFF;                //设定定时初值
    ET1 = 0;                   //禁止定时器 1 中断
    TR1 = 1;                   //启动定时器 1
    ES=1;
    EA=1;
    mypdata=ADDRT;
    ACC= * mypdata;           //将要发送的数据送到 ACC 中,以反映奇偶性
    TB8=P;                     //数据补偶,虽然在汇编语言中不能这样用,但在 C 语言中可以
    SBUF=ACC;
    while(1);
}
```

乙机主程序如下:

```
$INCLUDE (STC8. INC)
        ORG     0000H
```

```
        LJMP    MAINR              ;主程序入口
        ORG     0023H              ;串行中断入口地址
        LJMP    INTSER             ;转至串行口中断服务程序
        ORG     0100H
MAINR:  MOV     SP,#60H
        MOV     SCON,#0D0H         ;9 位数据,可变波特率,允许接收
        ANL     AUXR,#0FEH         ;串口 1 选择定时器 1 为波特率发生器
        ANL     TMOD,#0FH          ;设定定时器 1 为 16 位自动重装方式
        MOV     TL1,#0E8H          ;设定定时初值
        MOV     TH1,#0FFH          ;设定定时初值
        CLR     ET1                ;禁止定时器 1 中断
        SETB    TR1                ;启动定时器 1
        MOV     DPTR,#ADDRR        ;数据指针首址
        MOV     R0,#00H            ;接收数据字节数初值
        SETB    ES                 ;串行口开中断
        SETB    EA                 ;CPU 开中断
        SJMP    $                  ;等待中断
```

串行口中断服务程序:

```
INTSER: JB      RI,LOOPR1          ;判断是否接收中断,若 RI=1,则转接收程序入口
        CLR     TI                 ;若 RI=0,必有 TI=1,是发送中断,故应清"0"
        LJMP    ENDR               ;跳至中断返回程序
LOOPR1: CLR     RI                 ;清接收中断标志
        MOV     A,SBUF             ;读取接收的数据
        MOV     C,P                ;奇偶校验
        JC      LOOPR2             ;如 8 位数为奇,则转 LOOPR2 再检测 RB8 位
        ORL     C,RB8              ;8 位数为偶,若 RB8=1,奇偶校验错误,转 LOOPR3
        JC      LOOPR3
        LJMP    LOOPR4             ;补偶正确,转 LOOPR4
LOOPR2: ANL     C,RB8              ;8 位数为奇,再检测 RB8 位
        JC      LOOPR4             ;RB8=1,补偶正确,转 LOOPR4
LOOPR3: MOV     A,#0FFH            ;发出应答信息"0FFH"给甲机,表明数据不正确
        MOV     SBUF,A
        LJMP    ENDR               ;跳至中断返回程序
LOOPR4: MOVX    @DPTR,A            ;将接收的正确数据送数据缓冲区
        MOV     A,#00H             ;发出应答信息"00H"给甲机,表明数据传送正确
                                   ;甲机应发送下一个数据
        MOV     SBUF,A
        INC     R0                 ;修改指针
        INC     DPTR
        CJNE    R0,#80H,ENDR       ;若 128B 数据没有接收完毕,则跳至中断返回
        CLR     ES                 ;接收完毕,关串行口中断
ENDR:   RETI                       ;中断返回
        END
```

对应的 C 语言版程序如下：

```c
#include "stc8.h"
unsigned char xdata ADDRR[128];
unsigned char num=0;
unsigned char * mypdata;
void UART_ISR(void) interrupt 4
{
    if(RI)
    {
        RI=0;
        ACC = SBUF;
        if(P==RB8)                  //P=RB8 时,奇偶校验正确
        {
            * mypdata = ACC;        //奇偶校验正确,则保存数据,并发出信息"0x00"
            SBUF=0x00;
            mypdata++;
            if (num++ == 0x80) ES = 0;
        }
        else
            SBUF = 0xFF;            //奇偶校验错误,发出信息"0xFF"
    }
    else     TI = 0;
}
void main (void)
{
    SCON = 0xD0;                    //9 位数据,可变波特率
    AUXR &= 0xFE;                   //串口 1 选择定时器 1 为波特率发生器
    TMOD &= 0x0F;                   //设定定时器 1 为 16 位自动重装方式
    TL1 = 0xE8;                     //设定定时初值
    TH1 = 0xFF;                     //设定定时初值
    ET1 = 0;                        //禁止定时器 1 中断
    TR1 = 1;                        //启动定时器 1
    mypdata = ADDRR;
    ES=1;
    EA=1;
    while(1);
}
```

【例 9-3】 多机通信编程举例。

现用简单实例说明多机串行通信中从机的基本工作过程。而实际应用中还需要考虑通信的规范协议。有些协议很复杂，在此不加以考虑。假设系统晶振频率为 11.0592 MHz。

主机：先向从机发送一帧地址信息，然后再向从机发送 10 个数据信息。

从机：接收主机发来的地址帧信息，并与本机的地址号相比较，若不符合，仍保持 SM2＝1 不变；若相等，则使 SM2 清"0"，准备接收后续的数据信息，直至接收完 10 个数据信息。

解：主机和从机的程序流程图如图 9-20 所示。

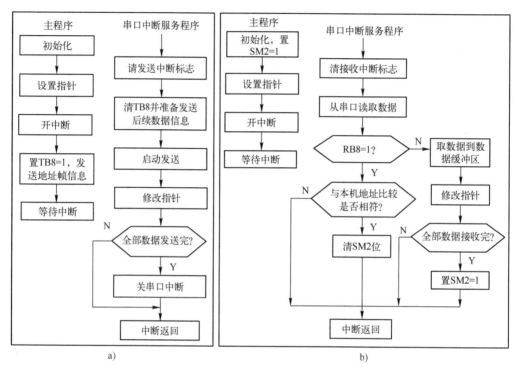

图 9-20 主机和从机的程序流程图

a）主机程序流程图　b）从机程序流程图

程序代码如下。

主机程序：

```
$INCLUDE (STC8. INC)
ADDRT EQU 40H
SLAVE EQU 03H
        ORG     0000H
        LJMP    MAINT               ;主程序入口地址
        ORG     0023H
        LJMP    INTST               ;串行口中断入口地址
        ORG     0100H
MAINT:  MOV     SP,#60H
        MOV     SCON,#0C0H          ;9 位数据,可变波特率
        ANL     AUXR,#0FEH          ;串口 1 选择定时器 1 为波特率发生器
        ANL     TMOD,#0FH           ;设定定时器 1 为 16 位自动重装方式
        MOV     TL1,#0E8H           ;设定定时初值
        MOV     TH1,#0FFH           ;设定定时初值
        CLR     ET1                 ;禁止定时器 1 中断
```

202

```
        SETB    TR1                 ;启动定时器 1
        MOV     DPTR,#ADDRT         ;置数据地址指针
        MOV     R0,#00H             ;发送数据字节计数清"0"
        MOV     R2,#SLAVE           ;从机地址号→R2,SLAVE 可以使用宏定义
        SETB    ES                  ;串行口开中断
        SETB    EA                  ;CPU 开中断
        SETB    TB8                 ;置位 TB8,作为地址帧信息特征
        MOV     A,R2                ;发送地址帧信息
        MOV     SBUF,A
        SJMP    $                   ;等待中断
```

串行口中断服务程序：

```
INTST: CLR     TI                  ;清发送中断标志
        CLR     TB8                 ;清 TB8 位,为发送数据帧信息作准备
        MOVX    A,@DPTR             ;发送一个数据字节
        MOV     SBUF,A
        INC     DPTR                ;修改指针
        INC     R0
        CJNE    R0,#0AH,LOOPT       ;判断数据字节是否发送完
        CLR     ES
LOOPT: RETI
        END
```

对应的 C 语言版程序如下：

```c
#include "stc8.h"
unsigned char xdata ADDRT[10];      //保存数据的外部 RAM 单元
unsigned char SLAVE;                //保存从机地址号的变量
unsigned char num=0, *mypdata;
void UART_ISR(void) interrupt 4
{
        TI=0;
        TB8=0;
        SBUF= *mypdata;             //发送数据
        mypdata++;                  //修改指针
        num++;
        if(num==0x0a) ES=0;
}
void main (void)
{
        SCON = 0xC0;                //9 位数据,可变波特率
        AUXR &= 0xFE;               //串口 1 选择定时器 1 为波特率发生器
        TMOD &= 0x0F;               //设定定时器 1 为 16 位自动重装方式
        TL1 = 0xE8;                 //设定定时初值
```

```
        TH1 = 0xFF;              //设定定时初值
        ET1 = 0;                 //禁止定时器 1 中断
        TR1 = 1;                 //启动定时器 1
        mypdata = ADDRT;
        SLAVE = 3;               //定义从机地址,在此假设从机地址为 3
        ES = 1;
        EA = 1;
        TB8 = 1;
        SBUF = SLAVE;            //发送从机地址
        while(1);                //等待中断
    }
```

从机程序如下:

```
    $INCLUDE (STC8. INC)
    ADDRR EQU 40H
    SLAVE EQU 03H
            ORG      0000H
            LJMP     MAINR          ;从机主程序入口地址
            ORG      0023H
            LJMP     INTSR          ;串行口中断入口地址
            ORG      0100H
    MAINR:  MOV      SP,#60H
            MOV      SCON,#0F0H     ;串行口方式 3,SM2 = 1,REN = 1,接收状态
            ANL      AUXR,#0FEH     ;串口 1 选择定时器 1 为波特率发生器
            ANL      TMOD,#0FH      ;设定定时器 1 为 16 位自动重装方式
            MOV      TL1,#0E8H      ;设定定时初值
            MOV      TH1,#0FFH      ;设定定时初值
            CLR      ET1            ;禁止定时器 1 中断
            SETB     TR1            ;启动定时器 1
            MOV      DPTR,#ADDRR    ;置数据地址指针
            MOV      R0,#0AH        ;置接收数据字节数指针
            SETB     ES             ;串行口开中断
            SETB     EA             ;CPU 开中断
            SJMP     $              ;等待中断
    INTSR:  CLR      RI             ;清接收中断标志
            MOV      A,SBUF         ;取接收信息
            MOV      C,RB8          ;取 RB8(信息特征位)→C
            JNC      LOOPR1         ;RB8 = 0 为数据帧信息,转 LOOPR1
            XRL      A,#SLAVE       ;RB8 = 1 为地址帧信息,与本机地址号 SLAVE 相比较
            JZ       LOOPR2         ;地址相等,则转 LOOPR2
            LJMP     ENDR           ;地址不相等,则转中断返回 ENDR
    LOOPR2: CLR      SM2            ;清 SM2,为后面接收数据帧信息做准备
            LJMP     ENDR           ;中断返回
```

```
LOOPR1:   MOVX      @ DPTR, A          ;接收的数据→数据缓冲区
          INC       DPTR               ;修改地址指针
          DJNZ      R0, ENDR           ;数据字节没有全部接收完,则转 LOOPR2
          SETB      SM2                ;全部接收完,置 SM2 = 1
ENDR:     RETI                         ;中断返回
          END
```

对应的 C 语言版程序如下:

```c
#include "stc8.h"
unsigned char xdata ADDRR[10];
unsigned char SLAVE, num = 0x0a, rdata, * mypdata;
void UART_ISR(void) interrupt 4
{
    RI = 0;
    rdata = SBUF;               //将接收缓冲区的数据保存到 rdata 变量中
    if(RB8)                     //RB8 = 1 说明收到的信息是地址
    {
        if(rdata == SLAVE)      //如果地址相等,则 SM2 = 0
            SM2 = 0;
    }
    else                        //接收到的信息是数据
    {
        * mypdata = rdata;
        mypdata++;
        num--;
        if(num == 0x00)
                                //所有数据接收完毕,令 SM2 = 1,为下一次接收地址信息做准备
            SM2 = 1;
    }
}
void main (void)
{
    SCON = 0xF0;                //9 位数据,可变波特率
    AUXR &= 0xFE;               //串口 1 选择定时器 1 为波特率发生器
    TMOD &= 0x0F;               //设定定时器 1 为 16 位自动重装方式
    TL1 = 0xE8;                 //设定定时初值
    TH1 = 0xFF;                 //设定定时初值
    ET1 = 0;                    //禁止定时器 1 中断
    TR1 = 1;                    //启动定时器 1
    mypdata = ADDRR;
    SLAVE = 3;                  //设定从机地址
```

```
        ES=1；
        EA=1；
        while(1)；                 //等待中断
    }
```

进行多机通信时应注意，只有在从机启动以后，处于接收状态时，主机才能开始发送信息。

【例9-4】 使用串口 2 向上位机发送信息实例。编程实现使用串口 2 发送字符串"Hello world"。

解： 使用串口 2 的串行通信程序编程的要点如下。

1）设置串口 2 的工作模式。

设置 S2CON 寄存器中的 S2SM0 和 S2SM1 两位。如要串口 2 接收，则将 S2REN 置"1"。

2）设置串口 2 的波特率。

3）设置串口 2 的中断优先级（设置 PS2 和 PS2H，也可以不设置，取默认值），设置打开相应的中断控制位（ES2 和 EA）。

4）如要串口 2 发送，则将数据送入 S2BUF。

5）编制串行中断服务程序，在中断服务程序中要设置清除中断标志指令（分别是接收完成标志 S2RI 和发送完成标志 S2TI）。

实现要求的 C 语言代码如下：

```
#include "stc8. h"
unsigned char str[ ]="Hello world\n"；
unsigned char * myp=str；
void Uart2Init(void)              //9600bps@ 11.0592MHz
{
    S2CON = 0x50；                //8 位数据,可变波特率
    AUXR &= 0xFB；                //定时器 2 时钟为 Fosc/12,即 12T
    TL2 = 0xE8；                  //设定定时初值
    TH2 = 0xFF；                  //设定定时初值
    AUXR |= 0x10；                //启动定时器 2
}
void Uart2_isr(void)    interrupt 8
{
    if (S2CON&S2TI)
    {
        S2CON&=~S2TI；            //串口发送完成中断请求标志清"0"
    }
    if( * myp==0)
        IE2&=~ES2；               //关闭串口中断
    else
    {
```

```
            myp++;
            S2BUF = * myp;
        }
    }
    void main( void)
    {
        Uart2Init( );
        P_SW2 = 0x01;                   //P4. 0 和 P4. 2 用作串口 2
        S2CON& = ~S2TI;                 //串口发送完成中断请求标志清"0"
        IE2 = ES2;                      //允许串口中断
        EA = 1;
        S2BUF = * myp;
        while(1);
    }
```

读者可以参考前面的程序自行写出对应的汇编语言程序。串口 3 和串口 4 的使用方法与串口 2 类似，读者可参照串口 2 或参考产品手册进行设计。

9.3 STC8A8K64S4A12 单片机的 SPI

STC8A8K64S4A12 单片机内部集成了 SPI。本节介绍它的结构、特点及使用方法。

9.3.1 SPI 的结构

1. SPI 简介

STC8A8K64S4A12 集成了串行外设接口（Serial Peripheral Interface，SPI）。SPI 既可以和其他微处理器通信，也可以与具有 SPI 兼容接口的器件，如存储器、A/D 转换器、D/A 转换器、LED 或 LCD 驱动器等进行同步通信。SPI 有两种操作模式：主模式和从模式。在主模式中支持高达 3 Mbit/s 的速率；从模式时速度无法太快，在 $f_{osc}/8$ 以内较好。此外，SPI 还具有传输完成标志和写冲突标志保护功能。

2. SPI 的结构

STC8A8K64S4A12 单片机的 SPI 功能框图如图 9-21 所示。

SPI 的核心是一个 8 位移位寄存器和数据缓冲器，数据可以同时发送和接收。在 SPI 数据的传输过程中，发送和接收的数据都存储在缓冲器中。

对于主模式，若要发送一个字节数据，只需将这个数据写到 SPIDATA 寄存器中。主模式下 $\overline{SS}$ 信号不是必须的。但是在从模式下，必须在 $\overline{SS}$ 信号变为有效并接收到合适的时钟信号后，方可进行数据的传输。在从模式下，如果一个字节传输完成后，$\overline{SS}$ 信号变为高电平，这个字节立即被硬件逻辑标志为接收完成，SPI 准备接收下一个数据。

任何 SPI 控制寄存器的改变都将复位 SPI，清除相关寄存器。

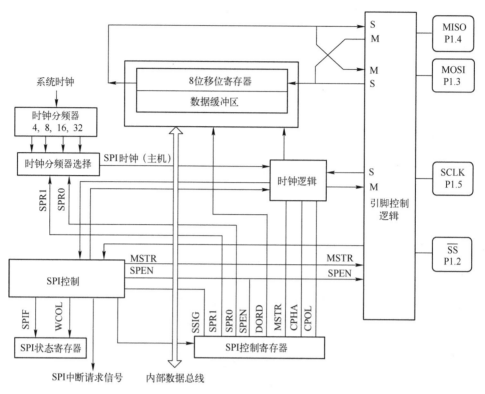

图 9-21　STC8A8K64S4A12 单片机的 SPI 功能框图

9.3.2　SPI 的数据通信

1. SPI 的信号

SPI 由 MISO、MOSI、SCLK 和 $\overline{SS}$ 4 根信号线构成。

MOSI（Master Out Slave In，主出从入）：主器件的输出和从器件的输入，用于主器件到从器件的串行数据传输。根据 SPI 规范，多个从机共享一根 MOSI 信号线。在时钟边界的前半周期，主机将数据放在 MOSI 信号线上，从机在该边界处获取该数据。

MISO（Master In Slave Out，主入从出）：从器件的输出和主器件的输入。用于实现从器件到主器件的数据传输。SPI 规范中，一个主机可连接多个从机，因此，主机的 MISO 信号线会连接到多个从机上，或者说，多个从机共享一根 MISO 信号线。当主机与一个从机通信时，其他从机应将其 MISO 引脚驱动置为高阻状态。

SCLK（SPI Clock，串行时钟信号）：串行时钟信号是主器件的输出和从器件的输入，用于同步主器件和从器件之间在 MOSI 和 MISO 线上的串行数据传输。当主器件启动一次数据传输时，自动产生 8 个 SCLK 时钟周期信号给从机。在 SCLK 的每个跳变处（上升沿或下降沿）移出一位数据。所以，一次数据传输可以传输一个字节的数据。

SCLK、MOSI 和 MISO 通常用于将两个或更多个 SPI 器件连接在一起。数据通过 MOSI 由主机传送到从机，通过 MISO 由从机传送到主机。SCLK 信号在主模式时为输出，在从模式时为输入。如果 SPI 被禁止，即特殊功能寄存器 SPCTL 中的 SPEN=0（复位值），这些引脚都可作为 I/O 口使用。

$\overline{SS}$（Slave Select，从机选择信号）：这是一个输入信号。主器件用它来选择处于从模式的 SPI 模块。主模式和从模式下，$\overline{SS}$的使用方法不同。在主模式下，SPI 只能有一个主机，不存在主机选择问题。在该模式下$\overline{SS}$不是必须的。主模式下通常将主机的$\overline{SS}$引脚通过 10 kΩ 的电阻上拉高电平。每一个从机的$\overline{SS}$接主机的 I/O 口，由主机控制电平高低，以便主机选择从机。在从模式下，不论发送还是接收，$\overline{SS}$信号都必须有效。因此在一次数据传输开始之前必须将$\overline{SS}$拉为低电平。SPI 主机可以使用 I/O 口选择一个 SPI 器件作为当前的从机。

SPI 从器件通过其$\overline{SS}$引脚确定是否被选择。如果满足下面的条件之一，$\overline{SS}$就被忽略。

1）如果 SPI 功能被禁止，即 SPEN 位为 0（复位值）。

2）如果 SPI 配置为主机，即 MSTR 位为 1，并且$\overline{SS}$引脚配置为输出。

3）如果$\overline{SS}$引脚被忽略，即 SSIG 位为 1，该脚配置用于 I/O 口功能。

注意：即使 SPI 被配置为主机（MSTR＝1），仍然可以通过拉低$\overline{SS}$引脚配置为从机。要使能该特性，应当置位 SPIF（SPSTAT. 7）。

2. SPI 的数据通信方式

STC8A8K64S4A12 单片机的 SPI 的数据通信方式有 3 种：单主机-单从机方式、双器件方式（器件可互为主机和从机）和单主机-多从机方式。

（1）单主机-单从机方式

两个设备相连，其中一个设备固定作为主机，另外一个固定作为从机。

主机设置：SSIG 设置为 1，MSTR 设置为 1，固定为主机模式。主机可以使用任意端口连接从机的$\overline{SS}$引脚，拉低从机的$\overline{SS}$引脚即可使能从机。

从机设置：SSIG 设置为 0，$\overline{SS}$引脚作为从机的片选信号。

SPI 单主机-单从机的连接方式如图 9-22 所示。

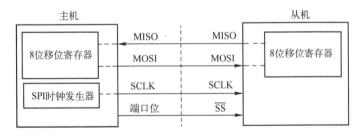

图 9-22　SPI 的单主机-单从机的连接方式

在图 9-22 中，从机的 SSIG（SPCTL. 7）为 0，$\overline{SS}$用于选择从机。SPI 主机可使用任何端口位（包括$\overline{SS}$）来控制从机的$\overline{SS}$引脚，当然，从机的$\overline{SS}$引脚可以直接接地。主机 SPI 与从机 SPI 的 8 位移位寄存器连接成一个循环的 16 位移位寄存器。当主机程序向 SPDAT 写入一个字节时，立即启动一个连续的 8 位移位通信过程：主机的 SCLK 引脚向从机的 SCLK 引脚发出一串脉冲，在这串脉冲的驱动下，主机 SPI 的 8 位移位寄存器中的数据移到了从机 SPI 的 8 位移位寄存器中。与此同时，从机 SPI 的 8 位移位寄存器中的数据移到了主机 SPI 的 8 位移位寄存器中。由此，主机既可向从机发送数据，又可读从机中的数据。

（2）双器件方式

在双器件方式中，两个设备相连，主机和从机不固定。有两种设置方法，分别如下。

设置方法 1：两个设备初始化时都将 SSIG 设置为 0，MSTR 设置为 1，且将 SS 引脚设置为双向口模式输出高电平。此时两个设备都是不忽略 SS 的主机模式。当其中一个设备需要启动传输时，可将自己的 SS 引脚设置为输出模式并输出低电平，拉低对方的 SS 引脚，这样另一个设备就被强行设置为从机模式了。

设置方法 2：两个设备初始化时都将自己设置成忽略 SS 的从机模式，即将 SSIG 设置为 1，MSTR 设置为 0。当其中一个设备需要启动传输时，先检测 SS 引脚的电平，如果时候高电平，就将自己设置成忽略 SS 的主模式，即可进行数据传输了。

双器件方式也称为互为主从方式，其连接方式如图 9-23 所示。

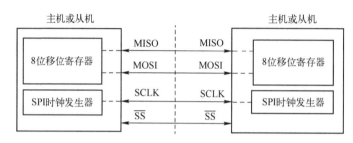

图 9-23　SPI 的双器件连接方式

在图 9-23 中，两个器件可以互为主从。当没有发生 SPI 操作时，两个器件都可配置为主机（MSTR＝1），将 SSIG 清 "0" 并将 SS 配置为准双向模式。当其中一个器件启动传输时，可将 SS 配置为输出并驱动为低电平，这样就强制另一个器件变为从机。

双方初始化时将自己设置成忽略 SS 引脚的 SPI 从模式。当一方要主动发送数据时，先检测 SS 引脚的电平，如果 SS 引脚是高电平，就将自己设置成忽略 SS 引脚的主模式。通信双方平时将 SPI 置成没有被选中的从模式。在该模式下，MISO、MOSI、SCLK 均为输入，当多个 MCU 的 SPI 以此模式并联时不会发生总线冲突。这种特性在互为主从、一主多从等应用中很有用。

注意，互为主从模式时，双方的 SPI 速率必须相同。如果使用外部晶体振荡器，双方的晶振频率也要相同。

（3）单主机-多从机方式

在这种方式中，多个设备相连，其中一个设备固定作为主机，其他设备固定作为从机。

主机的设置：SSIG 设置为 1，MSTR 设置为 1，固定为主机模式。主机可以使用任意端口分别连接各个从机的 SS 引脚，拉低其中一个从机的 SS 引脚即可使能相应的从机设备。

从机的设置：SSIG 设置为 0，SS 引脚作为从机的片选信号。

单主机-多从机方式的连接如图 9-24 所示。

在图 9-24 中，从机的 SSIG（SPCTL.7）为 0，从机通过对应的 SS 信号被选中。SPI 主机可使用任何端口位（包括 SS）来控制从机的 SS。

STC8A8K64S4A12 单片机进行 SPI 通信时，主机和从机的选择由 SPEN、SSIG、SS 引脚和 MSTR 联合控制。主机和从机的选择见表 9-6。

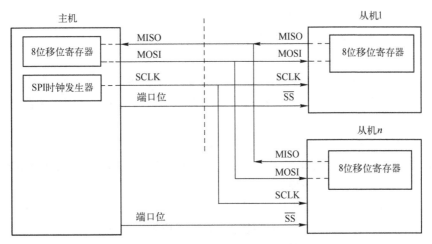

图 9-24 SPI 的单主机-多从机连接方式

表 9-6 主机和从机的选择

控 制 位				通 信 端 口			说　明
SPEN	SSIG	MSTR	SS	MISO	MOSI	SCLK	
0	x	x	x	输入	输入	输入	关闭 SPI 功能, SS/MOSI/MISO/SCLK 均为普通 I/O
1	0	0	0	输出	输入	输入	从机模式, 且被选中
1	0	0	1	高阻	输入	输入	从机模式, 但未被选中
1	0	1→0	0	输出	输入	输入	从机模式, 不忽略 SS 且 MSTR 为 1 的主机模式, 当 SS 引脚被拉低时, MSTR 将被硬件自动清 "0", 工作模式将被被动设置为从机模式
1	0	1	1	输入	高阻	高阻	主机模式, 空闲状态
					输出	输出	主机模式, 激活状态
1	1	0	x	输出	输入	输入	从机模式
1	1	1	x	输入	输出	输出	主机模式

3. SPI 的数据通信过程

作为从机时, 若 CPHA = 0, SSIG 必须为 0。在每次串行字节开始发送前 SS 引脚必须拉低, 并且在串行字节发送完后须重新设置为高电平。SS 引脚为低电平时不能对 SPDAT 寄存器执行写操作, 否则将导致一个写冲突错误。CPHA = 0 且 SSIG = 1 时的操作未定义。当 CPHA = 1 时, SSIG 可以为 1 或 0。如果 SSIG = 0, SS引脚可在连续传输之间保持低有效 (即一直固定为低电平)。这种方式适用于固定单主单从的系统。

在 SPI 通信中, 数据传输总是由主机启动的。如果 SPI 使能 (SPEN = 1) 并选择作为主机时, 主机对 SPI 数据寄存器 SPDAT 的写操作将启动 SPI 时钟发生器和数据的传输。在数据写入 SPDAT 之后的半个到一个 SPI 位时间后, 数据将出现在 MOSI 引脚。写入主机 SPDAT 寄存器的数据从 MOSI 引脚移出发送到从机的 MOSI 引脚。同时从机 SPDAT 寄存器的数据从 MISO 引脚移出发送到主机的 MISO 引脚。

传输完一个字节后, SPI 时钟发生器停止, 传输完成标志 (SPIF) 置位, 如果 SPI 中断使能则会产生一个 SPI 中断。主机和从机 CPU 的两个移位寄存器可以看作是一个 16 位循环移位寄存器。当数据从主机移位传送到从机的同时，数据也以相反的方向移入。这意味着在一个移位周期中，主机和从机的数据相互交换。

4. 通过$\overline{SS}$改变模式

如果 SPEN=1，SSIG=0 且 MSTR=1，SPI 使能为主机模式。$\overline{SS}$引脚可配置为输入或准双向模式。这种情况下，另外一个主机可将该引脚驱动为低电平，从而将该器件选择为 SPI 从机并向其发送数据。

为了避免争夺总线，SPI 系统执行以下动作。

1）MSTR 清"0"并且 CPU 变成从机。这样 SPI 就变成从机。MOSI 和 SCLK 强制变为输入模式，而 MISO 则变为输出模式。

2）SPSTAT 的 SPIF 标志位置位。如果 SPI 中断已被使能，则产生 SPI 中断。

用户程序必须一直对 MSTR 位进行检测，如果该位被一个从机选择清"0"而用户想继续将 SPI 作为主机，就必须重新置位 MSTR，否则将一直处于从机模式。

5. SPI 中断

如果允许 SPI 中断，发生 SPI 中断时，CPU 就会跳转到中断服务程序的入口地址 004BH 处执行中断服务程序。注意，在中断服务程序中，必须把 SPI 中断请求标志清"0"。

6. 写冲突

SPI 在发送时为单缓冲，在接收时为双缓冲。这样在前一次发送尚未完成之前，不能将新的数据写入移位寄存器。当发送过程中对数据寄存器进行写操作时，WCOL 位将置位以指示数据冲突。在这种情况下，当前发送的数据继续发送，而新写入的数据将丢失。

当对主机或从机进行写冲突检测时，主机发生写冲突的情况是很罕见的，因为主机拥有数据传输的完全控制权。但从机有可能发生写冲突，因为当主机启动传输时，从机无法进行控制。

接收数据时，接收到的数据传送到一个并行读数据缓冲区，这样将释放移位寄存器以进行下一个数据的接收。但必须在下个字符完全移入之前从数据寄存器中读出接收到的数据，否则，前一个接收数据将丢失。

WCOL 可通过软件向其写入"1"清"0"。

7. 数据格式

SPI 的时钟信号线 SCLK 有 Idle 和 Active 两种状态：Idle 状态是指在不进行数据传输的时候（或数据传输完成后）SCLK 所处的状态；Active 是与 Idle 相对的一种状态。

时钟相位位（CPHA）允许用户设置采样和改变数据的时钟边沿。时钟极性位 CPOL 允许用户设置时钟极性。

如果 CPOL=0，则 Idle 状态=低电平，Active 状态=高电平。

如果 CPOL=1，则 Idle 状态=高电平，Active 状态=低电平。

主机总是在 SCLK=Idle 状态时，将下一位要发送的数据置于数据线 MOSI 上。

从 Idle 状态到 Active 状态的转变，称为 SCLK 前沿。

从 Active 状态到 Idle 状态的转变，称为 SCLK 后沿。

一对 SCLK 前沿和后沿构成一个 SCLK 时钟周期，一个 SCLK 时钟周期传输一位数据。

不同的 CPHA，主机和从机对应的数据格式如图 9-25~图 9-28 所示。

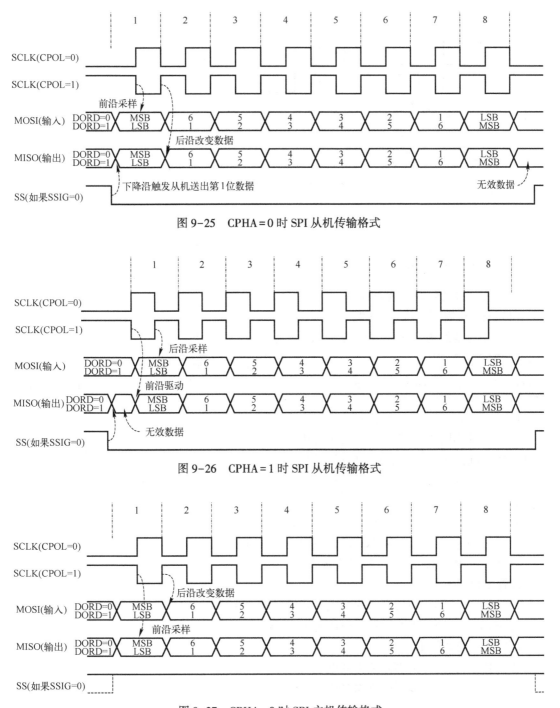

图 9-25　CPHA=0 时 SPI 从机传输格式

图 9-26　CPHA=1 时 SPI 从机传输格式

图 9-27　CPHA=0 时 SPI 主机传输格式

8. SPI 时钟预分频器选择

SPI 时钟预分频器选择是通过 SPCTL 寄存器中的 SPR1-SPR0 位实现的。详见特殊功能寄存器 SPCTL 的介绍。

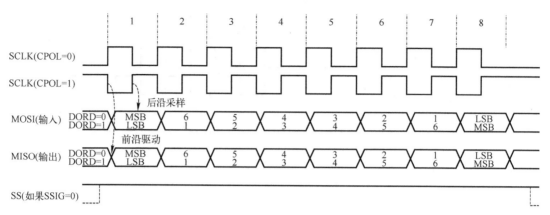

图 9-28 CPHA=1 时 SPI 主机传输格式

9.3.3 SPI 的应用举例

1. SPI 相关的特殊功能寄存器

（1）SPI 控制寄存器（SPCTL）

SPICTL（地址为 CEH，复位值为 04H）各位的定义如下：

地址	b7	b6	b5	b4	b3	b2	b1	b0	复位值
CEH	SSIG	SPEN	DORD	MSTR	CPOL	CPHA	SPR1	SPR0	04H

1）位 7：SSIG，$\overline{SS}$引脚忽略控制位。

0：由$\overline{SS}$脚用于确定器件为主机还是从机；1：忽略$\overline{SS}$引脚功能，由 MSTR 位确定器件为主机还是从机，$\overline{SS}$引脚可作为 I/O 口使用。

2）位 6：SPEN，SPI 使能位。0：SPI 被禁止，所有 SPI 引脚都作为 I/O 口使用；1：SPI 使能。

3）位 5：DORD，SPI 数据位发送/接收的顺序控制位。

0：数据字的最高位（MSB）最先传送；1：数据字的最低位（LSB）最先传送。

4）位 4：MSTR，SPI 主/从模式选择位。

设置主机模式如下。

若 SSIG=0，则$\overline{SS}$引脚必须为高电平且设置 MSTR 为 1。

若 SSIG=1，则只需要设置 MSTR 为 1（忽略 SS 引脚的电平）。

设置从机模式如下。

若 SSIG=0，则$\overline{SS}$引脚必须为低电平（与 MSTR 位无关）。

若 SSIG=1，则只需要设置 MSTR 为 0（忽略 SS 引脚的电平）。

5）位 3：CPOL，SPI 时钟极性选择位。

0：SPI 空闲时 SCK=0（低电平），SCK 的前时钟沿为上升沿而后沿为下降沿；

1：SPI 空闲时 SCK=1（高电平），SCK 的前时钟沿为下降沿而后沿为上升沿。

6）位 2：CPHA，SPI 时钟相位选择控制位。

0：数据 SS 引脚为低电平驱动第一位数据并在 SCLK 的后时钟沿改变数据，前时钟沿采样数据（必须 SSIG=0）；1：数据在 SCLK 的前时钟沿驱动，后时钟沿采样。

7）位1：SPR1，与SPR0联合构成SPI时钟速率选择控制位。

8）位0：SPR0，与SPR1联合构成SPI时钟速率选择控制位。SPI时钟频率的选择见表9-7。

表 9-7　SPI 时钟频率的选择

SPR1	SPR0	时钟（SCLK）
0	0	SYSclk/4
0	1	SYSclk /8
1	0	SYSclk /16
1	1	SYSclk /32

其中，SYSclk 是系统时钟频率。

（2）SPI 状态寄存器（SPSTAT）

SPSTAT（地址为 CDH，复位值为 00XXXXXXB）各位的定义如下：

地址	b7	b6	b5	b4	b3	b2	b1	b0	复位值
CDH	SPIF	WCOL	—	—	—	—	—	—	00XXXXXXB

1）位7：SPIF，SPI 传输完成标志。当发送/接收完成 1 字节的数据后，SPIF 被置位，并向 CPU 提出中断请求。此时，如果 SPI 中断被打开，即 ESPI(IE2.1)＝1，EA(IE.7)＝1，将产生中断。当 SPI 处于主模式且 SSIG＝0 时，如果 $\overline{SS}$ 为输入并被驱动为低电平，SPIF 也将置位，表示"模式改变"。SPIF 标志通过软件向其写入"1"而清"0"。

2）位6：WCOL，SPI 写冲突标志。当一个数据还在传输时，又向数据寄存器 SPDAT 写入数据，WCOL 将被置位。WCOL 标志通过软件向其写入"1"而清"0"。

3）位5~位0：保留。

（3）SPI 数据寄存器（SPDAT）

SPDAT（地址为 CFH，复位值为 00H）各位的定义如下：

地址	b7	b6	b5	b4	b3	b2	b1	b0	复位值
CFH	MSB	—	—	—	—	—	—	LSB	00H

位7~位0：保存 SPI 通信数据字节。其中，MSB 为最高位，LSB 为最低位。

2. 编程实例

SPI 的使用包括 SPI 的初始化和 SPI 中断服务程序的编写。

SPI 的初始化包括以下几个方面。

1）通过 SPI 控制寄存器 SPCTL 设置：$\overline{SS}$ 引脚的控制、SPI 使能、数据传送的位顺序、设置为主机或从机、SPI 时钟极性、SPI 时钟相位、SPI 时钟选择。具体内容请参见 SPI 控制寄存器 SPCTL 的介绍。

2）清零寄存器 SPSTAT 中的标志位 SPIF 和 WCOL（向这两个标志位写"1"即可清"0"）。

3）开放 SPI 中断（IE2 中的 ESPI＝1，IE2 寄存器不能位寻址，可以使用"或"指令）。

4）开放总中断（IE 中的 EA＝1）。

SPI 中断服务程序根据实际需要进行编写。唯一需要注意的是，在中断服务程序中首先需要将标志位 SPIF 和 WCOL 清"0"，因为 SPI 中断标志不会自动清除。

【例 9-5】编程实现单主单从系统 SPI 使用中断方式进行数据传输。

解：主机采用中断方式进行数据传输的程序代码如下：

```
#include "stc8.h"
sbit SS = P1^0;
sbit LED = P6^1;
bit busy;
void SPI_ISR(void) interrupt 9
{
    SPSTAT = 0xc0;              //清中断标志
    SS = 1;                     //拉高从机的 SS 引脚
    busy = 0;
    LED = !LED;                 //测试端口
}
void main(void)
{
    LED = 1;
    SS = 1;
    busy = 0;
    SPCTL = 0x50;               //使能 SPI 主机模式
    SPSTAT = 0xc0;              //清中断标志
    IE2 = ESPI;                 //使能 SPI 中断
    EA = 1;
    while (1)
    {
        while (busy);
        busy = 1;
        SS = 0;                 //拉低从机 SS 引脚
        SPDAT = 0x5a;           //发送测试数据
    }
}
```

【例 9-6】SPI 的一个典型应用是使用 SPI 连接 LCD 显示模块。在此介绍单片机通过 SPI 连接常见的 12864 液晶显示模块的电路和程序编写方法。

LCD（Liquid Crystal Display）是液晶显示器的缩写，是一种利用液晶在电场作用下，其光学性质发生变化以显示图形的显示器。液晶显示器件由于具有显示信息丰富、功耗低、体积小、质量小、无辐射等优点，得到了广泛应用。液晶显示模块从显示形式上可分为数显式、字符式和点阵图式 3 种。

OCM4X8C 液晶屏显示器是具有串行/并行接口，内部含有 GB2312 中文字库的图形点阵液晶显示模块，其外形图如图 9-29 所示。该模块的控制/驱动器采用中国台湾矽创电子公司的 ST7920，具有较强的控制显示功能。OCM4X8C 的液晶显示屏为 128×64 点阵，可显示 4 行、每行 8 个汉字。为了简单、方便地显示汉字，该模块具有 2 MB 的中文字形 CGROM，其中含有 8192 个 16×16 点阵中文字库；同时，为了便于英文和其他常用字符的显示，具有 16 KB 的 16×8 点阵的 ASCII 字符库；为了构造用户图形，提供了一个 64×256 点阵的 GDRAM 绘图区域，并且为了便于用户构造所需字形，提供了 4 组 16×16 点阵的造字空间。利用这些功能，OCM4X8C 可实现汉字、ASCII 码、点阵图形、自造字体的同屏显示。

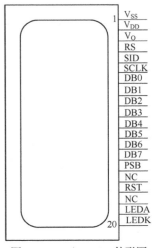

图 9-29　OCM4X8C 外形图

（1）OCM4X8C 的引脚

OCM4X8C 共计 20 个引脚，其引脚功能见表 9-8。

表 9-8　OCM4X8C 引脚功能表

引脚序号	符　号	引脚说明
1	V_{SS}	接地端（0 V）
2	V_{DD}	电源正极（+5 V）
3	V_O	LCD 电源（悬空）
4	RS（CS）	数据/命令选择端（H：数据寄存器，L：指令寄存器）
5	R/W（SID）	读/写选择端（H：读，L：写）
6	E（SCLK）	使能端
7~14	DB0~DB7	数据输入/输出端
15	PSB	串并选择端（H：并行，L：串行）
16	NC	空脚
17	RST	复位（低电平有效）
18	NC	空脚
19	LEDA	背光源正极（LED+5 V）
20	LEDK	背光源负极（LED-0 V）

（2）OCM4X8C 控制命令

用户使用液晶模块时是通过用户命令来让其执行相应的显示或控制功能的。OCM4X8C 的用户命令分为基本命令集和扩充命令集，分别见表 9-9 和表 9-10。

表 9-9　OCM4X8C 液晶显示模块基本命令集

控 制 引 脚			控 制 命 令								功　　能
RS	R/W	E	b7	b6	b5	b4	b3	b2	b1	b0	
0	0	1	0	0	0	0	0	0	0	1	消除显示（DDRAM 填满 0x20，地址复位到 0x00）
0	0	1	0	0	0	0	0	0	1	*	地址归位（复位到 0x00）
0	0	1	0	0	0	0	0	1	I/D	S	进入点设定
0	0	1	0	0	0	0	1	D	C	B	显示状态控制

控 制 引 脚			控 制 命 令								功　能
RS	R/W	E	b7	b6	b5	b4	b3	b2	b1	b0	
0	0	1	0	0	0	1	S/C	R/L	*	*	游标或显示移位控制
0	0	1	0	0	1	DL	*	0 RE	*	*	功能设定
0	0	1	0	1	AC5	AC4	AC3	AC2	AC1	AC0	设置 CGRAM 地址
0	0	1	1	AC6	AC5	AC4	AC3	AC2	AC1	AC0	设置 DDRAM 地址
0	1	1	BF	AC6	AC5	AC4	AC3	AC2	AC1	AC0	读忙标志或地址
1	0	1	D7	D6	D5	D4	D3	D2	D1	D0	写数到内部 RAM
1	1	1	D7	D6	D5	D4	D3	D2	D1	D0	从内部 RAM 读取数据

注：* 表示可以为 0，也可以为 1。

表 9-10　OCM4X8C 液晶显示模块扩充命令集

控 制 引 脚			控 制 命 令								功　能
RS	R/W	E	b7	b6	b5	b4	b3	b2	b1	b0	
0	0	1	0	0	0	0	0	0	0	1	待机模式（DDRAM 填满 0x20，光标复位到 0x00）
0	0	1	0	0	0	0	0	0	1	SR	卷动地址或 IRAM 地址选择
0	0	1	0	0	0	0	0	1	R1	R2	反白选择
0	0	1	0	0	0	0	1	SL	*	*	睡眠模式
0	0	1	0	0	0	1	*	1 RE	G	0	扩充功能设定
0	0	1	0	1	AC5	AC4	AC3	AC2	AC1	AC0	设定 IRAM 地址或卷动地址
0	0	1	0	AC6	AC5	AC4	AC3	AC2	AC1	AC0	设定绘图 RAM 地址

注：* 表示可以为 0，也可以为 1。

（3）OCM4X8C 显示

OCM4X8C 按照每个中文字符 16×16 点阵将显示屏分为 4 行 8 列，共 32 个区。每个区可显示 1 个中文字符或 2 个 16×8 点阵全高 ASCII 码字符，即每屏最多可实现 32 个中文字符或 64 个 ASCII 码字符的显示。

OCM4X8C 内部提供 128×2B 的字符显示 RAM 缓冲区（DDRAM）。字符显示是通过将字符显示编码写入 DDRAM 实现的。根据写入内容的不同，可分别在液晶屏上显示 CGROM（中文字库）、HCGROM（ASCII 码字库）及 CGRAM（自定义字形）的内容。3 种不同字符/字型的选择编码范围为：0000H～0006H 显示自定义字型，02H～7FH 显示半宽 ASCII 码字符，A1A0H～F7FFH 显示 8192 种 GB2312 中文字库字形。字符显示 RAM 在液晶模块中的地址为 80H～9FH。字符显示 RAM 的地址和 32 个字符显示区域有着一一对应的关系，其对应关系见表 9-11。

表 9-11　字符显示 RAM 的地址

行	X 坐标							
1	80H	81H	82H	83H	84H	85H	86H	87H
2	90H	91H	92H	93H	94H	95H	96H	97H
3	88H	89H	8AH	8BH	8CH	8DH	8EH	8FH
4	98H	99H	9AH	9BH	9CH	9DH	9EH	9FH

使用 OCM4X8C 显示模块时应注意以下几点。

1）欲在某一个位置显示中文字符时，应先设定显示字符位置，即先设定显示地址，再写入中文字符编码。

2）显示 ASCII 字符过程和显示中文字符过程相同。不过在显示连续字符时，只需设定一次显示地址，由模块自动对地址加 1 指向下一个字符位置。

3）当字符编码为 2B 时，应先写入高位字节，再写入低位字节。

4）模块在接收指令前，CPU 必须先确认模块内部处于非忙状态，即读取 BF 标志时 BF 需为 0，方可接收新的指令。如果在送出一个指令前不检查 BF 标志，则在前一个指令和这个指令中间必须延迟一段较长的时间，即等待前一个指令确定执行完成。

5）RE 为基本指令集和扩充指令集的选择控制位。当变更 RE 后，以后的指令集将维持在最后的状态，除非再次变更 RE 位。使用相同指令集时，无须每次均重设 RE 位。

（4）接口方式和时序

为了便于和多种微处理器、单片机连接，模块提供了 8 位并行、2 线串行、3 线串行三种接口方式。

（1）并行接口方式

当模块的 PSB 引脚接高电平时，模块即进入并行接口模式，单片机与液晶模块通过 RS、RW、E、DB0~DB7 来完成指令/数据的传送。

（2）串行接口方式

当模块的 PSB 引脚接低电平时，模块即进入串行接口模式。串行模式使用串行数据线 SID 和串行时钟线 SCLK 来传送数据，即构成 2 线串行模式。

串行接口方式的时序图如图 9-30 所示。使用的指令集请参阅相关手册。

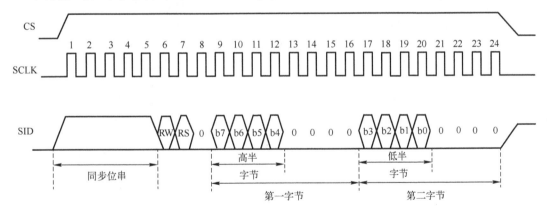

图 9-30　串行接口方式的时序图

一个完整的串行传输流程是，首先传输起始字节（5 个连续的"1"），起始字节也称为同步字符串。在传输起始字节时，传输计数将被重置并且串行传输将被同步，跟随的两个位字符分别指定为传输方向位（RW）及寄存器选择位（RS），最后第 8 位则为"0"。在接收到同步位及 RW 和 RS 的起始字节后，每一个 8 位的指令将被分为两个字节接收，高 4 位（b7~b4）的指令资料将会被放在第一个字节的高 4 位，而低 4 位（b3~b0）的指令资料则被放在第二个字节的高 4 位，其他相关的另 4 位则都为 0。

OCM4X8C 还允许同时接入多个液晶显示模块以完成多路信息显示功能。此时，要利用片选信号 CS（与 RS 共用引脚）构成 3 线串行接口方式，当 CS 接高电位时，模块可正常接收并显示数据，否则模块显示将被禁止。通常情况下，当系统仅使用一个液晶显示模块时，CS 可连接固定的高电平。电路连接如图 9-31 所示。

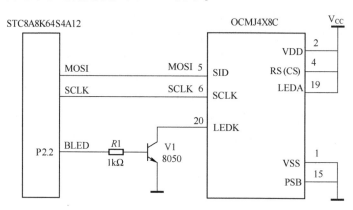

图 9-31　OCM4X8C 液晶模块与单片机的电路连接图

下面的程序代码用于实现在 OCM4X8C 液晶屏第一行显示字符串 "STC8 单片机"。

```c
#include "stc8.h"
typedef unsigned char BYTE;
//该声明以后就可以在程序中用 BYTE 代替 unsigned char 了
sbit BLED = P2^2;                                    //背光控制
void spi_init(void);                                 //SPI 初始化子程序
void delay(unsigned int us10);                       //延时子程序
void sendspi(BYTE spidata, BYTE read, BYTE dat);     //显示数据发送子程序
void lcd_init(void);                                 //液晶初始化子程序
void set_position(BYTE position);                     //确定光标位置子程序
void char_disp(BYTE data1);                           //显示单个字符子程序
void chinese_disp(BYTE * series);                    //显示汉字字符串子程序
void main (void)
{
    spi_init();
    lcd_init();
    BLED = 1;                                        //点亮液晶背光
    set_position(0x82);
    char_disp('S');
    char_disp('T');
    char_disp('C');
    char_disp('8');
    chinese_disp("单片机");
    while(1);
}
```

220

```c
void spi_init(void)                              //SPI 初始化子程序
{
    SPCTL=0xd3;                                   //SPI 使能,主机模式,SS无关,先发高字节位
    SPSTAT=0xC0;                                  //清传输完成标志和写冲突标志
}
void delay(unsigned int us10)                    //延时子程序
{
    while(us10- -);
}
//显示数据发送子程序
void sendspi(BYTE spidata, BYTE read, BYTE dat)
{
    BYTE cmd,dat1,dat2;
    cmd=(0xf8|read|(dat<<1));
    SPDAT=cmd;
    while(SPSTAT &0x80= =0);                       //等起始命令传输完毕
    SPSTAT=0xC0;                                   //写 1 清 SPIF 标志位
    dat1=spidata&0xf0;
    SPDAT=dat1;
    while(SPSTAT &0x80= =0);                       //等高 4 位数据传输完毕
    SPSTAT=0xC0;                                   //写 1 清 SPIF 标志位
    dat2=(spidata<<4)&0xf0;
    SPDAT=dat2;
    while(SPSTAT&0x80= =0);                        //等低 4 位传输完毕
    SPSTAT=0xC0;                                   //写 1 清 SPIF 标志位
}
void lcd_init(void)                              //液晶初始化子程序
{
    sendspi(0x30,0,0);                            //基本指令集
    sendspi(0x01,0,0);                            //清显示,地址复位
    delay(2000);
    sendspi(0x0e,0,0);                            //整体显示,开游标,关位置
    sendspi(0x06,0,0);                            //游标方向及移位
}
void set_position(BYTE position)                 //确定光标位置子程序
{
    sendspi(position,0,0);
}
void char_disp(BYTE data1)                       //显示单个字符子程序
{
    sendspi(data1,0,1);
}
void chinese_disp(BYTE * series)                 //显示汉字字符串子程序
```

```
        {
            for( series; * series! = 0; series++)
                data_write( * series) ;
        }
```

9.4 习题

1. 通信的基本方式有哪几种？各有什么特点？

2. 简述典型异步通信的格式。

3. 简述 STC8A8K64S4A12 单片机串行口的工作方式。

4. 串行口控制器 SCON 中 TB8、RB8 起什么作用？在什么方式下使用？

5. 设置串行口工作于方式 3，波特率为 9600 bps，系统主频为 11.0592 MHz，允许接收数据，串行口开中断，初始化编程，编程实现上述要求。

6. 利用 STC8A8K64S4A12 单片机设计应答方式的通信程序。通信参数：晶振为 11.0592 MHz，波特率为 9600 bit/s，没有奇偶验证位，8 个数据位，1 个停止位。通信过程如下：主机将内存单元中的 50 个数据发送给从机，并将数据块校验值（将各个数据进行异或，取最后的异或值作为校验值）发给从机。从机接收数据并进行数据块的校验，若校验正确，则从机发送 00H 给主机，否则发送 0FFH 给主机，主机重新发送数据。

7. 设有甲、乙两台单片机，以工作方式 1 进行串行通信，设晶振为 11.0592 MHz，波特率为 1200 bit/s，甲机将内部 RAM30H～35H 中的 6 个 ASCII 码加奇偶校验后发送给乙机，乙机对接收到的 ASC 码进行奇偶校验，若校验正确，则将 ASCII 码存入内部 RAM30H～35H，如校验不正确，则将 0FFH 存入相应单元，试编写程序。

8. 简述 STC8A8K64S4A12 中 SPI 的特点。

第 10 章　模拟量模块

学习目标:

◇ 掌握 STC8A8K64S4A12 单片机片内集成 A/D 转换模块的结构、工作原理及使用。掌握 D/A 转换器 TLC5615 与单片机的接口方法及编程应用。

学习重点与难点:

◇ STC8A8K64S4A12 单片机片内集成 A/D 转换模块的使用。
◇ D/A 转换器与单片机的接口方法。

STC8A8K64S4A12 集成了一个 12 位 15 通道的高速 A/D 转换器，速度最快可达 800K（即每秒可进行 80 万次 A/D 转换），可用于温度检测、压力检测、电池电压检测、按键扫描、频谱检测等。本章介绍 STC8A8K64S4A12 单片机集成的 A/D 转换器的结构及应用，以及 D/A 转换器 TLC5615 与单片机的接口方法及编程应用。

10.1　模拟量处理系统的一般结构

随着数字电子技术及计算机技术的普及与应用，数字信号的传输与处理日趋普遍。然而，自然形态下的物理量多以模拟量的形式存在，如温度、湿度、压力、流量、速度等，当单片机要处理这些物理量时，应将它们首先转换为电信号，然后再转换成数字信号；当电路或计算机处理完这些数字信号后，又必须将它们转换成模拟信号，才能进行输出或者控制相关对象。实现模拟量转换成数字量的器件称为 A/D 转换器（Analog-to-Digital Converter，ADC），数字量转换成模拟量的器件称为 D/A 转换器（Digital-to-Analog Converter，DAC）。具有模拟量输入和输出的单片机应用系统结构如图 10-1 所示。

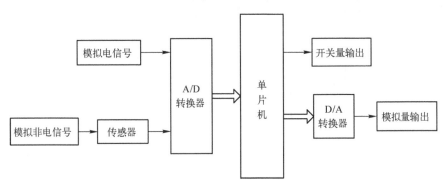

图 10-1　具有模拟量输入和输出的单片机应用系统结构

A/D 转换器和 D/A 转换器种类繁多，性能各异，使用方法也不尽相同。本章仅对

STC8A8K64S4A12 单片机片内集成的 15 路 12 位 ADC 进行介绍，并介绍 D/A 转换器 TLC5615 与单片机的接口方法及编程应用。

10.2 STC8A8K64S4A12 片内集成 A/D 模块的结构及使用

STC8A8K64S4A12 单片机集成有 15 路 12 位高速电压输入型 A/D 转换器（ADC）（注：第 16 通道只能用于检测内部 REFV 参考电压，REFV 的电压值为 1.344 V，由于制造误差，实际电压值可能在 1.34~1.35 V 之间），ADC 的时钟频率为系统频率 2 分频再经过用户设置的分频系数进行再次分频（ADC 的时钟频率范围为 SYSclk/2/1~SYSclk/2/16）。每固定 16 个 ADC 时钟可完成一次 A/D 转换。ADC 的速度最快可达 800K（即每秒可进行 80 万次 A/D 转换），可做温度检测、压力检测、电池电压检测、按键扫描、频谱检测等。

ADC 转换结果的数据格式有两种：左对齐和右对齐，可方便用户程序进行读取和引用。

10.2.1 A/D 转换器的结构及相关寄存器

STC8A8K64S4A12 单片机片内集成 15 通道 12 位 A/D 转换器（ADC）。ADC 输入通道与 P0、P1 口复用，上电复位后，P0、P1 口为弱上拉型 I/O 口，用户可以通过设置 PnM0 和 PnM1（$n=0$，1）两个寄存器，将 16 路中的任何一路设置为 ADC 功能。

1. A/D 转换器的结构

STC8A8K64S4A12 单片机 ADC 的结构如图 10-2 所示。

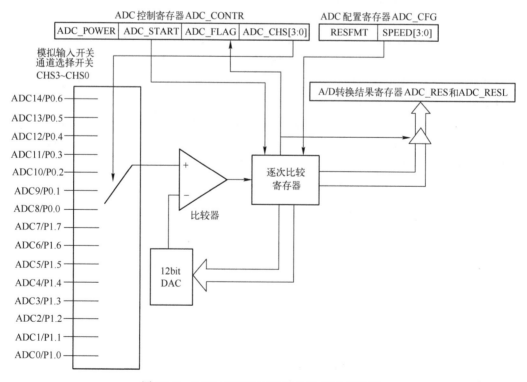

图 10-2 STC8A8K64S4A12 单片机 ADC 结构图

224

STC8A8K64S4A12 的 ADC 由多路选择开关、比较器、逐次比较寄存器、12 位 DAC、转换结果寄存器（ADC_RES 和 ADC_RESL）以及 ADC 配置寄存器 ADCCFG、ADC 控制寄存器 ADC_CONTR 构成。

STC8A8K64S4A12 的 ADC 是逐次比较型 A/D 转换器。逐次比较型 ADC 由一个比较器和 D/A 转换器构成，通过逐次比较逻辑，从最高位（MSB）开始，顺序地对每一输入电压与内置 D/A 转换器输出进行比较，经多次比较，使转换所得的数字量逐次逼近输入模拟量对应值。逐次比较型 A/D 转换器具有速度高、功耗低等优点，在低分辨率（<12 位）时价格便宜，但高精度（>12 位）时价格较高。

从图 10-2 中可以看出，通过模拟多路开关，将输入通道 ADC0~14 的模拟量，送给比较器。上次转换的数字量经过 D/A 转换器（DAC）转换为模拟量，与本次输入的模拟量通过比较器进行比较，将比较结果保存到逐次比较寄存器，并通过逐次比较寄存器输出转换结果。A/D 转换结束后，将最终的转换结果保存在 ADC 转换结果寄存器 ADC_RES 和 ADC_RESL，同时，置位 ADC 控制寄存器 ADC_CONTR 中的 A/D 转换结束标志位 ADC_FLAG，以供程序查询或发出中断申请。模拟多路开关的选择控制由 ADC 控制寄存器 ADC_CONTR 中的 ADC_CHS[3:0] 确定。ADC 的转换速度控制由 ADC 配置寄存器中的 SPEED[3:0] 确定。在使用 ADC 之前，应先给 ADC 上电，也就是置位 ADC 控制寄存器中的 ADC_POWER 位。

2. 参考电压源

STC8A8K64S4A12 单片机 ADC 模块的参考电压源是输入工作电压 V_{cc}，一般不用外接参考电压源。也就是把 AVcc 和 AVref 都连接到 V_{cc}。如果 V_{cc} 不稳定（例如电池供电的系统中，电池电压常常在 5.3~4.2 V 之间漂移），则可以在 8 路 A/D 转换的一个通道外接一个稳定的参考电压源，来计算出此时的工作电压 V_{cc}，再计算出其他几路 A/D 转换通道的电压。典型应用电路如图 10-3 所示。其中，TL431 的作用是提供 2.5 V 基准电压源。

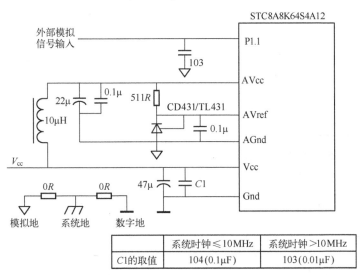

	系统时钟≤10MHz	系统时钟>10MHz
C1的取值	104(0.1μF)	103(0.01μF)

图 10-3　高精度 ADC 典型应用电路

3. 与 ADC 有关的特殊功能寄存器

（1）ADC 控制寄存器 ADC_CONTR

ADC_CONTR 各位的定义如下：

地址	b7	b6	b5	b4	b3	b2	b1	b0	复位值
BCH	ADC_POWER	ADC_START	ADC_FLAG	—	ADC_CHS[3:0]				000x,0000B

1）ADC_POWER：ADC 电源控制位。0：关闭 ADC 电源；1：打开 ADC 电源。

建议进入空闲模式和掉电模式前将 ADC 电源关闭，以降低功耗。启动 A/D 转换前一定要确认 ADC 电源已打开，A/D 转换结束后关闭 ADC 电源可降低功耗，也可不关闭。初次打开内部 ADC 转换模拟电源时，需适当延时，等内部模拟电源稳定后，再启动 A/D 转换。建议启动 A/D 转换后，在 A/D 转换结束之前，不改变任何 I/O 口的状态，有利于提高 A/D 转换的精度。

2）ADC_START：ADC 转换启动控制位。

0：无影响，即使 ADC 已经开始转换工作，写 0 也不会停止 A/D 转换；1：开始 A/D 转换，转换完成后硬件自动将此位清"0"。

3）ADC_FLAG：ADC 转换结束标志位。当 ADC 完成一次转换后，硬件会自动将此位置"1"，并向 CPU 提出中断请求。此标志位必须软件清"0"。

4）CHS[3~0]：ADC 模拟通道选择位，见表 10-1。

表 10-1　模拟通道选择位

ADC_CHS[3:0]	ADC 通道	ADC_CHS[3:0]	ADC 通道
0000	P1.0	1000	P0.0
0001	P1.1	1001	P0.1
0010	P1.2	1010	P0.2
0011	P1.3	1011	P0.3
0100	P1.4	1100	P0.4
0101	P1.5	1101	P0.5
0110	P1.6	1110	P0.6
0111	P1.7	1111	测试内部 1.344 V 的 REFV 电压

（2）ADC 配置寄存器 ADCCFG

ADCCFG 各位的定义如下：

地址	b7	b6	b5	b4	b3	b2	b1	b0	复位值
DEH	—	—	RESFMT	—	SPEED[3:0]				xx0x,0000B

1）RESFMT：A/D 转换结果格式控制位。

0：转换结果左对齐。ADC_RES 保存结果的高 8 位，ADC_RESL 保存结果的低 4 位。格式如下：

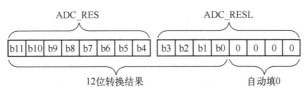

1：转换结果右对齐。ADC_RES 保存结果的高 4 位，ADC_RESL 保存结果的低 8 位。格式如下：

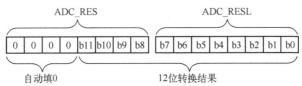

2）SPEED[3:0]：ADC 时钟控制（$F_{ADC}=f_{OSC}/2/16/\text{SPEED}$）。ADC 的时钟频率为系统频率 2 分频再经过用户设置的分频系数进行再次分频，各种设置见表 10-2。每固定 16 个 ADC 时钟可完成一次 A/D 转换。

表 10-2 ADC 转换速度控制

SPEED[3:0]	ADC 转换时间（CPU 时钟数）	SPEED[3:0]	ADC 转换时间（CPU 时钟数）
0000	32	1000	288
0001	64	1001	320
0010	96	1010	352
0011	128	1011	384
0100	160	1100	416
0101	192	1101	448
0110	224	1110	480
0111	256	1111	512

（3）ADC 转换结果寄存器

特殊功能寄存器 ADC_RES（地址为 BDH，复位值为 00H）和 ADC_RESL（地址为 BEH，复位值为 00H）用于保存 A/D 转换结果。当 A/D 转换完成后，12 位的转换结果会自动保存到 ADC_RES 和 ADC_RESL 中。保存结果的数据格式请参考 ADC_CFG 寄存器中的 RESFMT 设置。

（4）与 A/D 转换中断有关的寄存器

中断允许控制寄存器 IE 中的 EADC 位（b5 位）用于开放 ADC 中断，EA 位（b7 位）用于开放 CPU 中断；中断优先级寄存器 IP 中的 PADC 位（b5 位）和 IPH 中的 PADCH 位（b5 位）用于设置 A/D 中断的优先级。在中断服务程序中，要使用软件将 A/D 中断标志位 ADC_FLAG（也是 A/D 转换结束标志位）清"0"。

10.2.2　A/D 转换器的应用

STC8A8K64S4A12 单片机 ADC 模块的使用编程要点如下。

1）打开 ADC 电源，第一次使用时要打开内部模拟电源（设置 ADC_CONTR）。

2）适当延时，等内部模拟电源稳定。一般延时 1 ms 以内即可。

3）选择 ADC 通道（设置 ADC_CONTR 中的 CHS[3:0]）。

4）根据需要设置转换结果存储格式（设置 ADCCFG 中的 RESFMT 位）。

5）查询 ADC 转换结束标志 ADC_FLAG，判断 ADC 转换是否完成，若完成，则读出结果（结果保存在 ADC_RES 和 ADC_RESL 寄存器中），并进行数据处理。如果是多通道模拟量进行转换，则更换 ADC 转换通道后要适当延时，使输入电压稳定，延时量取 $20 \sim 200\,\mu s$即可，与输入电压源的内阻有关，如果输入电压信号源的内阻在 $10\,k\Omega$ 以下，可不加延时；如果是单通道模拟量转换，则不需要更换 ADC 转换通道，也就不需要加延时。

6）若采用中断方式，还需进行中断设置（EADC 置"1"，EA 置"1"）。

7）在中断服务程序中读取 ADC 转换结果，并将 ADC 中断请求标志 ADC_FLAG清"0"。

【例 10-1】编程实现利用 STC8A8K64S4A12 单片机 ADC 通道 0 采集外部模拟电压信号，12 位精度，采用查询方式循环进行转换，并将转换结果保存于 30H、31H 单元中。假设时钟频率为 11.0592 MHz。

解：汇编语言代码如下：

```
$INCLUDE (STC8.INC)              ;包含 STC8 单片机的寄存器定义文件
      ORG    0000H
      LJMP   MAIN
      ORG    0100H
MAIN:
      MOV    SP,#3FH
      MOV    P1M0,#00H           ;设置 P1.0 为 ADC 口
      MOV    P1M1,#01H
      MOV    ADCCFG,#0FH         ;设置 ADC 时钟为系统时钟/2/16/16
      MOV    ADC_CONTR,#80H      ;使能 ADC 模块
      NOP
      NOP
      NOP
      NOP
LOOP:
      ORL    ADC_CONTR,#40H      ;启动 AD 转换
      NOP
      NOP
      MOV    A,ADC_CONTR         ;查询 ADC 完成标志
      JNB    ACC.5,$-2
      ANL    ADC_CONTR,#NOT 20H  ;清完成标志
      MOV    31H,ADC_RES         ;读取 ADC 结果高位
      MOV    30H,ADC_RESL        ;读取 ADC 结果低位
      NOP
      NOP
      LJMP   LOOP
      END
```

C 语言程序代码如下：

```
#include "stc8. h"              //包含 STC8A8K64S4A12 单片机寄存器定义文件
unsigned char data adc_datH _at_ 0x31;   //A/D 转换结果变量
unsigned char data adc_datL _at_ 0x30;   //A/D 转换结果变量
void main(void)
{
    unsigned long i;
    unsigned char status;

    ADC_CONTR|= 0x80;          //开 A/D 转换电源,第一次使用时要打开内部模拟电源
    for (i=0;i<10000;i++);
    ADCCFG=0x0f;               //设置转换结果存储格式为左对齐,转换速度为 fOSC/64
    while(1);
    {
        ADC_CONTR |= 0x40;     //启动 A/D 转换,选择 P10 作为 A/D 通道
        status=0;
        while(status==0)
        {
            status=ADC_CONTR & 0x20;    //查询 ADC 完成标志
        }
        ADC_CONTR &= ~0x20;        //清完成标志
        adc_datH = ADC_RES;
        adc_datL = ADC_RESL;
        for (i=0;i<10000;i++);     //在两次转换之间加入适当延时
    }
}
```

【例 10-2】 编程实现利用 STC8A8K64S4A12 单片机 ADC 通道 2 采集外部模拟电压信号，12 位精度，采用中断方式进行转换，并将转换结果保存于 30H 和 31H 单元中。假设时钟频率为 11.0592 MHz。

解：C 语言程序代码如下：

```
#include "stc8. h"              //包含 STC8A8K64S4A12 单片机寄存器定义文件
unsigned char data adc_hi _at_ 0x31;    //A/D 转换结果变量高 8 位
unsigned char data adc_low _at_ 0x30;   //A/D 转换结果变量低 4 位
void main(void)
{
    unsigned long i;
    ADC_CONTR|= 0x80;          //开 A/D 转换电源,第一次使用时要打开内部模拟电源
    for (i=0;i<10000;i++);     //适当延时
    ADCCFG=0x01;               //设置转换结果存储格式为左对齐,转换速度
    ADC_CONTR|= 0x42;          //启动 A/D 转换,选择通道 2
    EADC=1;                    //EADC=1, 开放 ADC 的中断控制位
```

```
        EA=1;                        //开放 CPU 总中断
        while(1);                    //循环等待 ADC 中断
    }
    void ADC_ISR (void) interrupt 5    // ADC 中断函数
    {
        ADC_CONTR& = ~0x20;          //将 ADC_FLAG 清"0"
        adc_hi=ADC_RES;              //保存 A/D 转换结果高位
        adc_low=ADC_RESL;            //保存 A/D 转换结果低位
        ADC_CONTR| = 0x40;           //重新启动 A/D 转换
    }
```

10.3 D/A 转换器及其与单片机的接口应用

单片机处理后的信号要转换成模拟信号才能进行输出或者控制相关对象。实现数字量转换成模拟量的器件称为 D/A 转换器（DAC）。本节介绍串行 D/A 转换器 TLC5615 与单片机的接口及编程。

10.3.1 TLC5615 简介

TLC5615 是带有缓冲基准输入（高阻抗）的 10 位 CMOS 电压输出 D/A 转换器（DAC），具有基准电压两倍的输出电压范围，且 DAC 是单调变化的。该器件使用简单，用单 5 V 电源工作，具有上电复位（Power-On-Reset）功能以确保可重复启动。TLC5615 的数字控制通过 3 线（Three-Wire）串行总线，需要 16 位数据才能产生模拟量输出。数字输入端的特点是带有施密特（Schmitt）触发器，具有高噪声抑制能力。数字通信协议包括 SPI、QSPI、Microwire 标准。

1. 引脚图

TLC5615 引脚图如图 10-4 所示，各引脚功能如下。

DIN：串行数据输入。

SCLK：串行时钟输入。

$\overline{CS}$：片选信号，低电平有效。

DOUT：用于菊花链（Daisy Chaining）的串行数据输出。

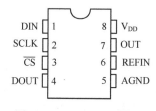

图 10-4 TLC5615 引脚图

注：菊花链是指一种配线方案。设备和设备之间单线相连，不会形成网状的拓扑结构，只有相邻的设备之间才能直接通信，不相邻的设备之间通信必须通过其他设备中转。因为最后一个设备不会连向第一个设备，所以这种方法不会形成环路。菊花链能够用来传输电力、数字信号和模拟信号。

AGND：模拟地

REFIN：参考电压（也称为基准电压）输入。

OUT：DAC 模拟电压输出。

V_{DD}：正电源。

2. 主要特点

1) 10 位 CMOS 电压输出 DAC。

2）单 5 V 电源工作。

3）3 线串行接口。

4）高阻抗基准输入。

5）输出的最大电压为基准输入电压的 2 倍。

6）上电时内部上电复位。

7）低功耗，最大功耗为 1.75 mW。

8）转换速率快，更新率为 1.21 MHz。

9）至 0.5 LSB 的建立时间典型值为 12.5 μs。

10）在温度范围内保持单调性。

3. 内部结构图

TLC5615 的内部结构如图 10-5 所示。器件需要 16 位数据才能产生模拟量输出。由图 10-5 可以看出，发送的 16 位数据中，最低两位必须为 0，最高 4 位无效，中间的 10 位为有效数据，即为进行 D/A 转换的实际数据。TLC5615 先接收高位数据，发送时要设置相应的 SPI 寄存器。发送数据之前，要把片选信号$\overline{CS}$拉低。TLC5615 使用通过固定增益为 2 的运放缓冲的电阻串网络，把 10 位数字数据转换为模拟电压电平，输出极性与基准输入相同。

上电时内部电路把 DAC 寄存器复位至全零。

DAC 的参考电压由外部提供 2.5 V，可通过电位器调节。

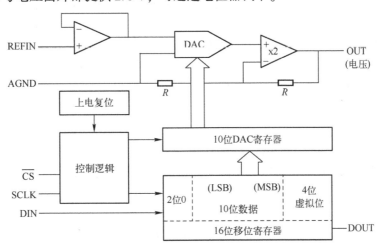

图 10-5　TLC5615 的内部结构

4. 工作时序图

TLC5615 的工作时序图如图 10-6 所示。

由图 10-6 可以看出，只有当$\overline{CS}$为低电平时，串行输入数据才能被移入 16 位移位寄存器。当$\overline{CS}$为低电平时，在每个 SCLK 时钟的上升沿将 DIN 的一位数据移入 16 位移位寄存器。接着，$\overline{CS}$的上升沿将 16 位移位寄存器的 10 位有效数据锁存于 10 位 DAC 寄存器，供 DAC 电路进行转换；当片选信号$\overline{CS}$为高电平时，串行输入数据不能被移入 16 位移位寄存器。注意，$\overline{CS}$的上升沿和下降沿都必须发生在 SCLK 为低电平期间。由图 10-6 还可以看出，最大串行时钟速率由下面的公式确定：

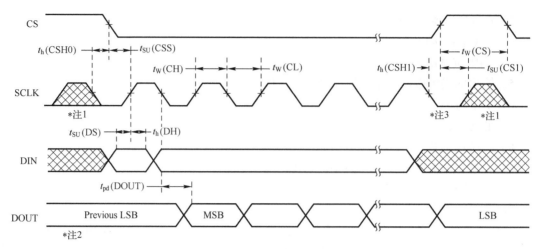

图 10-6　TLC5615 的工作时序图

注：1. 为了使时钟馈通为最小，当$\overline{CS}$为高电平时，加在 SCLK 端的输入时钟应当为低电平。

2. 数据输入来自先前转换周期。

3. 第 16 个 SCLK 下降。

$$f(\text{sclk})_{\max} = 1/t_\omega(\text{CH}) + t_\omega(\text{CL}) \approx 14\,\text{MHz}$$

5. 工作方式

TLC5615 的工作方式有两种：12 位数据序列方式和 16 位数据序列方式。

（1）12 位数据序列方式

在这种工作方式中，16 位移位寄存器分为高 4 位虚拟位、低 2 位填充位以及 10 位有效位。单片 TLC5615 工作时，只需要向 16 位移位寄存器按顺序输入 10 位有效位和低 2 位填充位，2 位填充位的数据任意（可以设为 0）。

（2）16 位数据序列方式

16 位数据序列方式也称为级联工作方式。在这种工作方式中，可以将 TLC5615 的 DOUT 接到下一片 TLC5615 的 DIN，需要向 16 位移位寄存器按顺序输入高 4 位虚拟位、10 位有效位和低 2 位填充位。由于增加了高 4 位虚拟位，所以需要 16 个时钟脉冲。

无论采用哪种工作方式，输出电压都为

$$V_{\text{OUT}} = 2(V_{\text{REFIN}}) \times \text{DATA}/1024$$

式中，V_{REFIN} 为参考电压；DATA 为输入的二进制数据。

不使用 DAC 时，把 DAC 寄存器设置为全 0 可以使功耗最小。

TLC5615 的二进制输入与模拟量输出对应码值见表 10-3。因为 DAC 输入锁存器为 12 位宽，所以在 10 位数据字后必须写入数值为 0 的两个低于 LSB 的位（sub-LSB，次最低有效位）。

表 10-3　TLC5615 的二进制输入与模拟量输出对应码值表

输　　　入	输　　　出
1111　1111　11（00）	2（VREFIN）1023/1024
⋮	⋮
1000　0000　01（00）	2（VREFIN）513/1024

输　　入	输　　出
1000　0000　00（00）	2（VREFIN）512/1024 = VREFIN
0111　1111　11（00）	2（VREFIN）511/1024
⋮	⋮
0000　0000　01（00）	2（VREFIN）1/1024
0000　0000　00（00）	0V

10.3.2　TLC5615 接口电路及应用编程

【例 10-3】 使用 STC8A8K64S4A12 单片机的 I/O 引脚或者 SPI 与 TLC5615 进行连接，连接电路如图 10-7 所示。编程实现单片机数据的 DAC 输出。在电路连接中，注意在 VDD 和 AGND 之间连接一个 0.1 μF 的陶瓷旁路电容，且用短引线安装在尽可能靠近器件的地方。使用磁珠（Ferrite Beads）可以进一步隔离系统模拟电源与数字电源。

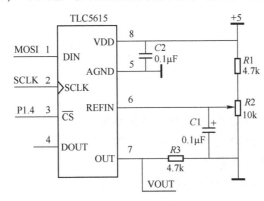

图 10-7　STC8A8K64S4A12 单片机与 TLC5615 的连接电路

解：利用 STC8A8K64S4A12 单片机的 SPI 与 TLC5615 接口的测试程序代码如下：

```
#include "stc8.h"
sbit cs = P1^4;
void spi_init(void)                //SPI 初始化
{
    SPCTL = 0xD0;                   //由 MSTR 确定为主机还是从机,SPI 使能,主机模式
    SPSTAT = 0xC0;                  //写 1 清标志位
}
void senddat(unsigned char dat)     //SPI 传输
{
    SPDAT = dat;
    while(!(SPSTAT&0x80));          //等待一次传输完成
    SPSTAT = 0xC0;                  //初始状态寄存器,为下次传送做准备
}
void main(void)
```

```
{
    unsigned int DACdat;              //dat 存储待转换数据
    unsigned char templ,temph;
    spi_init();                       //SPI 初始化
    while(1)
    {
        DACdat=0x2ff;                 //待转换数据赋予 DACdat
        DACdat=DACdat<<2;             //10 位精度,低 2 位为零,数据存储 3~12 位
        temph=(DACdat>>8);            //temph 存储待传数据高 4 位
        templ=(DACdat&0X00FF);        //templ 存储待传数据低 8 位
        cs=0;                         //使能 DAC
        senddat(temph);               //传输高 4 位数据
        senddat(templ);               //传输低 8 位数据
        cs=1;                         //结束 DAC
        delaytime(200);               //延迟
    }
}
```

10.4　习题

1. 简述 STC8A8K64S4A12 的 A/D 转换器的结构特点。

2. 简述 STC8A8K64S4A12 的 A/D 转换器的编程使用过程，写出初始化代码程序，并编程实现使用中断方式实现 A/D 转换。

3. 简述常见的 D/A 转换器及其特点。

4. 利用 STC8A8K64S4A12 和 TLC5615 构成一个小型直流电机调速系统，画出电路原理图，并编写调速程序代码。

第11章 增强型 PWM 波形发生器

学习目标:

◇ 掌握 STC8A8K64S4A12 单片机增强型 PWM 工作原理及使用。

学习重点与难点:

◇ STC8A8K64S4A12 单片机增强型 PWM 工作原理及使用。

STC8 系列单片机集成了一组（各自独立 8 路）增强型的 PWM 波形发生器。PWM 波形发生器内部有一个 15 位的 PWM 计数器供 8 路 PWM 使用，用户可以设置每路 PWM 的初始电平。另外，PWM 波形发生器为每路 PWM 设计了两个用于控制波形翻转的计数器 T1/T2，可以非常灵活的控制每路 PWM 的高低电平宽度，从而达到对 PWM 的占空比以及 PWM 的输出延迟进行控制的目的。由于 8 路 PWM 是各自独立的，且每路 PWM 的初始状态可以进行设定，所以用户可以将其中的任意两路配合起来使用，即可实现互补对称输出以及死区控制等特殊应用。

增强型的 PWM 波形发生器还设计了对外部异常事件（包括外部端口 P3.5 电平异常、比较器比较结果异常）进行监控的功能，可用于紧急关闭 PWM 输出。PWM 波形发生器还可与 ADC 相关联，设置 PWM 周期的任一时间点触发 ADC 转换事件。

11.1 PWM 概述

脉冲宽度调制（PWM）是利用微处理器的数字输出对模拟电路进行控制的一种非常有效的技术，广泛应用于测量、通信、功率控制与变换等许多领域中。简而言之，PWM 是一种对模拟信号电平进行数字编码的方法。通过使用高分辨率计数器，输出方波的占空比被调制，用来对一个具体模拟信号的电平进行编码。PWM 信号仍然是数字的，因为在给定的任何时刻，满幅值的直流供电要么完全有，要么完全无。电压或电流源是以一种通或断的重复脉冲序列被加到模拟负载上去的。通的时候即是直流供电被加到负载上的时候，断的时候即是供电被断开的时候。只要有足够的带宽，任何模拟值都可以使用 PWM 进行编码。许多单片机已经包含 PWM 控制器。

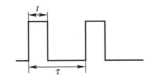

图 11-1 典型的 PWM 波形

典型的 PWM 波形如图 11-1 所示。图中的 τ 为周期，占空比为 t/τ。

11.2 增强型 PWM 发生器的结构

STC8A8K64S4A12 单片机集成了 8 路增强型 PWM 发生器，每路的结构都一样。PWM 波形发生器的结构如图 11-2 所示。

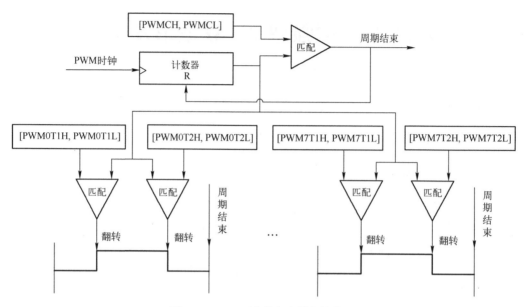

图 11-2 PWM 波形发生器的结构图

PWM 波形发生器内部有一个 15 位的 PWM 计数器供 8 路 PWM（PWM0~PWM7）使用，用户可以设置每路 PWM 的初始电平。另外，PWM 波形发生器为每路 PWM 设计了两个 15 位用于控制波形翻转的计数器 T1/T2（分别为 PWM0T1~PWM7T1 和 PWM0T2~PWM7T2），可以非常灵活地控制每路 PWM 的高低电平宽度，从而达到对 PWM 占空比以及 PWM 输出延迟进行控制的目的。所谓占空比就是 PWM 波形的高电平时间和 PWM 整个周期的比值。8 路 PWM 各自独立，且每路 PWM 的初始状态可以进行设定。

当内部计数器的值与某个翻转寄存器的值相等时，就将对应的输出端口引脚取反，从而实现对 PWM 波形占空比的控制。

内部 15 位 PWM 计数器一旦运行，就会从 0 开始在每个 PWM 时钟到来时加 1，当计数到与 15 位的周期设置寄存器[PWMCH,PWMCL]相等时，内部 PWM 计数器回零，并产生中断。任意一路 PWM 都可以实现输出波形占空比和波形频率实时调整，任意两路 PWM 配合都可以实现互补对称输出以及死区控制等特殊应用。

11.3 增强型 PWM 发生器相关寄存器

本节介绍增强型 PWM 发生器相关寄存器。

1. 端口切换寄存器 P_SW2

端口切换寄存器 P_SW2 主要用来实现串口、I^2C 等外设端口的切换以及访问扩展 SFR 使能，其各位定义如下：

地址	B7	B6	B5	B4	B3	B2	B1	B0	复位值
BAH	EAXFR	—	$I^2C\_S[1:0]$		CMPO_S	S4_S	S3_S	S2_S	0x00,0000B

其中，EAXFR 为访问扩展 SFR 使能控制位。扩展 SFR 逻辑地址位于 XDATA 区域，访问前需要将 EAXFR 置"1"，然后使用 MOVX A,@DPTR 和 MOVX @DPTR,A 指令进行访问。注意：如果要访问 PWM 在扩展 RAM 区的特殊功能寄存器，则必须先将 EAXFR 位置"1"。

其他各位的定义可参见第 3 章的介绍。

2. 增强型 PWM 配置寄存器 PWMCFG

增强型 PWM 配置寄存器 PWMCFG 的各位定义如下：

地址	b7	b6	b5	b4	b3	b2	b1	b0	复位值
F1H	CBIF	ETADC	—	—	—	—	—	—	00xx,xxxxB

1）CBIF：PWM 计数器归零中断标志位。当 15 位的 PWM 计数器记满溢出归零时，硬件自动将此位置"1"，并向 CPU 提出中断请求，此标志位需要软件清"0"。

2）ETADC：PWM 是否与 ADC 关联。

0：PWM 与 ADC 不关联；1：PWM 与 ADC 相关联。允许在 PWM 周期中某个时间点触发 A/D 转换。使用 TADCPH 和 TADCPL 进行设置。

3. PWM 中断标志寄存器 PWMIF

PWM 中断标志寄存器 PWMIF 的各位定义如下：

地址	b7	b6	b5	b4	b3	b2	b1	b0	复位值
F6H	C7IF	C6IF	C5IF	C4IF	C3IF	C2IF	C1IF	C0IF	0000,0000B

$CnIF$：第 n（$n=0,1,2,\cdots7$）通道 PWM 的中断标志位。可设置在各路 PWM 的翻转点 1 和翻转点 2。当所设置的翻转点发生翻转事件时，硬件自动将此位置"1"，并向 CPU 提出中断请求，此标志位需要软件清"0"。

4. PWM 异常检测控制寄存器 PWMFDCR

PWM 异常检测控制寄存器 PWMFDCR 的各位定义如下：

地址	b7	b6	b5	b4	b3	b2	b1	b0	复位值
F7H	INVCMP	INVIO	ENFD	FLTFLIO	EFDI	FDCMP	FDIO	FDIF	0000,0000B

1）INVCMP：比较器结果异常信号处理。0：比较器结果由低变高为异常信号；1：比较器结果由高变低为异常信号。

2）INVIO：外部端口 P3.5 异常信号处理。0：外部端口 P3.5 信号由低变高为异常信号；1：外部端口 P3.5 信号由高变低为异常信号。

3）ENFD：PWM 外部异常检测控制位。0：关闭 PWM 外部异常检测功能；1：使能 PWM 外部异常检测功能。

4）FLTFLIO：发生 PWM 外部异常时对 PWM 输出口控制位。0：发生 PWM 外部异常时，PWM 的输出口不作任何改变；1：发生 PWM 外部异常时，PWM 的输出口立即被设置为高阻输入模式。（注：只有 $ENCnO=1$ 所对应的端口才会被强制悬空）。

5）EFDI：PWM 异常检测中断使能位。0：关闭 PWM 异常检测中断（FDIF 依然会被硬件置位）；1：使能 PWM 异常检测中断。

6）FDCMP：比较器输出异常检测使能位。0：比较器与 PWM 无关；1：设定 PWM 异常检测源为比较器输出（异常类型由 INVCMP 设定）。

7）FDIO：P3.5 口电平异常检测使能位。0：P3.5 口电平与 PWM 无关；1：设定 PWM 异常检测源为 P3.5 口（异常类型由 INVIO 设定）。

8）FDIF：PWM 异常检测中断标志位。当发生 PWM 异常（比较器的输出由低变高或者 P3.5 的电平由低变高）时，硬件自动将此位置"1"。当 EFDI = 1 时，程序会跳转到相应中断入口执行中断服务程序。需要软件清"0"。

5. PWM 控制寄存器（PWMCR）

PWM 控制寄存器（PWMCR）的各位定义如下：

地址	b7	b6	b5	b4	b3	b2	b1	b0	复位值
FEH	ENPWM	ECBI	—	—	—	—	—	—	00xx,xxxxB

1）ENPWM：使能增强型 PWM 波形发生器。0：关闭 PWM 波形发生器；1：使能 PWM 波形发生器，PWM 计数器开始计数。

关于 ENPWM 控制位的重要说明：①ENPWM 一旦被使能后，内部的 PWM 计数器会立即开始计数，并与 T1/T2 两个翻转点的值进行比较。所以 ENPWM 必须在其他所有的 PWM 设置（包括 T1/T2 翻转点的设置、初始电平的设置、PWM 异常检测的设置以及 PWM 中断设置）都完成后，最后才能使能 ENPWM 位。②ENPWM 控制位既是整个 PWM 模块的使能位，也是 PWM 计数器开始计数的控制位。在 PWM 计数器计数的过程中，ENPWM 控制位被关闭时，PWM 计数会立即停止，当再次使能 ENPWM 控制位时，PWM 的计数会从 0 开始重新计数，而不会记忆 PWM 停止计数前的计数值。

2）ECBI：PWM 计数器归零中断使能位。0：关闭 PWM 计数器归零中断（CBIF 依然会被硬件置位）；1：使能 PWM 计数器归零中断。

6. PWM 计数器寄存器（PWMCH、PWMCL）

PWM 计数器寄存器（PWMCH、PWMCL）的各位定义如下：

符号	地址	b7	b6	b5	b4	b3	b2	b1	b0	复位值
PWMCH	FFF0H	—				—				x000,0000B
PWMCL	FFF1H					—				0000,0000B

PWM 计数器是一个 15 位的寄存器，可设定 1~32767 之间的任意值作为 PWM 的周期。PWM 波形发生器内部的计数器从 0 开始计数，每个 PWM 时钟周期递增 1，当内部计数器的计数值达到[PWMCH,PWMCL]所设定的 PWM 周期时，PWM 波形发生器内部的计数器将会从 0 重新开始计数，硬件会自动将 PWM 归零中断标志位 CBIF 置"1"，若 ECBI = 1，程序将跳转到相应中断入口执行中断服务程序。

7. PWM 时钟选择寄存器（PWMCKS）

PWM 时钟选择寄存器（PWMCKS）的各位定义如下：

地址	b7	b6	b5	b4	b3	b2	b1	b0	复位值
FFF2H	—	—	—	SELT2		PWM_PS[3:0]			xxx0,0000B

1）SELT2：PWM 时钟源选择。0：PWM 时钟源为系统时钟经分频器分频之后的时钟，分频参数由 PWM_PS[3:0]确定；1：PWM 时钟源为定时器 2 的溢出脉冲。

2）PWM_PS[3:0]：系统时钟预分频参数，当 SELT2 位为 0 时，PWM 时钟频率＝系统时钟频率/（PWM_PS[3:0]+1）。

8. PWM 触发 ADC 计数器寄存器（TADCPH、TADCPL）

PWM 触发 ADC 计数器寄存器（TADCPH、TADCPL）的各位定义如下：

符号	地址	b7	b6	b5	b4	b3	b2	b1	b0	复位值
TADCPH	FFF3H	—				—				x000,0000B
TADCPL	FFF4H					—				0000,0000B

在 ETADC＝1 且 ADC_POWER＝1 时，{TADCPH,TADCPL}组成一个 15 位的寄存器。在 PWM 的计数周期中，当 PWM 的内部计数值与{TADCPH,TADCPL}的值相等时，硬件自动触发 A/D 转换。

9. PWM 翻转点设置计数值寄存器

PWMnT1H（所在地址为 FF00H+n×10H）、PWMnT1L（所在地址为 FF01H+n×10H）、PWMnT2H（所在地址为 FF02H+n×10H）、PWMnT2L（所在地址为 FF03H+n×10H），其中，n＝0,1,2,…,7。

PWM 每个通道的{PWMnT1H,PWMnT1L}和{PWMnT2H,PWMnT2L}分别组合成两个 15 位的寄存器，用于控制各路 PWM 每个周期中输出 PWM 波形的两个翻转点。在 PWM 的计数周期中，当 PWM 的内部计数值与所设置的第 1 个翻转点的值{PWMnT1H,PWMnT1L}相等时，PWM 的输出波形会自动翻转为低电平；当 PWM 的内部计数值与所设置的第 2 个翻转点的值{PWMnT2H,PWMnT2L}相等时，PWM 的输出波形会自动翻转为高电平。

注意：当{PWMnT1H,PWMnT1L}与{PWMnT2H,PWMnT2L}的值设置相等时，第 2 组翻转点的匹配将被忽略，即只会翻转为低电平。

10. PWM 通道控制寄存器

PWMnCR（n＝0,1,2,…,7），所在地址为 FF04H+n×10H。其各位的定义如下：

符号	b7	b6	b5	b4	b3	b2	b1	b0	复位值
PWMnCR	ENCnO	CnINI	—	Cn_S[1:0]		ECnI	ECnT2SI	ECnT1SI	00x0,0000B

1）ENCnO：PWM 输出使能位。0：相应 PWM 通道的端口为 GPIO；1：相应 PWM 通道的端口为 PWM 输出口，受 PWM 波形发生器控制。

2）CnINI：设置 PWM 输出端口的初始电平。0：第 n 通道的 PWM 初始电平为低电平；1：第 n 通道的 PWM 初始电平为高电平。

3）Cn_S[1:0]：PWM 输出功能脚切换选择，请参考第 3 章介绍。

4）ECnI：第 n 通道的 PWM 中断使能控制位。0：关闭第 n 通道的 PWM 中断；1：使能第 n 通道的 PWM 中断。

5）ECnT2SI：第 n 通道的 PWM 在第 2 个翻转点中断使能控制位。0：关闭第 n 通道的 PWM 在第 2 个翻转点中断；1：使能第 n 通道的 PWM 在第 2 个翻转点中断。

6）ECnT1SI：第 n 通道的 PWM 在第 1 个翻转点中断使能控制位。0：关闭第 n 通道的

PWM 在第 1 个翻转点中断；1：使能第 n 通道的 PWM 在第 1 个翻转点中断。

11. PWM 通道电平保持控制寄存器

PWMnHLD（$n=0,1,2,\cdots,7$），所在地址为 FF05H$+n\times$10H。其各位的定义如下：

符号	b7	b6	b5	b4	b3	b2	b1	b0	复位值
PWMnHLD	—	—	—	—	—	—	HCnH	HCnL	xxxx,xx00B

1）HCnH：第 n 通道 PWM 强制输出高电平控制位。0：第 n 通道 PWM 正常输出；1：第 n 通道 PWM 强制输出高电平。

2）HCnL：第 n 通道 PWM 强制输出低电平控制位。0：第 n 通道 PWM 正常输出；1：第 n 通道 PWM 强制输出低电平。

11.4 增强型 PWM 波形发生器的应用

PWM 波形发生器的应用包括以下几个方面。

1）设置 PWM 输出端口引脚的工作模式。

2）设置 P_SW2 寄存器，以允许访问扩展特殊功能寄存器。

3）设置 PWM 输出的初始电平。

4）设置 PWM 的时钟。

5）设置 PWM 的计数初值。

6）设置 PWM 两次翻转的计数器初值。

7）设置 PWM 的输出引脚。

8）设置 PWM 中断相关内容。

9）设置 PWMCR 寄存器，允许 PWM 波形输出。

【例 11-1】假设系统时钟频率为 11.0592 MHz，使用增强型 PWM 发生器输出任意周期和任意占空比的波形。

解： 汇编语言程序代码如下：

```
            $INCLUDE（STC8. INC）        ;包含 STC8 单片机的寄存器定义文件
            ORG     0000H
            LJMP    MAIN
            ORG     0100H
MAIN：
            MOV     P_SW2,#80H
            CLR     A
            MOV     DPTR,#PWMCKS
            MOVX    @ DPTR,A             ;PWM 时钟为系统时钟
            MOV     A,#10H
            MOV     DPTR,#PWMCH          ;设置 PWM 周期为 1000H 个 PWM 时钟
            MOVX    @ DPTR,A
            MOV     A,#00H
```

240

```
MOV      DPTR,#PWMCL
MOVX     @ DPTR,A
MOV      A,#01H
MOV      DPTR,#PWM0T1H        ;在计数值为 100H 处输出低电平
MOVX     @ DPTR,A
MOV      A,#00H
MOV      DPTR,#PWM0T1L
MOVX     @ DPTR,A
MOV      A,#05H
MOV      DPTR,#PWM0T2H        ;在计数值为 500H 处输出高电平
MOVX     @ DPTR,A
MOV      A,#00H
MOV      DPTR,#PWM0T2L
MOVX     @ DPTR,A
MOV      A,#80H
MOV      DPTR,#PWM0CR         ;使能 PWM0 输出
MOVX     @ DPTR,A
MOV      P_SW2,#00H
MOV      PWMCR,#080H          ;启动 PWM 模块
SJMP     $
END
```

对应的 C 语言程序代码如下:

```
#include " stc8. h"
void main( void)
{
    P_SW2 = 0x80;
    PWMCKS = 0x00;              // PWM 时钟为系统时钟
    PWMC = 0x1000;             //设置 PWM 周期为 1000H 个 PWM 时钟
    PWM0T1 = 0x0100;           //在计数值为 100H 处输出低电平
    PWM0T2 = 0x0500;           //在计数值为 500H 处输出高电平
    PWM0CR = 0x80;             //使能 PWM0 输出
    P_SW2 = 0x00;
    PWMCR = 0x80;              //启动 PWM 模块
    while (1);
}
```

【例 11-2】 假设系统时钟频率为 11. 0592 MHz,使用增强型 PWM 发生器产生周期为 20 个 PWM 时钟、占空比为 30%的 PWM 波形。

解: 采用系统时钟作为 PWM 波形发生器的时钟频率,波形由通道 0 产生。C 语言程序代码如下:

```
#include" stc8. h"
void main( void)
```

```
    {
        P_SW2 = 0x80;
        PWMCKS = 0x00;              // PWM 时钟为系统时钟
        PWMC = 19;                  //设置 PWM 周期为 20 个 PWM 时钟
        PWM0T1 = 0x0003;            //在计数值为 3 处输出低电平
        PWM0T2 = 0x0011;            //在计数值为 17 处输出高电平
        PWM0CR = 0x80;              //使能 PWM0 输出
        P_SW2 = 0x00;
        PWMCR = 0x80;               //启动 PWM 模块
        while (1);
    }
```

【例 11-3】用 PWM 实现呼吸灯操作。

解：设置 PWM0CR 使 P2.0 作为 PWM0 的输出引脚，通过控制 PWM 的翻转时间 PWM0T2 来控制灯的亮度。C 语言程序代码如下：

```
    #include "stc8. h"
    #include "intrins. h"
    #define CYCLE 0x1000
    bit dir = 1;
    int val = 0;
    void PWM_ISR(void) interrupt 22
    {
        PWMCFG &= ~0x80;
        if (dir)
        {
            val++;
            if (val >= CYCLE) dir = 0;
        }
        else
        {
            val--;
            if (val <= 1) dir = 1;
        }
        _push_(P_SW2);
        P_SW2 |= 0x80;
        PWM0T2 = val;
        _pop_(P_SW2);
    }
    void main(void)
    {
        P_SW2 = 0x80;
        PWMCKS = 0x06;              // PWM 时钟为系统时钟/6
        PWMC = CYCLE;               //设置 PWM 周期为 1000H 个 PWM 时钟
```

```
            PWM0T1 = 0x0000;
            PWM0T2 = 0x0001;
            PWM0CR = 0x80;              //使能 PWM0 输出
            P_SW2 = 0x00;
            PWMCR = 0xc0;               //启动 PWM 模块并打开中断
            EA = 1;
            while (1);
        }
```

11.5 习题

1. 修改例 11-2 的设计代码，将占空比修改为 70%。
2. 使用 STC8A8K64S4A12 的增强型 PWM 发生器产生两个互补的 PWM 波形。

第12章 单片机应用系统设计举例

学习目标:

◇ 学习基于单片机应用的测控系统的需求分析、系统设计以及软硬件设计及调试方法,最终掌握基于单片机的测控系统的设计与实施。

学习重点与难点:

◇ 基于单片机的测控系统的需求分析和系统设计。

本章通过一个压力测控系统的综合设计实例,说明单片机应用系统设计的方法和步骤。

12.1 系统要求

设计一压力测控系统,系统的具体要求如下。

1)压力检测。检测来自压力传感器输出的电压信号(0~5 V),通过 A/D 转换器进行转换。

2)工程变换。将转换结果进行工程变换,即将转换结果再转换为压力大小(仅保留整数部分)。

3)键盘。用于设置压力的报警值。

4)数码 LED 显示。用于显示压力报警值的上限和下限,并显示当前压力值。压力值在 0~FFF 之间。

5)当前压力值超过报警值时,通过指示灯报警。

6)上位机监控软件设计。通过计算机显示当前的压力值以及报警值。

12.2 需求分析

需求分析是进行系统设计的基础,主要进行以下几个方面的需求分析。

1. 单片机选型

进行单片机选型时,应尽量了解较多种类单片机的性能指标和包含的资源。根据系统的要求,选用合适的单片机。目前许多单片机具有较高的集成度,因此,如果有模拟量检测的要求时,应尽量选择带有 A/D 转换模块的单片机。并且,应该注意所设计系统的应用场合,选择适当的芯片等级(军用级、工业级和商用级)。

STC8A8K64S4A12 单片机片内集成了 15 通道高速 12 位 A/D 转换器(速度达 80 万次/秒)。并且,具有较多的通用 I/O 和片上外设(定时器、UART 等),因此,在本系统的设计中，可以考虑采用 STC8A8K64S4A12 作为系统的检测与控制中心。

2. 人机接口的设计选型

系统要求使用键盘设置压力的报警上限值和下限值，使用 LED 进行显示。在此，选用 4×4 的键盘作为系统键盘，选用 8 位 LED 显示，用以显示压力的报警值（上限、下限）和当前值。

传统的键盘和 LED 显示电路设计，一般采用扫描的方式，即键盘采用扫描方式，LED 显示采用动态扫描方式。键盘和 LED 设计时，共用其中的某些口线。有的设计方案中，键盘采用扫描方式，而 LED 采用串行–并行转换（如采用 74LS164 芯片）进行显示。这些设计方案都存在占用单片机 I/O 口线较多的缺点，并且编程也较复杂。

目前，市场上出现了很多用于键盘和 LED 显示控制的专用芯片。特别是出现了很多具有 SPI 的键盘显示芯片，常见的有 ZLG7289A、CH451 等。可以使用这些专用的键盘显示控制芯片，实现键盘和 LED 显示的电路设计。这种设计方案的最大优点是，可以节省单片机宝贵的 I/O 资源，并且编程比较简单。

除了 LED 显示外，常见的信息显示方式还有 LCD 显示（即液晶显示）。

为了显示系统的工作状态，需设计一个运行指示灯。当系统正常运行时，能够以一定的频率闪烁。

3. 上位机监控软件的设计

计算机和单片机的串行通信一般采用 RS232、RS422 或 RS485 总线标准接口。

从硬件上讲，计算机的串行口是 RS232 电平的，而单片机的串口是 TTL 电平的。因此，要实现单片机与计算机之间的串行通信，必须通过电路实现 TTL 电平和 RS232 电平的转换。常用的电平转换集成电路是 MAX232。但现在笔记本电脑更新速度很快，为了小型化的需求，原来在台式计算机上的标准配置接口（例如串口、并口）都被逐渐淘汰，取而代之的是 USB 这种通用小型总线接口。许多单片机调试时都是用串口下载代码、输出调试信息、显示程序运行状态，缺少了串口的计算机，在调试时就显得十分不方便。为此，厂商开发了专用的 USB 转串口的转换芯片，用于代替标准的串口，在一定程度上解决了笔记本电脑缺少串口的难题，比较常见的 USB 转串口芯片有 PL2303HX、CP2102 以及 CH340 等。

从软件的角度讲，要实现上位机监控软件的设计，需要掌握目前流行的基于 Windows 操作系统的软件设计。可以选择免费的 QT 开发环境或者其他开发环境，进行监控软件的设计。当然，也可以每隔一定的时间，将压力值存入数据库，并且设计数据查询功能。

12.3　系统硬件设计

根据需求分析，设计系统的硬件电路。

1. CPU 基本单元电路

CPU 基本单元电路如图 12-1 所示。

其中，$C1$ 起电源滤波的作用；$R1$、$R2$ 和 $C2$ 组成复位电路。KEY0 连接外部中断 1，用

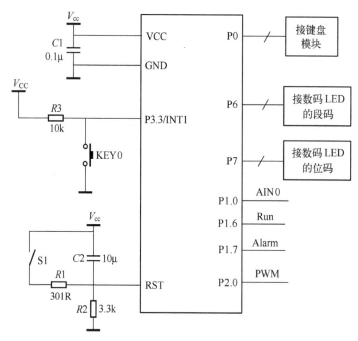

图 12-1　CPU 基本单元电路

于进行显示功能切换。将压力传感器输出的电压信号直接加到 STC8A8K64S4A12 的模拟量输入通道 0（即 AIN0）。通过串口进行程序下载和调试。P1.7 输出报警指示信号。与上位机串行通信的接口共同使用串口 1（即 RXD 和 TXD）。P0 口用于键盘扫描。P6 口和 P7 口用于数码 LED 的显示。

2. 声光报警电路

声光报警电路如图 12-2 所示。

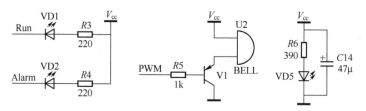

图 12-2　声光报警电路

其中，VD1 用于运行状态的指示，可使用绿色发光二极管；VD2 用于报警指示，可选用红色间断发光的二极管，R3 和 R4 起限流作用。BELL 是用于报警的蜂鸣器，由 V1 驱动，使用 PWM 控制。VD5 是电源指示，可以选用黄色发光二极管。

3. 键盘和显示控制电路

键盘和显示控制电路图如图 12-3a～c 所示。

其中，数码 LED 的段 a、b、c、d、e、f、g、dp 分别连接 P6.0～P6.7。

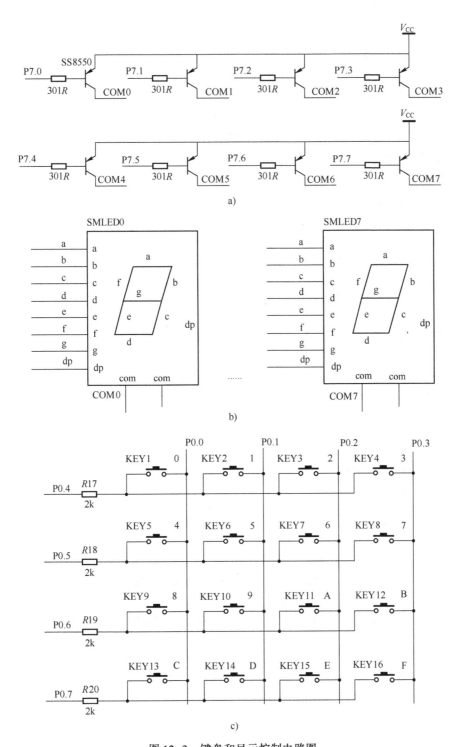

图 12-3　键盘和显示控制电路图

a) 位输出驱动电路　b) LED 显示　c) 键盘驱动

12.4　系统软件设计

单片机的检测报警程序采用 C 语言编写。

系统采用每 10 ms 循环采样的方式采集压力信号。使用定时器 2 实现 10 ms 的定时。报警指示灯通过 P1.7 控制，通过 4×4 键盘设置压力上限值。监测的压力值可通过数码管显示并实时上传至上位机。

程序清单如下：

```c
#include "stc8.h"
sbit Run = P1^6;
sbit Alarm = P1^7;
char a[16] = {~0x3F,~0x06,~0x5B,~0x4F,~0x66,~0x6D,~0x7D,~0x07,
              ~0x7F,~0x6F,~0x77,~0x7C,~0x39,~0x5E,~0x79,~0x71};
              //数码管字库 0~F
unsigned char state_cntr;
bit set_thres_en;                    //设置阈值标志
int key_value,val_old;
unsigned int result;                 //ADC 采样结果
unsigned char ad_res,ad_resl;        //ADC 高位和低位保存
void delay(unsigned int j)           //延时程序
{
    unsigned int i;
    for(i=0;i<j;i++);
}
void display_threshold(int thres)     //阈值显示
{
    if(state_cntr == 1)               //阈值次高位闪烁
        P6 = a[thres%4096/256];
    else if(state_cntr == 2)          //阈值次低位闪烁
        P6 = a[thres%256/16];
    else if(state_cntr == 3)          //阈值最低位闪烁
        P6 = a[thres%16];
}
void display_ad(int thres)            //显示 A/D 转换值
{
    P71 = 0;
    P6 = a[ad_res/16];
    delay(2000);
    P71 = 1;
    delay(100);
    P72 = 0;
    P6 = a[ad_res%16];
```

248

```
        delay(2000);
        P72 = 1;
        delay(100);
        P73 = 0;
        P6 = a[ad_resl/16];
        delay(2000);
        P73 = 1;
        delay(100);

        P75 = 0;
        P6 = a[thres%4096/256];
        delay(2000);
        P75 = 1;
        delay(100);
        P76 = 0;
        P6 = a[thres%256/16];
        delay(2000);
        P76 = 1;
        delay(100);
        P77 = 0;
        P6 = a[thres%16];
        delay(2000);
        P77 = 1;
        delay(100);
}
unsigned char key_scan(void)                    //矩阵键盘扫描
{
    unsigned char key_state;
    unsigned char temp;
    P0 = 0xf0;
    temp = P0 & 0xf0;
    if(temp != 0xf0)
    {
        delay(1000);
        temp = P0 & 0xf0;
        if(temp != 0xf0)
        {
            P0 = 0xfe;                          //判断第一列是否按下
            delay(1000);
            temp = P0;
            switch(temp)
            {
                case 0xee: key_state = 0;break;
```

```
                case 0xde: key_state = 4;break;
                case 0xbe: key_state = 8;break;
                case 0x7e: key_state = 12;break;
                default: ;
        }                                      //判断第二列是否按下
        P0 = 0xfd;
        delay(1000);
        temp = P0;
        switch(temp)
        {
                case 0xed: key_state = 1;break;
                case 0xdd: key_state = 5;break;
                case 0xbd: key_state = 9;break;
                case 0x7d: key_state = 13;break;
                default: ;
        }
        P0 = 0xfb;                             //判断第三列是否按下
        delay(1000);
        temp = P0;
        switch(temp)
        {
                case 0xeb: key_state = 2;break;
                case 0xdb: key_state = 6;break;
                case 0xbb: key_state = 10;break;
                case 0x7b: key_state = 14;break;
                default: ;
        }
        P0 = 0xf7;                             //判断第四列是否按下
        delay(1000);
        temp = P0;
        switch(temp)
        {
                case 0xe7: key_state = 3;break;
                case 0xd7: key_state = 7;break;
                case 0xb7: key_state = 11;break;
                case 0x77: key_state = 15;break;
                default: ;
        }
    }
}
else
    key_state = 16;
return key_state;
```

```c
}
void Timer0Init(void)              //100 微秒@ 11.0592 MHz, 定时器 0 初始化子程序
{
    AUXR &= 0x7F;                  //定时器时钟 12T 模式
    TMOD &= 0xF0;                  //设置定时器模式
    TL0 = 0xA4;                    //设置定时初值
    TH0 = 0xFF;                    //设置定时初值
    TF0 = 0;                       //清除 TF0 标志
    TR0 = 1;                       //定时器 0 开始计时
}
void Timer2Init(void)              //1 毫秒@ 11.0592 MHz, 定时器 1 初始化子程序
{
    AUXR |= 0x04;                  //定时器时钟 1T 模式
    T2L = 0xCD;                    //设置定时初值
    T2H = 0xD4;                    //设置定时初值
    AUXR |= 0x10;                  //定时器 2 开始计时
}
void UartInit(void)                //9600 bit/s@ 11.0592 MHz, UART 初始化子程序
{
    SCON = 0x50;                   //8 位数据, 可变波特率
    AUXR &= 0xBF;                  //定时器 1 时钟为 Fosc/12, 即 12T
    AUXR &= 0xFE;                  //串口 1 选择定时器 1 为波特率发生器
    TMOD &= 0x0F;                  //设定定时器 1 为 16 位自动重装方式
    TL1 = 0xE8;                    //设定定时初值
    TH1 = 0xFF;                    //设定定时初值
    ET1 = 0;                       //禁止定时器 1 中断
    TR1 = 1;                       //启动定时器 1
}
void main(void)
{
    int thres_value;              //设置阈值
    ADC_CONTR |= 0x80;            //开 A/D 转换电源, 第一次使用时要打开内部模拟电源
    delay(10000);
    Timer0Init();
    Timer1Init();
    UartInit();
    IT1 = 1;                      //使能 INT1 下降沿中断
    EX1 = 1;                      //使能 INT1 中断
    ET0 = 1;                      //使能定时器中断
    IE2 |= 0x04;                  //允许定时器 2 中断
    TI = 0;                       //串口发送完成中断请求标志清 "0"
    ES = 1;                       //允许串口中断
    EA = 1;                       //开总中断
```

```
while ( 1 )
{
    if( ( result > 0x100) &&( !set_thres_en) )
        display_ad( thres_value) ;
    else
    {
        display_threshold( thres_value) ;
        if( set_thres_en)
        {
            key_value = key_scan( ) ;
            switch( state_cntr)                    //阈值显示状态计数器
            {
                case 1:
                    if( key_value != 16)
                    {
                    thres_value=thres_value&0xf0ff | ( (key_value << 8) & 0x0F00) ;
                        val_old = key_value;
                        state_cntr = 2;
                    }
                    break;
                case 2:
                    if( ( key_value != 16) &&( key_value != val_old) )
                    {
                    thres_value=thres_value&0xff0f | ( (key_value << 4) & 0x00F0) ;
                        val_old = key_value;
                        state_cntr = 3;
                    }
                    break;
                case 3:
                    if( ( key_value != 16) &&( key_value != val_old) )
                    {
                        thres_value = thres_value & 0xfff0 | ( key_value & 0x000F) ;
                        val_old = key_value;
                        state_cntr = 4;
                    }
                    break;
                case 4:
                    if( thres_value < ( result>>4) )
                    {
                        set_thres_en = 0;
                        Alarm = 0;
                    }
                    else Alarm = 1;
```

252

```
                    break;
                }
            }
        }
    }
}
void Int1_ISR(void) interrupt 2                    //外部中断子程序
{
        set_thres_en = 1;
        state_cntr = 1;
}
void Timer0_ISR(void)interrupt 1                   //定时器 0 中断子程序
{
    static unsigned int t0cnt=0;

    t0cnt++;
    if(t0cnt<5000)                                 //运行指示灯
        RUN=0;
    else
        RUN=1;
    if(t0cnt= =10000)                              //1 s
    {
        t0cnt=0;
        if(state_cntr = = 1)
        {
            P75 = ~P75;
            P7 |= 0xd0;                            //1101
        }
        else if(state_cntr = = 2)
        {
            P76 = ~P76;
            P7 |= 0xb0;
        }
            else if(state_cntr = = 3)
        {
            P77 = ~P77;
            P7 |= 0x70;
        }
    }
}
void Timer2_ISR(void) interrupt 12                 //定时器 2 中断子程序
{
    static unsigned int t2cnt;
```

```
            t2cnt++;
            if(t2cnt == 10)                              //10 ms
            {
                t2cnt = 0;
                ADC_CONTR |= 0x40;                       //启动 A/D 转换,选择 P10 作为 A/D 通道
                while (!(ADC_CONTR & 0x20));             //查询 ADC 完成标志
                ADC_CONTR &= ~0x20;                      //清完成标志
                if(ADC_RES != 0)
                {
                    result = (ADC_RES << 8)| ADC_RESL;
                    ad_res = ADC_RES;
                    ad_resl = ADC_RESL;
                    SBUF = ADC_RES;
                }
            }
        }
        void Uart1_ISR(void) interrupt 4
        {
            TI = 0;                                      //串口发送完成中断请求标志清"0"
        }
```

上述程序同时演示了通用定时器、A/D 模块、SPI 模块等的应用。上位机程序的编写，请读者自行设计。

12.5 习题

1. 试设计本章压力测控系统中的上位机程序，包括数据采集和显示程序的设计。

2. 试将继电器调节改为调节阀调节压力，即使用 DAC 控制调节阀的开度；并使用带有 SPI 的 LCD 模块进行信息的显示。画出电路原理图，并设计相关程序。

3. 在本章实例中增加采用 PWM 波形发生器驱动蜂鸣器的报警功能。

附　　录

附录A　STC8A8K64S4A12单片机寄存器头文件STC8.INC内容

```
;STC8 单片机寄存器定义文件 STC8.INC 内容
$NOMOD51
$SAVE
$NOLIST
; 字节寄存器
P0          DATA    80H         ;P0 口寄存器(标准 8051 寄存器)
    P00     BIT     P0.0
    P01     BIT     P0.1
    P02     BIT     P0.2
    P03     BIT     P0.3
    P04     BIT     P0.4
    P05     BIT     P0.5
    P06     BIT     P0.6
    P07     BIT     P0.7
SP          DATA    81H         ;堆栈指针寄存器(标准 8051 寄存器)
DPL         DATA    82H         ;数据指针 DPTR 低字节(标准 8051 寄存器)
DPH         DATA    83H         ;数据指针 DPTR 高字节(标准 8051 寄存器)
S4CON       DATA    84H         ;串口 4 控制寄存器
    ;#define S4SM0               0x80
    ;#define S4ST4               0x40
    ;#define S4SM2               0x20
    ;#define S4REN               0x10
    ;#define S4TB8               0x08
    ;#define S4RB8               0x04
    ;#define S4TI                0x02
    ;#define S4RI                0x01
S4BUF       DATA    85H         ;串口 4 数据缓冲器
PCON        DATA    87H         ;电源控制寄存器(标准 8051 寄存器)
    ;#define SMOD                0x80
    ;#define SMOD0               0x40
    ;#define LVDF                0x20
    ;#define POF                 0x10
    ;#define GF1                 0x08
    ;#define GF0                 0x04
    ;#define PD                  0x02
    ;#define IDL                 0x01
TCON        DATA    88H         ;定时/计数控制寄存器(标准 8051 寄存器)
    TF1         BIT     TCON.7    ;8FH    定时器/计数器 1 溢出标志位
```

255

TR1		BIT	TCON. 6	;8EH	;定时器 T1 的运行控制位
TF0		BIT	TCON. 5	;8DH	;定时器/计数器 0 溢出标志位
TR0		BIT	TCON. 4	;8CH	;定时器 T0 的运行控制位
IE1		BIT	TCON. 3	;8BH	;外部中断请求标志
IT1		BIT	TCON. 2	;8AH	;外部中断触发方式控制位
IE0		BIT	TCON. 1	;89H	;外部中断请求标志
IT0		BIT	TCON. 0	;88H	;外部中断触发方式控制位

```
TMOD        DATA    89H             ;定时/计数模式控制寄存器(标准 8051 寄存器)
    ;#define T1_GATE             0x80
    ;#define T1_CT               0x40
    ;#define T1_M1               0x20
    ;#define T1_M0               0x10
    ;#define T0_GATE             0x08
    ;#define T0_CT               0x04
    ;#define T0_M1               0x02
    ;#define T0_M0               0x01
TL0         DATA    8AH             ;定时/计数器 0 低字节(标准 8051 寄存器)
TL1         DATA    8BH             ;定时/计数器 1 低字节(标准 8051 寄存器)
TH0         DATA    8CH             ;定时/计数器 0 高字节(标准 8051 寄存器)
TH1         DATA    8DH             ;定时/计数器 1 高字节(标准 8051 寄存器)
AUXR        DATA    8EH             ;辅助寄存器
    ;#define T0x12               0x80
    ;#define T1x12               0x40
    ;#define UART_M0x6           0x20
    ;#define T2R                 0x10
    ;#define T2_CT               0x08
    ;#define T2x12               0x04
    ;#define EXTRAM              0x02
    ;#define S1ST2               0x01
INTCLKO     DATA    8FH             ;中断和时钟输出控制寄存器
    ;#define EX4                 0x40
    ;#define EX3                 0x20
    ;#define EX2                 0x10
    ;#define T2CLKO              0x04
    ;#define T1CLKO              0x02
    ;#define T0CLKO              0x01
P1          DATA    90H             ;P1 口寄存器(标准 8051 寄存器)
    P10         BIT     P1. 0
    P11         BIT     P1. 1
    P12         BIT     P1. 2
    P13         BIT     P1. 3
    P14         BIT     P1. 4
    P15         BIT     P1. 5
    P16         BIT     P1. 6
    P17         BIT     P1. 7
P1M1        DATA    91H             ;P1 口工作模式寄存器 1
P1M0        DATA    92H             ;P1 口工作模式寄存器 0
P0M1        DATA    93H             ;P0 口工作模式寄存器 1
```

256

P0M0	DATA	94H		;P0 口工作模式寄存器 0
P2M1	DATA	95H		;P2 口工作模式寄存器 1
P2M0	DATA	96H		;P2 口工作模式寄存器 0
AUXR2	DATA	97H		;辅助寄存器 2
	;#define TXLNRX		0x10	
SCON	DATA	98H		;串行口 1 控制寄存器(标准 8051 寄存器)

; *** SCON (98H) ***

SM0	BIT	SCON. 7	;9FH	;该位和 SM1 一起指定串口 1 的工作方式
SM1	BIT	SCON. 6	;9EH	
SM2	BIT	SCON. 5	;9DH	;串口 1 多机通信控制位
REN	BIT	SCON. 4	;9CH	;串口 1 允许接收控制位
TB8	BIT	SCON. 3	;9BH	;串口 1 发送时的第 9 位数据或奇偶校验位
RB8	BIT	SCON. 2	;9AH	;串口 1 接收时的第 9 位数据或奇偶校验位
TI	BIT	SCON. 1	;99H	;串口 1 发送中断标志位
RI	BIT	SCON. 0	;98H	;串口 1 接收中断标志位
SBUF	DATA	99H		;串行口 1 数据缓冲器(标准 8051 寄存器)
S2CON	DATA	9AH		;串行口 2 控制寄存器
	;#define S2SM0		0x80	
	;#define S2ST4		0x40	
	;#define S2SM2		0x20	
	;#define S2REN		0x10	
	;#define S2TB8		0x08	
	;#define S2RB8		0x04	
	;#define S2TI		0x02	
	;#define S2RI		0x01	
S2BUF	DATA	9BH		;串行口 2 数据缓冲器
P1ASF	DATA	9DH		;P1 口模拟量功能设置寄存器
P2	DATA	0A0H		;P2 口寄存器(标准 8051 寄存器)
P27	BIT	P2. 7		
P26	BIT	P2. 6		
P25	BIT	P2. 5		
P24	BIT	P2. 4		
P23	BIT	P2. 3		
P22	BIT	P2. 2		
P21	BIT	P2. 1		
P20	BIT	P2. 0		
BUS_SPEED	DATA	0A1H		;总线速度控制寄存器
AUXR1	DATA	0A2H		;辅助寄存器 1
P_SW1	DATA	0A2H		
IE	DATA	0A8H		;中断允许寄存器(标准 8051 寄存器)
EA	BIT	IE. 7	;0AFH	;中断允许总控制位
ELVD	BIT	IE. 6	;0AEH	;低电压检测中断控制位
EADC	BIT	IE. 5	;0ADH	;ADC 中断允许控制位
ES	BIT	IE. 4	;0ACH	;串口 1 中断允许控制位
ET1	BIT	IE. 3	;0ABH	;定时器 1 中断允许控制位
EX1	BIT	IE. 2	;0AAH	;外部中断中断允许控制位
ET0	BIT	IE. 1	;0A9H	;定时器 0 中断允许控制位
EX0	BIT	IE. 0	;0A8H	;外部中断源中断允许控制位

SADDR	DATA	0A9H	;从机地址寄存器	
WKTCL	DATA	0AAH	;掉电唤醒专用定时器低字节	
WKTCH	DATA	0ABH	;掉电唤醒专用定时器高字节	
;#define WKTEN		0x80		
S3CON	DATA	0ACH	;串口3控制寄存器	
;#define S3SM0		0x80		
;#define S3ST4		0x40		
;#define S3SM2		0x20		
;#define S3REN		0x10		
;#define S3TB8		0x08		
;#define S3RB8		0x04		
;#define S3TI		0x02		
;#define S3RI		0x01		
S3BUF	DATA	0ADH	;串口3数据缓冲器	
TA	DATA	0AEH	;DPTR 时序控制寄存器	
IE2	DATA	0AFH	;中断允许寄存器2	
;#define ET4		0x40		
;#define ET3		0x20		
;#define ES4		0x10		
;#define ES3		0x08		
;#define ET2		0x04		
;#define ESPI		0x02		
;#define ES2		0x01		
P3	DATA	0B0H	;P3 口寄存器(标准 8051 寄存器)	
P37	BIT	P3.7		
P36	BIT	P3.6		
T1	BIT	P3.5	;0B5H	;计数器 1 外部输入端
P35	BIT	P3.5		
T0	BIT	P3.4	;0B4H	;计数器 0 外部输入端
P34	BIT	P3.4		
INT1	BIT	P3.3	;0B3H	;外部中断 1 输入端
P33	BIT	P3.3		
INT0	BIT	P3.2	;0B2H	;外部中断 0 输入端
P32	BIT	P3.2		
TXD	BIT	P3.1	;0B1H	;串行通信数据发送端
P31	BIT	P3.1		
RXD	BIT	P3.0	;0B0H	;串行通信数据接收端
P30	BIT	P3.0		
P3M1	DATA	0B1H	;P3 口工作模式寄存器 1	
P3M0	DATA	0B2H	;P3 口工作模式寄存器 0	
P4M1	DATA	0B3H	;P4 口工作模式寄存器 1	
P4M0	DATA	0B4H	;P4 口工作模式寄存器 0	
IP2	DATA	0B5H	;第二中断优先级寄存器低字节	
;#define PI2C		0x40		
;#define PCMP		0x20		
;#define PX4		0x10		
;#define PPWMFD		0x08		
;#define PPWM		0x04		

```
      ;#define PSPI              0x02
      ;#define PS2               0x01
IP2H        DATA    0B6H    ;第二中断优先级寄存器高字节
      ;#define PI2CH             0x40
      ;#define PCMPH             0x20
      ;#define PX4H              0x10
      ;#define PPWMFDH           0x08
      ;#define PPWMH             0x04
      ;#define PSPIH             0x02
      ;#define PS2H              0x01
IPH         DATA    0B7H    ;高中断优先级控制寄存器
      ;#define PPCAH             0x80
      ;#define PLVDH             0x40
      ;#define PADCH             0x20
      ;#define PSH               0x10
      ;#define PT1H              0x08
      ;#define PX1H              0x04
      ;#define PT0H              0x02
      ;#define PX0H              0x01
IP          DATA    0B8H    ;中断优先级寄存器(标准8051寄存器)
    PPCA      BIT     IP.7    ;0BFH    ;PCA中断优先级控制位
    PLVD      BIT     IP.6    ;0BEH    ;低电压检测中断优先级控制位
    PADC      BIT     IP.5    ;0BDH    ;ADC中断优先级控制位
    PS        BIT     IP.4    ;0BCH    ;串口1中断优先级控制位
    PT1       BIT     IP.3    ;0BBH    ;定时器T1中断优先级控制位
    PX1       BIT     IP.2    ;0BAH    ;外部中断优先级控制位
    PT0       BIT     IP.1    ;0B9H    ;定时器T0中断优先级控制位
    PX0       BIT     IP.0    ;0B8H    ;外部中断0优先级控制位
SADEN       DATA    0B9H    ;从机地址掩码寄存器
P_SW2       DATA    0BAH    ;外设功能切换控制寄存器
      ;#define EAXFR            0x80
VOCTRL      DATA    0BBH    ;电压控制寄存器
ADC_CONTR   DATA    0BCH    ;A/D转换控制寄存器
      ;#define ADC_POWER        0x80
      ;#define ADC_START        0x40
      ;#define ADC_FLAG         0x20
ADC_RES     DATA    0BDH    ;ADC转换结果高位寄存器
ADC_RESL    DATA    0BEH    ;ADC转换结果低位寄存器
P4          DATA    0C0H    ;P4口寄存器
    P40       BIT     P4.0
    P41       BIT     P4.1
    P42       BIT     P4.2
    P43       BIT     P4.3
    P44       BIT     P4.4
    P45       BIT     P4.5
    P46       BIT     P4.6
    P47       BIT     P4.7
WDT_CONTR   DATA    0C1H    ;看门狗定时器控制寄存器
```

```
      ;#define WDT_FLAG          0x80
      ;#define EN_WDT            0x20
      ;#define CLR_WDT           0x10
      ;#define IDL_WDT           0x08
IAP_DATA    DATA    0C2H      ;ISP/IAP FLASH 数据寄存器
IAP_ADDRH   DATA    0C3H      ;ISP/IAP FLASH 地址寄存器高 8 位
IAP_ADDRL   DATA    0C4H      ;ISP/IAP FLASH 地址寄存器低 8 位
IAP_CMD     DATA    0C5H      ;ISP/IAP FLASH 命令寄存器.
      ;#define IAP_IDL           0x00
      ;#define IAP_READ          0x01
      ;#define IAP_WRITE         0x02
      ;#define IAP_ERASE         0x03
IAP_TRIG    DATA    0C6H      ;ISP/IAP FLASH 命令触发器
IAP_CONTR   DATA    0C7H      ;ISP/IAP 控制寄存器
      ;#define IAPEN             0x80
      ;#define SWBS              0x40
      ;#define SWRST             0x20
      ;#define CMD_FAIL          0x10
ISP_DATA    DATA    0C2H
ISP_ADDRH   DATA    0C3H
ISP_ADDRL   DATA    0C4H
ISP_CMD     DATA    0C5H
ISP_TRIG    DATA    0C6H
ISP_CONTR   DATA    0C7H

P5          DATA    0C8H      ;P5 口寄存器
    P50       BIT    P5.0
    P51       BIT    P5.1
    P52       BIT    P5.2
    P53       BIT    P5.3
    P54       BIT    P5.4
    P55       BIT    P5.5
    P56       BIT    P5.6
    P57       BIT    P5.7
P5M1        DATA    0C9H      ;P5 口工作模式寄存器 1
P5M0        DATA    0CAH      ;P5 口工作模式寄存器 0
P6M1        DATA    0CBH      ;P6 口工作模式寄存器 1
P6M0        DATA    0CCH      ;P6 口工作模式寄存器 0
SPSTAT      DATA    0CDH      ;SPI 状态寄存器
      ;#define SPIF              0x80
      ;#define WCOL              0x40
SPCTL       DATA    0CEH      ;SPI 控制寄存器
      ;#define SSIG              0x80
      ;#define SPEN              0x40
      ;#define DORD              0x20
      ;#define MSTR              0x10
      ;#define CPOL              0x08
      ;#define CPHA              0x04
SPDAT       DATA    0CFH      ;SPI 数据寄存器
```

PSW	DATA	0D0H	;程序状态字寄存器(标准8051寄存器)	
CY	BIT	PSW.7	;0D7H	;进位标志位
AC	BIT	PSW.6	;0D6H	;辅助进位标志位
F0	BIT	PSW.5	;0D5H	;用户标志0
RS1	BIT	PSW.4	;0D4H	;工作寄存器组选择控制位1
RS0	BIT	PSW.3	;0D3H	;工作寄存器组选择控制位0
OV	BIT	PSW.2	;0D2H	;溢出标志位
F1	BIT	PSW.1	;0D1H	;用户标志1
P	BIT	PSW.0	;0D0H	;奇偶标志位
T4T3M	DATA	0D1H	;T4和T3的控制寄存器	
;#define T4R			0x80	
;#define T4_CT			0x40	
;#define T4x12			0x20	
;#define T4CLKO			0x10	
;#define T3R			0x08	
;#define T3_CT			0x04	
;#define T3x12			0x02	
;#define T3CLKO			0x01	
T4H	DATA	0D2H	;定时器4重新装载时间常数高字节	
TH4	DATA	0D2H	;定时器4重新装载时间常数高字节	
T4L	DATA	0D3H	;定时器4重新装载时间常数低字节	
TL4	DATA	0D3H	;定时器4重新装载时间常数低字节	
T3H	DATA	0D4H	;定时器3重新装载时间常数高字节	
TH3	DATA	0D4H	;定时器3重新装载时间常数高字节	
T3L	DATA	0D5H	;定时器3重新装载时间常数低字节	
TL3	DATA	0D5H	;定时器3重新装载时间常数低字节	
T2H	DATA	0D6H	;定时器2重新装载时间常数高字节	
TH2	DATA	0D6H	;定时器2重新装载时间常数高字节	
T2L	DATA	0D7H	;定时器2重新装载时间常数低字节	
TL2	DATA	0D7H	;定时器2重新装载时间常数低字节	
CCON	DATA	0D8H	;PCA控制寄存器	
; *** CCON (0D8H) ***				
CF	BIT	CCON.7;0DFH	;PCA计数器溢出(CH,CL由FFFFH变为0000H)标志	
CR	BIT	CCON.6;0DEH	;PCA计数器计数允许控制位	
CCF3	BIT	CCON.3;0DBH	;PCA模块3中断标志	
CCF2	BIT	CCON.2;0DAH	;PCA模块2中断标志	
CCF1	BIT	CCON.1;0D9H	;PCA模块1中断标志	
CCF0	BIT	CCON.0;0D8H	;PCA模块0中断标志	
CMOD	DATA	0D9H	;PCA工作模式寄存器	
;#define CIDL			0x80	
;#define ECF			0x01	
CCAPM0	DATA	0DAH	;PAC模块0的工作模式寄存器	
;#define ECOM0			0x40	
;#define CCAPP0			0x20	
;#define CCAPN0			0x10	
;#define MAT0			0x08	
;#define TOG0			0x04	
;#define PWM0			0x02	

```
        ;#define ECCF0              0x01
CCAPM1      DATA      0DBH      ;PAC 模块 1 的工作模式寄存器
        ;#define ECOM1              0x40
        ;#define CCAPP1             0x20
        ;#define CCAPN1             0x10
        ;#define MAT1               0x08
        ;#define TOG1               0x04
        ;#define PWM1               0x02
        ;#define ECCF1              0x01
CCAPM2      DATA      0DCH      ;PAC 模块 2 的工作模式寄存器
        ;#define ECOM2              0x40
        ;#define CCAPP2             0x20
        ;#define CCAPN2             0x10
        ;#define MAT2               0x08
        ;#define TOG2               0x04
        ;#define PWM2               0x02
        ;#define ECCF2              0x01
CCAPM3      DATA      0DDH      ;PAC 模块 3 的工作模式寄存器
        ;#define ECOM3              0x40
        ;#define CCAPP3             0x20
        ;#define CCAPN3             0x10
        ;#define MAT3               0x08
        ;#define TOG3               0x04
        ;#define PWM3               0x02
        ;#define ECCF3              0x01
ADCCFG      DATA      0DEH      ;ADC 配置寄存器
        ;#define ADC_RESFMT         0x20
ACC         DATA      0E0H      ;累加器(标准 8051 寄存器)
P7M1        DATA      0E1H      ;P7 口工作模式寄存器 1
P7M0        DATA      0E2H      ;P7 口工作模式寄存器 0
DPS         DATA      0E3H      ;DPTR 指针选择器
DPL1        DATA      0E4H      ;第二组数据指针(低字节)
DPH1        DATA      0E5H      ;第二组数据指针(高字节)
CMPCR1      DATA      0E6H      ;比较控制寄存器 1
        ;#define CMPEN              0x80
        ;#define CMPIF              0x40
        ;#define PIE                0x20
        ;#define NIE                0x10
        ;#define PIS                0x08
        ;#define NIS                0x04
        ;#define CMPOE              0x02
        ;#define CMPRES             0x01
CMPCR2      DATA      0E7H      ;比较控制寄存器 2
        ;#define INVCMPO            0x80
        ;#define DISFLT             0x40
P6          DATA      0E8H      ;P6 口寄存器
    P60         BIT       P6.0
    P61         BIT       P6.1
```

262

P62	BIT	P6. 2	
P63	BIT	P6. 3	
P64	BIT	P6. 4	
P65	BIT	P6. 5	
P66	BIT	P6. 6	
P67	BIT	P6. 7	
CL	DATA	0E9H	;PCA 计数器低 8 位
CCAP0L	DATA	0EAH	;PAC 模块 0 捕捉/比较寄存器低 8 位
CCAP1L	DATA	0EBH	;PAC 模块 1 捕捉/比较寄存器低 8 位
CCAP2L	DATA	0ECH	;PAC 模块 2 捕捉/比较寄存器低 8 位
CCAP3L	DATA	0EDH	;PAC 模块 3 捕捉/比较寄存器低 8 位
AUXINTIF	DATA	0EFH	;扩展外部中断标志寄存器
;#define INT4IF		0x40	
;#define INT3IF		0x20	
;#define INT2IF		0x10	
;#define T4IF		0x04	
;#define T3IF		0x02	
;#define T2IF		0x01	
B	DATA	0F0H	;B 寄存器(标准 8051 寄存器)
PWMCFG	DATA	0F1H	;PWM 配置寄存器
;#define CBIF		0x80	
;#define ETADC		0x40	
PCA_PWM0	DATA	0F2H	;PCA 模块 0 PWM 寄存器
PCA_PWM1	DATA	0F3H	;PCA 模块 1 PWM 寄存器
PCA_PWM2	DATA	0F4H	;PCA 模块 2 PWM 寄存器
PCA_PWM3	DATA	0F5H	;PCA 模块 3 PWM 寄存器
PWMIF	DATA	0F6H	;PWM 中断标志寄存器
;#define C7IF		0x80	
;#define C6IF		0x40	
;#define C5IF		0x20	
;#define C4IF		0x10	
;#define C3IF		0x08	
;#define C2IF		0x04	
;#define C1IF		0x02	
;#define C0IF		0x01	
PWMFDCR	DATA	0F7H	;PWM 外部异常控制寄存器
;#define INVCMP		0x80	
;#define INVIO		0x40	
;#define ENFD		0x20	
;#define FLTFLIO		0x10	
;#define EFDI		0x08	
;#define FDCMP		0x04	
;#define FDIO		0x02	
;#define FDIF		0x01	
P7	DATA	0F8H	;P7 口寄存器
P70	BIT	P7. 0	
P71	BIT	P7. 1	
P72	BIT	P7. 2	

```
P73         BIT    P7.3
P74         BIT    P7.4
P75         BIT    P7.5
P76         BIT    P7.6
P77         BIT    P7.7
CH          DATA   0F9H        ;PCA 计数器高 8 位
CCAP0H      DATA   0FAH        ;PAC 模块 0 捕捉/比较寄存器高 8 位
CCAP1H      DATA   0FBH        ;PAC 模块 1 捕捉/比较寄存器高 8 位
CCAP2H      DATA   0FCH        ;PAC 模块 2 捕捉/比较寄存器高 8 位
CCAP3H      DATA   0FDH        ;PAC 模块 3 捕捉/比较寄存器高 8 位
PWMCR       DATA   0FEH        ;PWM 控制寄存器
   ;#define ENPWM             0x80
   ;#define ECBI              0x40
RSTCFG      DATA   0FFH        ;复位配置寄存器

;以下特殊功能寄存器位于扩展 RAM 区域
;访问这些寄存器,需先将 P_SW2 的 BIT7 设置为 1,才可正常读写
CKSEL       XDATA  0FE00H      ;时钟选择寄存器
CLKDIV      XDATA  0FE01H      ;时钟分频寄存器
IRC24MCR    XDATA  0FE02H      ;内部 24M 振荡器控制寄存器
XOSCCR      XDATA  0FE03H      ;外部晶振控制寄存器
IRC32KCR    XDATA  0FE04H      ;内部 32 KB 振荡器控制寄存器
;I/O 口上拉电阻和施密特触发器配置相关寄存器
P0PU        XDATA  0FE10H      ;P0 口上拉电阻控制寄存器
P1PU        XDATA  0FE11H      ;P1 口上拉电阻控制寄存器
P2PU        XDATA  0FE12H      ;P2 口上拉电阻控制寄存器
P3PU        XDATA  0FE13H      ;P3 口上拉电阻控制寄存器
P4PU        XDATA  0FE14H      ;P4 口上拉电阻控制寄存器
P5PU        XDATA  0FE15H      ;P5 口上拉电阻控制寄存器
P6PU        XDATA  0FE16H      ;P6 口上拉电阻控制寄存器
P7PU        XDATA  0FE17H      ;P7 口上拉电阻控制寄存器
P0NCS       XDATA  0FE18H      ;P0 口施密特触发控制寄存器
P1NCS       XDATA  0FE19H      ;P1 口施密特触发控制寄存器
P2NCS       XDATA  0FE1AH      ;P2 口施密特触发控制寄存器
P3NCS       XDATA  0FE1BH      ;P3 口施密特触发控制寄存器
P4NCS       XDATA  0FE1CH      ;P4 口施密特触发控制寄存器
P5NCS       XDATA  0FE1DH      ;P5 口施密特触发控制寄存器
P6NCS       XDATA  0FE1EH      ;P6 口施密特触发控制寄存器
P7NCS       XDATA  0FE1FH      ;P7 口施密特触发控制寄存器
;PWM 相关的寄存器定义
PWMC        XDATA  0FFF0H      ;PWM 计数器
PWMCH       XDATA  0FFF0H      ;PWM 计数器高字节
PWMCL       XDATA  0FFF1H      ;PWM 计数器低字节
PWMCKS      XDATA  0FFF2H      ;PWM 时钟选择寄存器
TADCP       XDATA  0FFF3H      ;触发 ADC 计数值
TADCPH      XDATA  0FFF3H      ;触发 ADC 计数值高字节
TADCPL      XDATA  0FFF4H      ;触发 ADC 计数值低字节
PWM0T1      XDATA  0FF00H      ;PWM0 的第 1 次翻转计数器
PWM0T1H     XDATA  0FF00H      ;PWM0 的第 1 次翻转计数器高字节
```

PWM0T1L	XDATA 0FF01H	;PWM0 的第 1 次翻转计数器低字节
PWM0T2	XDATA 0FF02H	;PWM0 的第 2 次翻转计数器
PWM0T2H	XDATA 0FF02H	;PWM0 的第 2 次翻转计数器高字节寄存器
PWM0T2L	XDATA 0FF03H	;PWM0 的第 2 次翻转计数器低字节寄存器
PWM0CR	XDATA 0FF04H	;PWM0 的控制寄存器
PWM0HLD	XDATA 0FF05H	;PWM0 电平保持控制寄存器
PWM1T1	XDATA 0FF10H	;PWM1 的第 1 次翻转计数器
PWM1T1H	XDATA 0FF10H	;PWM1 的第 1 次翻转计数器高字节寄存器
PWM1T1L	XDATA 0FF11H	;PWM1 的第 1 次翻转计数器低字节寄存器
PWM1T2	XDATA 0FF12H	;PWM1 的第 2 次翻转计数器
PWM1T2H	XDATA 0FF12H	;PWM1 的第 2 次翻转计数器高字节寄存器
PWM1T2L	XDATA 0FF13H	;PWM1 的第 2 次翻转计数器低字节寄存器
PWM1CR	XDATA 0FF14H	;PWM1 的控制寄存器
PWM1HLD	XDATA 0FF15H	;PWM1 电平保持控制寄存器
PWM2T1	XDATA 0FF20H	;PWM2 的第 1 次翻转计数器
PWM2T1H	XDATA 0FF20H	;PWM2 的第 1 次翻转计数器高字节寄存器
PWM2T1L	XDATA 0FF21H	;PWM2 的第 1 次翻转计数器低字节寄存器
PWM2T2	XDATA 0FF22H	;PWM2 的第 2 次翻转计数器
PWM2T2H	XDATA 0FF22H	;PWM2 的第 2 次翻转计数器高字节寄存器
PWM2T2L	XDATA 0FF23H	;PWM2 的第 2 次翻转计数器低字节寄存器
PWM2CR	XDATA 0FF24H	;PWM2 的控制寄存器
PWM2HLD	XDATA 0FF25H	;PWM2 电平保持控制寄存器
PWM3T1	XDATA 0FF30H	;PWM3 的第 1 次翻转计数器
PWM3T1H	XDATA 0FF30H	;PWM3 的第 1 次翻转计数器高字节寄存器
PWM3T1L	XDATA 0FF31H	;PWM3 的第 1 次翻转计数器低字节寄存器
PWM3T2	XDATA 0FF32H	;PWM3 的第 2 次翻转计数器
PWM3T2H	XDATA 0FF32H	;PWM3 的第 2 次翻转计数器高字节寄存器
PWM3T2L	XDATA 0FF33H	;PWM3 的第 2 次翻转计数器低字节寄存器
PWM3CR	XDATA 0FF34H	;PWM3 的控制寄存器
PWM3HLD	XDATA 0FF35H	;PWM3 电平保持控制寄存器
PWM4T1	XDATA 0FF40H	;PWM4 的第 1 次翻转计数器
PWM4T1H	XDATA 0FF40H	;PWM4 的第 1 次翻转计数器高字节寄存器
PWM4T1L	XDATA 0FF41H	;PWM4 的第 1 次翻转计数器低字节寄存器
PWM4T2	XDATA 0FF42H	;PWM4 的第 2 次翻转计数器
PWM4T2H	XDATA 0FF42H	;PWM4 的第 2 次翻转计数器高字节寄存器
PWM4T2L	XDATA 0FF43H	;PWM4 的第 2 次翻转计数器低字节寄存器
PWM4CR	XDATA 0FF44H	;PWM4 的控制寄存器
PWM4HLD	XDATA 0FF45H	;PWM4 电平保持控制寄存器
PWM5T1	XDATA 0FF50H	;PWM5 的第 1 次翻转计数器
PWM5T1H	XDATA 0FF50H	;PWM5 的第 1 次翻转计数器高字节寄存器
PWM5T1L	XDATA 0FF51H	;PWM5 的第 1 次翻转计数器低字节寄存器
PWM5T2	XDATA 0FF52H	;PWM5 的第 2 次翻转计数器
PWM5T2H	XDATA 0FF52H	;PWM5 的第 2 次翻转计数器高字节寄存器
PWM5T2L	XDATA 0FF53H	;PWM5 的第 2 次翻转计数器低字节寄存器
PWM5CR	XDATA 0FF54H	;PWM5 的控制寄存器
PWM5HLD	XDATA 0FF55H	;PWM5 电平保持控制寄存器
PWM6T1	XDATA 0FF60H	;PWM6 的第 1 次翻转计数器
PWM6T1H	XDATA 0FF60H	;PWM6 的第 1 次翻转计数器高字节寄存器

```
PWM6T1L      XDATA 0FF61H    ;PWM6 的第 1 次翻转计数器低字节寄存器
PWM6T2       XDATA 0FF62H    ;PWM6 的第 2 次翻转计数器
PWM6T2H      XDATA 0FF62H    ;PWM6 的第 2 次翻转计数器高字节寄存器
PWM6T2L      XDATA 0FF63H    ;PWM6 的第 2 次翻转计数器低字节寄存器
PWM6CR       XDATA 0FF64H    ;PWM6 的控制寄存器
PWM6HLD      XDATA 0FF65H    ;PWM6 电平保持控制寄存器
PWM7T1       XDATA 0FF70H    ;PWM7 的第 1 次翻转计数器
PWM7T1H      XDATA 0FF70H    ;PWM7 的第 1 次翻转计数器高字节寄存器
PWM7T1L      XDATA 0FF71H    ;PWM7 的第 1 次翻转计数器低字节寄存器
PWM7T2       XDATA 0FF72H    ;PWM7 的第 2 次翻转计数器
PWM7T2H      XDATA 0FF72H    ;PWM7 的第 2 次翻转计数器高字节寄存器
PWM7T2L      XDATA 0FF73H    ;PWM7 的第 2 次翻转计数器低字节寄存器
PWM7CR       XDATA 0FF74H    ;PWM7 的控制寄存器
PWM7HLD      XDATA 0FF75H    ;PWM7 电平保持控制寄存器

;I2C 特殊功能寄存器
I2CCFG       XDATA 0FE80H    ;I2C 配置寄存器
  ;#DEFINE ENI2C            0X80
  ;#DEFINE MSSL             0X40
I2CMSCR      XDATA 0FE81H    ;I2C 主机控制寄存器
  ;#DEFINE EMSI             0X80
I2CMSST      XDATA 0FE82H    ;I2C 主机状态寄存器
  ;#DEFINE MSBUSY           0X80
  ;#DEFINE MSIF             0X40
  ;#DEFINE MSACKI           0X02
  ;#DEFINE MSACKO           0X01
I2CSLCR      XDATA 0FE83H    ;I2C 从机控制寄存器
  ;#DEFINE ESTAI            0X40
  ;#DEFINE ERXI             0X20
  ;#DEFINE ETXI             0X10
  ;#DEFINE ESTOI            0X08
  ;#DEFINE SLRST            0X01
I2CSLST      XDATA 0FE84H    ;I2C 从机状态寄存器
  ;#DEFINE SLBUSY           0X80
  ;#DEFINE STAIF            0X40
  ;#DEFINE RXIF             0X20
  ;#DEFINE TXIF             0X10
  ;#DEFINE STOIF            0X08
  ;#DEFINE TXING            0X04
  ;#DEFINE SLACKI           0X02
  ;#DEFINE SLACKO           0X01
I2CSLADR     XDATA 0FE85H    ;I2C 从机地址寄存器
I2CTXD       XDATA 0FE86H    ;I2C 数据发送寄存器
I2CRXD       XDATA 0FE87H    ;I2C 数据接收寄存器


; *** 0 区寄存器 R0~R7 定义 ***
Reg0    Data    00H    ;寄存器 R0
Reg1    Data    01H    ;寄存器 R1
```

```
Reg2      Data      02H       ;寄存器 R2
Reg3      Data      03H       ;寄存器 R3
Reg4      Data      04H       ;寄存器 R4
Reg5      Data      05H       ;寄存器 R5
Reg6      Data      06H       ;寄存器 R6
Reg7      Data      07H       ;寄存器 R7
RegB      Data      0F0H      ;寄存器 B
 $RESTORE
```

附录 B STC8A8K64S4A12 单片机寄存器头文件 stc8. h 内容

```
#ifndef __STC8F_H_
#define __STC8F_H_

////////////////////////////////////////////

//包含本头文件后,不用另外再包含"REG51. H"

//内核特殊功能寄存器
sfr ACC         =    0xe0;
sfr B           =    0xf0;
sfr PSW         =    0xd0;
sbit CY         =    PSW^7;
sbit AC         =    PSW^6;
sbit F0         =    PSW^5;
sbit RS1        =    PSW^4;
sbit RS0        =    PSW^3;
sbit OV         =    PSW^2;
sbit P          =    PSW^0;
sfr SP          =    0x81;
sfr DPL         =    0x82;
sfr DPH         =    0x83;
sfr TA          =    0xae;
sfr DPS         =    0xe3;
sfr DPL1        =    0xe4;
sfr DPH1        =    0xe5;

//I/O 口特殊功能寄存器
sfr P0          =    0x80;
sfr P1          =    0x90;
sfr P2          =    0xa0;
sfr P3          =    0xb0;
sfr P4          =    0xc0;
sfr P5          =    0xc8;
sfr P6          =    0xe8;
sfr P7          =    0xf8;
sfr P0M0        =    0x94;
sfr P0M1        =    0x93;
```

```
sfr P1M0          =    0x92;
sfr P1M1          =    0x91;
sfr P2M0          =    0x96;
sfr P2M1          =    0x95;
sfr P3M0          =    0xb2;
sfr P3M1          =    0xb1;
sfr P4M0          =    0xb4;
sfr P4M1          =    0xb3;
sfr P5M0          =    0xca;
sfr P5M1          =    0xc9;
sfr P6M0          =    0xcc;
sfr P6M1          =    0xcb;
sfr P7M0          =    0xe2;
sfr P7M1          =    0xe1;

sbit P00          =    P0^0;
sbit P01          =    P0^1;
sbit P02          =    P0^2;
sbit P03          =    P0^3;
sbit P04          =    P0^4;
sbit P05          =    P0^5;
sbit P06          =    P0^6;
sbit P07          =    P0^7;
sbit P10          =    P1^0;
sbit P11          =    P1^1;
sbit P12          =    P1^2;
sbit P13          =    P1^3;
sbit P14          =    P1^4;
sbit P15          =    P1^5;
sbit P16          =    P1^6;
sbit P17          =    P1^7;
sbit P20          =    P2^0;
sbit P21          =    P2^1;
sbit P22          =    P2^2;
sbit P23          =    P2^3;
sbit P24          =    P2^4;
sbit P25          =    P2^5;
sbit P26          =    P2^6;
sbit P27          =    P2^7;
sbit P30          =    P3^0;
sbit P31          =    P3^1;
sbit P32          =    P3^2;
sbit P33          =    P3^3;
sbit P34          =    P3^4;
sbit P35          =    P3^5;
sbit P36          =    P3^6;
sbit P37          =    P3^7;
sbit P40          =    P4^0;
sbit P41          =    P4^1;
```

```
sbit P42              =    P4^2;
sbit P43              =    P4^3;
sbit P44              =    P4^4;
sbit P45              =    P4^5;
sbit P46              =    P4^6;
sbit P47              =    P4^7;
sbit P50              =    P5^0;
sbit P51              =    P5^1;
sbit P52              =    P5^2;
sbit P53              =    P5^3;
sbit P54              =    P5^4;
sbit P55              =    P5^5;
sbit P56              =    P5^6;
sbit P57              =    P5^7;
sbit P60              =    P6^0;
sbit P61              =    P6^1;
sbit P62              =    P6^2;
sbit P63              =    P6^3;
sbit P64              =    P6^4;
sbit P65              =    P6^5;
sbit P66              =    P6^6;
sbit P67              =    P6^7;
sbit P70              =    P7^0;
sbit P71              =    P7^1;
sbit P72              =    P7^2;
sbit P73              =    P7^3;
sbit P74              =    P7^4;
sbit P75              =    P7^5;
sbit P76              =    P7^6;
sbit P77              =    P7^7;
```

//以下特殊功能寄存器位于扩展 RAM 区域
//访问这些寄存器,需先将 P_SW2 的 BIT7 设置为 1,才可正常读写

```
#define P0PU            ( * ( unsigned char volatile xdata * )0xfe10)
#define P1PU            ( * ( unsigned char volatile xdata * )0xfe11)
#define P2PU            ( * ( unsigned char volatile xdata * )0xfe12)
#define P3PU            ( * ( unsigned char volatile xdata * )0xfe13)
#define P4PU            ( * ( unsigned char volatile xdata * )0xfe14)
#define P5PU            ( * ( unsigned char volatile xdata * )0xfe15)
#define P6PU            ( * ( unsigned char volatile xdata * )0xfe16)
#define P7PU            ( * ( unsigned char volatile xdata * )0xfe17)
#define P0NCS           ( * ( unsigned char volatile xdata * )0xfe18)
#define P1NCS           ( * ( unsigned char volatile xdata * )0xfe19)
#define P2NCS           ( * ( unsigned char volatile xdata * )0xfe1a)
#define P3NCS           ( * ( unsigned char volatile xdata * )0xfe1b)
#define P4NCS           ( * ( unsigned char volatile xdata * )0xfe1c)
#define P5NCS           ( * ( unsigned char volatile xdata * )0xfe1d)
#define P6NCS           ( * ( unsigned char volatile xdata * )0xfe1e)
#define P7NCS           ( * ( unsigned char volatile xdata * )0xfe1f)
```

```
//系统管理特殊功能寄存器
sfr PCON          =    0x87;
#define SMOD           0x80
#define SMOD0          0x40
#define LVDF           0x20
#define POF            0x10
#define GF1            0x08
#define GF0            0x04
#define PD             0x02
#define IDL            0x01
sfr AUXR          =    0x8e;
#define T0x12          0x80
#define T1x12          0x40
#define UART_M0x6      0x20
#define T2R            0x10
#define T2_CT          0x08
#define T2x12          0x04
#define EXTRAM         0x02
#define S1ST2          0x01
sfr AUXR2         =    0x97;
#define TXLNRX         0x10
sfr BUS_SPEED     =    0xa1;
sfr P_SW1         =    0xa2;
sfr P_SW2         =    0xba;
#define EAXFR          0x80
sfr VOCTRL        =    0xbb;
sfr RSTCFG        =    0xff;

//以下特殊功能寄存器位于扩展 RAM 区域
//访问这些寄存器,需先将 P_SW2 的 BIT7 设置为 1,才可正常读写
#define CKSEL          ( * ( unsigned char volatile xdata * ) 0xfe00)
#define CLKDIV         ( * ( unsigned char volatile xdata * ) 0xfe01)
#define IRC24MCR       ( * ( unsigned char volatile xdata * ) 0xfe02)
#define XOSCCR         ( * ( unsigned char volatile xdata * ) 0xfe03)
#define IRC32KCR       ( * ( unsigned char volatile xdata * ) 0xfe04)

//中断特殊功能寄存器
sfr IE            =    0xa8;
sbit EA           =    IE^7;
sbit ELVD         =    IE^6;
sbit EADC         =    IE^5;
sbit ES           =    IE^4;
sbit ET1          =    IE^3;
sbit EX1          =    IE^2;
sbit ET0          =    IE^1;
sbit EX0          =    IE^0;
sfr IE2           =    0xaf;
#define ET4            0x40
#define ET3            0x20
```

```c
#define ES4            0x10
#define ES3            0x08
#define ET2            0x04
#define ESPI           0x02
#define ES2            0x01
sfr IP           =     0xb8;
sbit PPCA        =     IP^7;
sbit PLVD        =     IP^6;
sbit PADC        =     IP^5;
sbit PS          =     IP^4;
sbit PT1         =     IP^3;
sbit PX1         =     IP^2;
sbit PT0         =     IP^1;
sbit PX0         =     IP^0;
sfr IP2          =     0xb5;
#define PI2C           0x40
#define PCMP           0x20
#define PX4            0x10
#define PPWMFD         0x08
#define PPWM           0x04
#define PSPI           0x02
#define PS2            0x01
sfr IPH          =     0xb7;
#define PPCAH          0x80
#define PLVDH          0x40
#define PADCH          0x20
#define PSH            0x10
#define PT1H           0x08
#define PX1H           0x04
#define PT0H           0x02
#define PX0H           0x01
sfr IP2H         =     0xb6;
#define PI2CH          0x40
#define PCMPH          0x20
#define PX4H           0x10
#define PPWMFDH        0x08
#define PPWMH          0x04
#define PSPIH          0x02
#define PS2H           0x01
sfr INTCLKO      =     0x8f;
#define EX4            0x40
#define EX3            0x20
#define EX2            0x10
#define T2CLKO         0x04
#define T1CLKO         0x02
#define T0CLKO         0x01
sfr AUXINTIF     =     0xef;
#define INT4IF         0x40
```

```c
#define INT3IF          0x20
#define INT2IF          0x10
#define T4IF            0x04
#define T3IF            0x02
#define T2IF            0x01

//定时器特殊功能寄存器
sfr TCON            =   0x88;
sbit TF1            =   TCON^7;
sbit TR1            =   TCON^6;
sbit TF0            =   TCON^5;
sbit TR0            =   TCON^4;
sbit IE1            =   TCON^3;
sbit IT1            =   TCON^2;
sbit IE0            =   TCON^1;
sbit IT0            =   TCON^0;
sfr TMOD            =   0x89;
#define T1_GATE         0x80
#define T1_CT           0x40
#define T1_M1           0x20
#define T1_M0           0x10
#define T0_GATE         0x08
#define T0_CT           0x04
#define T0_M1           0x02
#define T0_M0           0x01
sfr TL0             =   0x8a;
sfr TL1             =   0x8b;
sfr TH0             =   0x8c;
sfr TH1             =   0x8d;
sfr T4T3M           =   0xd1;
#define T4R             0x80
#define T4_CT           0x40
#define T4x12           0x20
#define T4CLKO          0x10
#define T3R             0x08
#define T3_CT           0x04
#define T3x12           0x02
#define T3CLKO          0x01
sfr T4H             =   0xd2;
sfr T4L             =   0xd3;
sfr T3H             =   0xd4;
sfr T3L             =   0xd5;
sfr T2H             =   0xd6;
sfr T2L             =   0xd7;
sfr TH4             =   0xd2;
sfr TL4             =   0xd3;
sfr TH3             =   0xd4;
sfr TL3             =   0xd5;
sfr TH2             =   0xd6;
```

```
sfr TL2            =    0xd7;
sfr WKTCL          =    0xaa;
sfr WKTCH          =    0xab;
#define WKTEN           0x80
sfr WDT_CONTR      =    0xc1;
#define WDT_FLAG        0x80
#define EN_WDT          0x20
#define CLR_WDT         0x10
#define IDL_WDT         0x08

//串行口特殊功能寄存器
sfr SCON           =    0x98;
sbit SM0           =    SCON^7;
sbit SM1           =    SCON^6;
sbit SM2           =    SCON^5;
sbit REN           =    SCON^4;
sbit TB8           =    SCON^3;
sbit RB8           =    SCON^2;
sbit TI            =    SCON^1;
sbit RI            =    SCON^0;
sfr SBUF           =    0x99;
sfr S2CON          =    0x9a;
#define S2SM0           0x80
#define S2ST4           0x40
#define S2SM2           0x20
#define S2REN           0x10
#define S2TB8           0x08
#define S2RB8           0x04
#define S2TI            0x02
#define S2RI            0x01
sfr S2BUF          =    0x9b;
sfr S3CON          =    0xac;
#define S3SM0           0x80
#define S3ST4           0x40
#define S3SM2           0x20
#define S3REN           0x10
#define S3TB8           0x08
#define S3RB8           0x04
#define S3TI            0x02
#define S3RI            0x01
sfr S3BUF          =    0xad;
sfr S4CON          =    0x84;
#define S4SM0           0x80
#define S4ST4           0x40
#define S4SM2           0x20
#define S4REN           0x10
#define S4TB8           0x08
#define S4RB8           0x04
#define S4TI            0x02
```

```
#define S4RI            0x01
sfr S4BUF        =      0x85;
sfr SADDR        =      0xa9;
sfr SADEN        =      0xb9;

//ADC 特殊功能寄存器
sfr ADC_CONTR    =      0xbc;
#define ADC_POWER      0x80
#define ADC_START      0x40
#define ADC_FLAG       0x20
sfr ADC_RES      =      0xbd;
sfr ADC_RESL     =      0xbe;
sfr ADCCFG       =      0xde;
#define ADC_RESFMT     0x20

//SPI 特殊功能寄存器
sfr SPSTAT       =      0xcd;
#define SPIF           0x80
#define WCOL           0x40
sfr SPCTL        =      0xce;
#define SSIG           0x80
#define SPEN           0x40
#define DORD           0x20
#define MSTR           0x10
#define CPOL           0x08
#define CPHA           0x04
sfr SPDAT        =      0xcf;

//IAP/ISP 特殊功能寄存器
sfr IAP_DATA     =      0xc2;
sfr IAP_ADDRH    =      0xc3;
sfr IAP_ADDRL    =      0xc4;
sfr IAP_CMD      =      0xc5;
#define IAP_IDL        0x00
#define IAP_READ       0x01
#define IAP_WRITE      0x02
#define IAP_ERASE      0x03
sfr IAP_TRIG     =      0xc6;
sfr IAP_CONTR    =      0xc7;
#define IAPEN          0x80
#define SWBS           0x40
#define SWRST          0x20
#define CMD_FAIL       0x10
sfr ISP_DATA     =      0xc2;
sfr ISP_ADDRH    =      0xc3;
sfr ISP_ADDRL    =      0xc4;
sfr ISP_CMD      =      0xc5;
sfr ISP_TRIG     =      0xc6;
sfr ISP_CONTR    =      0xc7;
```

274

```
//比较器特殊功能寄存器
sfr CMPCR1          =    0xe6;
#define CMPEN            0x80
#define CMPIF            0x40
#define PIE              0x20
#define NIE              0x10
#define PIS              0x08
#define NIS              0x04
#define CMPOE            0x02
#define CMPRES           0x01
sfr CMPCR2          =    0xe7;
#define INVCMPO          0x80
#define DISFLT           0x40

//PCA/PWM 特殊功能寄存器
sfr CCON            =    0xd8;
sbit CF             =    CCON^7;
sbit CR             =    CCON^6;
sbit CCF3           =    CCON^3;
sbit CCF2           =    CCON^2;
sbit CCF1           =    CCON^1;
sbit CCF0           =    CCON^0;
sfr CMOD            =    0xd9;
#define CIDL             0x80
#define ECF              0x01
sfr CL              =    0xe9;
sfr CH              =    0xf9;
sfr CCAPM0          =    0xda;
#define ECOM0            0x40
#define CCAPP0           0x20
#define CCAPN0           0x10
#define MAT0             0x08
#define TOG0             0x04
#define PWM0             0x02
#define ECCF0            0x01
sfr CCAPM1          =    0xdb;
#define ECOM1            0x40
#define CCAPP1           0x20
#define CCAPN1           0x10
#define MAT1             0x08
#define TOG1             0x04
#define PWM1             0x02
#define ECCF1            0x01
sfr CCAPM2          =    0xdc;
#define ECOM2            0x40
#define CCAPP2           0x20
#define CCAPN2           0x10
#define MAT2             0x08
#define TOG2             0x04
```

```
#define PWM2            0x02
#define ECCF2           0x01
sfr CCAPM3         =    0xdd;
#define ECOM3           0x40
#define CCAPP3          0x20
#define CCAPN3          0x10
#define MAT3            0x08
#define TOG3            0x04
#define PWM3            0x02
#define ECCF3           0x01
sfr CCAP0L         =    0xea;
sfr CCAP1L         =    0xeb;
sfr CCAP2L         =    0xec;
sfr CCAP3L         =    0xed;
sfr CCAP0H         =    0xfa;
sfr CCAP1H         =    0xfb;
sfr CCAP2H         =    0xfc;
sfr CCAP3H         =    0xfd;
sfr PCA_PWM0       =    0xf2;
sfr PCA_PWM1       =    0xf3;
sfr PCA_PWM2       =    0xf4;
sfr PCA_PWM3       =    0xf5;

//增强型 PWM 波形发生器特殊功能寄存器
sfr PWMCFG         =    0xf1;
#define CBIF            0x80
#define ETADC           0x40
sfr PWMIF          =    0xf6;
#define C7IF            0x80
#define C6IF            0x40
#define C5IF            0x20
#define C4IF            0x10
#define C3IF            0x08
#define C2IF            0x04
#define C1IF            0x02
#define C0IF            0x01
sfr PWMFDCR        =    0xf7;
#define INVCMP          0x80
#define INVIO           0x40
#define ENFD            0x20
#define FLTFLIO         0x10
#define EFDI            0x08
#define FDCMP           0x04
#define FDIO            0x02
#define FDIF            0x01
sfr PWMCR          =    0xfe;
#define ENPWM           0x80
#define ECBI            0x40
```

//以下特殊功能寄存器位于扩展 RAM 区域
//访问这些寄存器,需先将 P_SW2 的 BIT7 设置为 1,才可正常读写
```c
#define PWMC        ( * ( unsigned int volatile xdata  * ) 0xfff0 )
#define PWMCH       ( * ( unsigned char volatile xdata * ) 0xfff0 )
#define PWMCL       ( * ( unsigned char volatile xdata * ) 0xfff1 )
#define PWMCKS      ( * ( unsigned char volatile xdata * ) 0xfff2 )
#define TADCP       ( * ( unsigned char volatile xdata * ) 0xfff3 )
#define TADCPH      ( * ( unsigned char volatile xdata * ) 0xfff3 )
#define TADCPL      ( * ( unsigned char volatile xdata * ) 0xfff4 )
#define PWM0T1      ( * ( unsigned int volatile xdata  * ) 0xff00 )
#define PWM0T1H     ( * ( unsigned char volatile xdata * ) 0xff00 )
#define PWM0T1L     ( * ( unsigned char volatile xdata * ) 0xff01 )
#define PWM0T2      ( * ( unsigned int volatile xdata  * ) 0xff02 )
#define PWM0T2H     ( * ( unsigned char volatile xdata * ) 0xff02 )
#define PWM0T2L     ( * ( unsigned char volatile xdata * ) 0xff03 )
#define PWM0CR      ( * ( unsigned char volatile xdata * ) 0xff04 )
#define PWM0HLD     ( * ( unsigned char volatile xdata * ) 0xff05 )
#define PWM1T1      ( * ( unsigned int volatile xdata  * ) 0xff10 )
#define PWM1T1H     ( * ( unsigned char volatile xdata * ) 0xff10 )
#define PWM1T1L     ( * ( unsigned char volatile xdata * ) 0xff11 )
#define PWM1T2      ( * ( unsigned int volatile xdata  * ) 0xff12 )
#define PWM1T2H     ( * ( unsigned char volatile xdata * ) 0xff12 )
#define PWM1T2L     ( * ( unsigned char volatile xdata * ) 0xff13 )
#define PWM1CR      ( * ( unsigned char volatile xdata * ) 0xff14 )
#define PWM1HLD     ( * ( unsigned char volatile xdata * ) 0xff15 )
#define PWM2T1      ( * ( unsigned int volatile xdata  * ) 0xff20 )
#define PWM2T1H     ( * ( unsigned char volatile xdata * ) 0xff20 )
#define PWM2T1L     ( * ( unsigned char volatile xdata * ) 0xff21 )
#define PWM2T2      ( * ( unsigned int volatile xdata  * ) 0xff22 )
#define PWM2T2H     ( * ( unsigned char volatile xdata * ) 0xff22 )
#define PWM2T2L     ( * ( unsigned char volatile xdata * ) 0xff23 )
#define PWM2CR      ( * ( unsigned char volatile xdata * ) 0xff24 )
#define PWM2HLD     ( * ( unsigned char volatile xdata * ) 0xff25 )
#define PWM3T1      ( * ( unsigned int volatile xdata  * ) 0xff30 )
#define PWM3T1H     ( * ( unsigned char volatile xdata * ) 0xff30 )
#define PWM3T1L     ( * ( unsigned char volatile xdata * ) 0xff31 )
#define PWM3T2      ( * ( unsigned int volatile xdata  * ) 0xff32 )
#define PWM3T2H     ( * ( unsigned char volatile xdata * ) 0xff32 )
#define PWM3T2L     ( * ( unsigned char volatile xdata * ) 0xff33 )
#define PWM3CR      ( * ( unsigned char volatile xdata * ) 0xff34 )
#define PWM3HLD     ( * ( unsigned char volatile xdata * ) 0xff35 )
#define PWM4T1      ( * ( unsigned int volatile xdata  * ) 0xff40 )
#define PWM4T1H     ( * ( unsigned char volatile xdata * ) 0xff40 )
#define PWM4T1L     ( * ( unsigned char volatile xdata * ) 0xff41 )
#define PWM4T2      ( * ( unsigned int volatile xdata  * ) 0xff42 )
#define PWM4T2H     ( * ( unsigned char volatile xdata * ) 0xff42 )
#define PWM4T2L     ( * ( unsigned char volatile xdata * ) 0xff43 )
#define PWM4CR      ( * ( unsigned char volatile xdata * ) 0xff44 )
```

```
#define PWM4HLD        ( * ( unsigned char volatile xdata * )0xff45 )
#define PWM5T1         ( * ( unsigned int volatile xdata * )0xff50 )
#define PWM5T1H        ( * ( unsigned char volatile xdata * )0xff50 )
#define PWM5T1L        ( * ( unsigned char volatile xdata * )0xff51 )
#define PWM5T2         ( * ( unsigned int volatile xdata * )0xff52 )
#define PWM5T2H        ( * ( unsigned char volatile xdata * )0xff52 )
#define PWM5T2L        ( * ( unsigned char volatile xdata * )0xff53 )
#define PWM5CR         ( * ( unsigned char volatile xdata * )0xff54 )
#define PWM5HLD        ( * ( unsigned char volatile xdata * )0xff55 )
#define PWM6T1         ( * ( unsigned int volatile xdata * )0xff60 )
#define PWM6T1H        ( * ( unsigned char volatile xdata * )0xff60 )
#define PWM6T1L        ( * ( unsigned char volatile xdata * )0xff61 )
#define PWM6T2         ( * ( unsigned int volatile xdata * )0xff62 )
#define PWM6T2H        ( * ( unsigned char volatile xdata * )0xff62 )
#define PWM6T2L        ( * ( unsigned char volatile xdata * )0xff63 )
#define PWM6CR         ( * ( unsigned char volatile xdata * )0xff64 )
#define PWM6HLD        ( * ( unsigned char volatile xdata * )0xff65 )
#define PWM7T1         ( * ( unsigned int volatile xdata * )0xff70 )
#define PWM7T1H        ( * ( unsigned char volatile xdata * )0xff70 )
#define PWM7T1L        ( * ( unsigned char volatile xdata * )0xff71 )
#define PWM7T2         ( * ( unsigned int volatile xdata * )0xff72 )
#define PWM7T2H        ( * ( unsigned char volatile xdata * )0xff72 )
#define PWM7T2L        ( * ( unsigned char volatile xdata * )0xff73 )
#define PWM7CR         ( * ( unsigned char volatile xdata * )0xff74 )
#define PWM7HLD        ( * ( unsigned char volatile xdata * )0xff75 )

//I2C 特殊功能寄存器
//以下特殊功能寄存器位于扩展 RAM 区域
//访问这些寄存器,需先将 P_SW2 的 BIT7 设置为 1,才可正常读写
#define I2CCFG         ( * ( unsigned char volatile xdata * )0xfe80 )
#define ENI2C          0x80
#define MSSL           0x40
#define I2CMSCR        ( * ( unsigned char volatile xdata * )0xfe81 )
#define EMSI           0x80
#define I2CMSST        ( * ( unsigned char volatile xdata * )0xfe82 )
#define MSBUSY         0x80
#define MSIF           0x40
#define MSACKI         0x02
#define MSACKO         0x01
#define I2CSLCR        ( * ( unsigned char volatile xdata * )0xfe83 )
#define ESTAI          0x40
#define ERXI           0x20
#define ETXI           0x10
#define ESTOI          0x08
#define SLRST          0x01
#define I2CSLST        ( * ( unsigned char volatile xdata * )0xfe84 )
#define SLBUSY         0x80
#define STAIF          0x40
#define RXIF           0x20
```

```c
#define TXIF              0x10
#define STOIF             0x08
#define TXING             0x04
#define SLACKI            0x02
#define SLACKO            0x01
#define I2CSLADR          ( * ( unsigned char volatile xdata * )0xfe85)
#define I2CTXD            ( * ( unsigned char volatile xdata * )0xfe86)
#define I2CRXD            ( * ( unsigned char volatile xdata * )0xfe87)

////////////////////////////////////////////////////

#endif
```

附录 C　逻辑符号对照表

名　称	国标符号	曾用符号	国外流行符号	名　称	国标符号	曾用符号	国外流行符号
与门				传输门			
或门				双向模拟开关			
非门				半加器			
与非门				全加器			
或非门				基本 RS 触发器			
与或非门				同步 RS 触发器			
异或门				边沿（上升沿）D 触发器			
同或门				边沿（下降沿）JK 触发器			
集电极开路的与门				脉冲触发（主从）JK 触发器			
三态输出的非门				带施密特触发特性的与门			

279

参 考 文 献

［1］陈桂友，孙同景．单片机原理及应用［M］．北京：机械工业出版社，2007．

［2］江苏国芯科技有限公司．STC8 系列单片机技术参考手册［Z］，2020．www．stcmcu．com．

［3］陈桂友，柴远斌．单片机应用技术［M］．北京：机械工业出版社，2008．

［4］陈桂友，等．单片微型计算原理及接口技术［M］．2 版．北京：高等教育出版社，2017．

［5］戴梅萼，等．微型计算机技术及应用［M］．3 版．北京：清华大学出版社，2004．

［6］王宜怀，刘晓升．嵌入式应用技术基础教程［M］．北京：清华大学出版社，2005．

［7］Atmel．8-bit Microcontroller with 8K Bytes In-System Prgrammable Flash（AT89S52）［Z］，2001．

［8］薛钧义，张彦斌．MCS-51/96 系列单片微型计算机及其应用［M］．西安：西安交通大学出版社，2000．

［9］张友德．单片微型机原理、应用与实验［M］．上海：复旦大学出版社，2000．

［10］徐安，等．单片机原理与应用［M］．北京：北京希望电子出版社，2003．

［11］Intel．MSC-51 Family of Single chip Microcomputers User's Manual［Z］，1990．

［12］Cygnal Integrated Products．Inc．C8051F 单片机应用解析［M］．潘琢金，等译．北京：北京航空航天大学出版社，2002．

［13］潘琢金，等．C8051F×××高速 SOC 单片机原理与应用［M］．北京：北京航空航天大学出版社，2002．

［14］李刚，等．与 8051 兼容的高性能、高速单片机：C8051F×××［M］．北京：北京航空航天大学出版社，2002．

［15］杨振江，等．智能仪器与数据采集系统中的新器件及应用［M］．西安：西安电子科技大学出版社，2001．

［16］Intel．8-Bit Embedded Controller Handbook［Z］．1989．

［17］薛天宗，孟庆昌，华正权．模数转换器应用技术［M］．北京：科学出版社，2001．

［18］赵亮，侯国锐．单片机 C 语言编程与实例［M］．北京：人民邮电出版社，2003．

［19］谢瑞和．微型计算机原理与接口技术基础教程［M］．北京：科学出版社，2005．

［20］李敏，孟臣．串行接口中文图形点阵液晶显示模块的应用．单片机与嵌入式系统应用［J］，2003（8）．

［21］胡大可，李培弘，方路平．基于单片机 8051 的嵌入式开发指南［M］．北京：电子工业出版社，2003．